教育部高等学校电子信息类专业教学指导委员会

光电信息科学与工程专业教学指导分委员会规划教材

普通高等教育光电信息科学与工程专业应用型规划教材

光电显示技术及应用

主　编　文尚胜

副主编　李　超

U0240490

机 械 工 业 出 版 社

本书系统地介绍了光电显示技术的概况、光电显示技术的发展历程及其技术基础、薄膜晶体管、背光源技术、触摸屏技术、液晶显示技术、OLED 显示技术、激光显示技术、投影显示技术、电影显示技术、LED 显示技术、3D 显示技术、其他新型显示技术，以及历史上使用过的显示技术。

本书可作为普通高等院校光电信息科学与工程、光学工程、应用物理、信息工程、通信工程、电子科学与技术等相关专业的本科生和研究生教材，也可供相关专业科技人员、工程技术人员参考。

（责任编辑邮箱：jinacmp@163.com）

图书在版编目（CIP）数据

光电显示技术及应用/文尚胜主编. —北京：机械工业出版社，2018.12
（2024.8 重印）
普通高等教育光电信息科学与工程专业应用型规划教材
ISBN 978-7-111-61087-8

Ⅰ.①光…　Ⅱ.①文…　Ⅲ.①显示-光电子技术-高等学校-教材
Ⅳ.①TN27

中国版本图书馆 CIP 数据核字（2018）第 230863 号

机械工业出版社（北京市百万庄大街 22 号　邮政编码 100037）
策划编辑：吉　玲　责任编辑：吉　玲　陈文龙　刘丽敏
责任校对：刘志文　封面设计：张　静
责任印制：张　博
北京建宏印刷有限公司印刷
2024 年 8 月第 1 版第 6 次印刷
184mm×260mm　·16.25 印张·395 千字
标准书号：ISBN 978-7-111-61087-8
定价：42.00 元

前 言

显示技术行业，已经成为电子信息产业的一大支柱。近年来，光电显示技术作为光电技术的重要组成部分得到了迅速的发展，应用范围也越来越广泛。21 世纪以来，随着 CRT 显示技术和之后的等离子（PDP）显示技术先后淡出家电市场，众多其他显示技术迅速崛起。随着 21 世纪社会信息化程度的不断提高，液晶（LCD）显示技术和有机电致发光（OLED）显示技术等新型显示技术获得了长足的发展，同时，在移动终端显示、数码相机取景器、多媒体终端、机载和车载显示系统、特种装备显示等领域，众多不同显示技术有着不同的市场。在我国大踏步向四个现代化以及国家大力发展平板显示行业的大背景下，为了推动我国信息显示技术的发展，很多高校相继成立与光电显示技术相关的专业。随之而来的问题就是目前急需一本全面、系统的教材，深入浅出地为高校在校生介绍各种显示技术的工作原理和技术特点，因此，在华南理工大学文尚胜教授的积极倡导下编写了本书。

本书对 21 世纪以来迅速发展起来的光电显示技术做了系统、全面的讲述。全书根据显示技术的类型可分为五大部分，分别是平板显示技术、投影显示技术、LED 显示技术、3D 显示技术、其他显示技术和历史上使用过的显示技术，共 13 章。其中，第 1 章总体介绍显示技术基础；第 2～6 章为平板显示技术部分，介绍了液晶显示（LCD）、有机电致发光（OLED）、场致发射、触摸屏等显示技术；第 7～9 章为投影显示技术部分，介绍了激光显示技术、投影显示技术以及电影显示技术；第 10 章介绍了 LED 显示技术；第 11 章介绍了 3D 显示技术；第 12 章介绍了其他新型显示技术；第 13 章介绍了历史上使用过的显示技术。

全书在内容上具有以下特点：

1）内容新颖。在介绍目前市场上主流显示技术的同时，对较为前沿的显示技术也进行了较为详细的介绍。

2）内容浅显易懂。在本书的编写过程中，编者始终注重学生对于内容的理解，省去了大量晦涩难懂的理论推导，旨在通过浅显的理论描述结合具体案例勾勒出不同显示技术在学生脑海中的简单知识构架。

3）内容全面。本书是目前显示技术领域内容较为全面的教科书，从已经淡出市场的 CRT 显示技术到一些新型显示技术，本书均进行了初步的介绍，同时还介绍了许多非主流的显示技术。

参与本书编写的都是多年从事各类显示技术教学与研究的高校教师和科研人员，都经历了我国显示技术的兴起和发展，对于光电显示技术都有着深入的了解。具体编写分工如下：

前言（文尚胜、马丙戌）

第 1 章　显示技术基础（李超、陈宇、程宏斌）

第 2 章　薄膜晶体管（张玮、李佳育、姜春生、张磊）

第 3 章　背光源技术（文尚胜、马丙戌）

第 4 章　触摸屏技术（唐根初、刘伟）

第 5 章　液晶显示技术（翟爱平、王丹、李佳育、姜春生）

第 6 章　OLED 显示技术（李战峰、邹建华、张磊）

第 7 章　激光显示技术（陈长水）

第 8 章　投影显示技术（周金运、刘海勇）

第 9 章　电影显示技术（龚波、刘达、刘健南、崔晓宇、吴昊）

第 10 章　LED 显示技术（陈宇、程宏斌、刘召军、罗啸、张珂）

第 11 章　3D 显示技术（李超、时大鑫、康献斌、李书政）

第 12 章　其他新型显示技术（陈军、李超、李倩、姚日晖、高丹鹏、杨伯儒）

第 13 章　历史上使用过的显示技术（时大鑫、王丹）

由于编者的知识水平有限，书中谬误在所难免，恳请各位专家和读者批评指正。

编　者

目 录 Contents

▶第1章

显示技术基础

导读

光电子学是对于可以发光、检测和产生光控的电子设备进行研究和应用的科学，包括可见光和不可见光（如 γ 射线、α 射线、X 射线、紫外线、红外线等）。光电器件是电到光或光到电的转换器，以及在相应操作中使用此类设备的器件。

光电显示技术是整个光电子学中的一个重要部分，是人们对于信息表达的一个最重要的手段。光电显示是使用器件或系统给人眼对于世间万物的表格、曲线、图形、图像以及其他信息予以最充分的表达，根据心理学的描述，在人们所有感觉器官所感知的信息中，绝大部分来自视觉感知，视觉信息感知量占人们信息总感知量的比例在生理学中说法不一，但是普遍认为不低于60%，按照信息论的计算结果甚至超过90%，这就说明了光电显示技术是可以对信息进行表达的所有技术中最重要的技术。

作为电子信息产业的重要组成部分，光电显示技术已经覆盖科技、国防、工业、农业和教育等各个领域，与人类的日常生活息息相关。人们对于电子显示技术和器件提出了越来越高的要求，光电显示技术本身的发展也是日新月异，各种新技术不断涌现。本书将通过各个章节的具体描述，向读者介绍各种光电显示技术及相应光电显示器件的特性和应用。

1.1 光电显示技术的定义和种类

1.1.1 光电显示的定义

顾名思义，以电力作为能源，使得器件、部件发光，产生图片、图像供人们观看或表达信息的集合就叫作光电显示，简而言之，就是以电力作为能源、根据控制做出对于信息的表示。对于这个十分简单的词汇，各种词典有着各种不同的定义，比如：显示即表示；显示是可以提请他人注意的东西；显示是推销的中间手段等。为了区别于这些解释，有时又强调了"光电显示"是一种将一定的电子文件通过特定的传输设备显示到屏幕上使观察者感知的工具，在强调了电子显示或者光电显示的词语之后，为了区别"显示"和"指示"，一般认为应当明确显示是可以编程的。但是，任何定义都可能会有其不足，以上的提法是为了区别于某些电招牌。光电显示器包含的范围如此广大，广义上来说，早期的电磁翻板实际上也应属于光电显示技术的范畴内，只不过那个光是使用了其他光源的反射而已，由于其原理简单且早已淘汰，故这里不专门介绍；在新型显示技术层出不穷之际，无论是按照结构或显示原理，还是按照显示用途来分类，都有不到之处，所以我们的学习需要就事物的本质深入进行，而不是就其词语进行繁复解释。

1.1.2 光电显示技术的种类及其发展历史

用于实用型的最小尺寸 CRT 是日本 SONY 公司制造的用于便携式显示器的 4in（1in = 2.54mm）显像管，最大尺寸的则为日本 SONY 公司的 45in 柱面电视显像管，而另一方面，日本三菱电机公司则曾对于 37in 和 42in CRT 电视机进行了大规模生产，美国康宁公司也建成了数条 42in 显像管生产线。1989 年 4 月份北京第 11 届亚运会大屏幕考察团到日本考察时，三菱公司已经生产了 2 万个 42in CRT 并售于各个电视机厂家生产电视机，当时，SONY 刚开始生产了 15 个 45in 柱面 CRT，这是当时最大尺寸的 CRT。

自 CRT 发明以来，各种显示器件以及相应显示技术层出不穷，下面就有一定影响的显示技术予以略叙：

液晶显示器（Liquid Crystal Display，LCD）是除 CRT 外的另一种应用最广、目前仍在大量应用，而且从目前看来生命力十分强劲的显示器。1888 年，德国人 Friedrich Reinitzer 首次发现了从胡萝卜中提取的胆固醇具有液态晶体性质，此后很多科学家对于液态晶体的性质进行了广泛的研究，1962 年，美国 RCA 公司的 Richard Williams 发现液晶有一些有趣的电光特性，他在一层薄薄的条状液晶材料上施加电压，首次发现了电光效应。1970 年 12 月 4 日，瑞士科学家 Hoffmann - LaRoche 发现液晶的扭曲向列效应，并很快市场上出现了根据他的发现原理制造的液晶显示数字手表；1972 年，第一个主动矩阵液晶显示器面板在美国宾州匹茨堡市制造成功；1983 年，瑞士 Brown、Boveri 和 Cie 公司研究人员发明了无源矩阵寻址液晶显示器，并申请了超级扭曲向列液晶（STN）结构发明专利，揭开了现代液晶显示持续发展新的一页。液晶显示技术的发展十分迅猛，应用范围十分广大，目前，液晶显示器已经做到了超高清晰度（UHD）显示，在某些特殊显示场合其清晰度甚至可以更高；可以量产的显示尺寸小到手表显示，大的电视显示已经达到了 110in，弧形屏也已问世，已经在各个应用领域的市场上替代了传统的 CRT 显示。

发光二极管（Light - Emitting Diode，LED）显示是近年来得到迅猛发展的另一项显示技术，由于 LED 主要是用于矩阵式显示，大量的 LED 组合在一起，在大屏幕显示方面起到了其他显示技术无法起到的作用，特别是室外广告，LED 显示技术在目前以及可以预见到的将来均是不可替代的技术。电致发光现象是英国马可尼实验室 H. J. Round 于 1907 年发现的，苏联发明家 Oleg Losev 于 1927 年报告发明了世界第一个 LED，最初的 LED 被企图用来替代白炽灯、霓虹灯指标，并在七段显示，用在昂贵设备（如实验室和电子测试设备）的指示，而后在电视、收音机、电话、计算器以及作为手表的数字显示，直至 1968 年，美国 Monsanto Company 公司率先组织大规模生产可见光 LED，利用磷砷化镓在 1968 年生产出红色的 LED，后来相继又发明了绿色和蓝色的 LED，继而由中村修二在 1993 年的发明对于蓝色和绿色 LED 的亮度进行了大幅度提高，使得 LED 大屏幕显示得到了迅猛发展。在一些大型活动中，LED 大屏幕的显示面积已达数千平方米，在小间距方面，已经做到像素间距 1mm 左右，进一步，LED 立体大屏幕也得到了发展，按照发光亮度和实际耗电的关系计算，LED 显示是最节能的显示装置。

有机发光二极管（Organic Light - Emitting Diode，OLED）显示也在近年来得到了迅速发展。20 世纪 50 年代初，André Bernanose 和他的同事在法国南希大学有机材料中首度观测到的电致发光，1960 年，Martin Pope 和一些他在纽约大学的同事们开发了欧姆暗注到有机晶体的电极触点，这些触点是所有现代 OLED 器件电荷注入的基础。美国华裔化学家、罗切斯特大学邓青云教授和美国柯达公司 Steven Van Slyke 在 1987 年报告制成了第一个 OLED 器件，他们的发明直接导致了以后对于 OLED 的研究和发展。OLED 的主要优点是主动发光、视角范围大、对比度高、响应速度快、图像稳定、亮度高、色彩丰富、分辨率高。

其他显示技术还有等离子显示技术、投影显示技术、场致发光技术、电致发光技术、激光显示技术、电子纸显示技术、量子点技术、电泳和铁电陶瓷技术等，与光电显示技术直接相关的技术有背光源技术和触摸屏技术等。

由于显示技术类型繁多，分类可以有多种方法，简述如下：

（1）按照发光形式分类

1）直观主动型：CRT、PDP、场致发光（FED）、电致发光（ELD）、真空荧光管（VFD）、发光二极管（LED）和有机发光二极管（OLED）等。

2）直观被动型：液晶（LCD）、电泳显示（EPD）、电致发光显示（ECD）、铁电陶瓷（PLZT）和电子纸显示等。

3）投影正投型：CRT、LCD/LVP、DMD 和激光。

4）投影背投型：CRT、LCD/LVP 和 DMD。

5）其他类型：可穿戴型、头盔式显示器、VR（虚拟现实）、AR（增强现实）和 MR（混合现实）等。

（2）按照控制系统分类

有些资料将 LED 大屏幕显示也归属于平板型，但是 LED 大屏幕显示技术属于矩阵式（也叫作阵列式）显示技术，在矩阵式显示技术中，不仅发光是由很多发光器件组成的矩阵完成，且驱动装置或器件、部件往往也是矩阵式的，这是和由单一发光器件组成的显示器的一个重要区别，严格说来，LED 大屏幕显示是一个系统而不是一个单独的显示器件，其某些测量参数（如发光亮度、色度的一致性等参数）在单一发光器件中是没有的。

在历史上，两项曾经是主要显示技术的 CRT 和 PDP 先后被淘汰了，CRT 的优点是造价低、驱动电路简单，这是之所以 CRT 可以占据市场 100 年的主要原因。但是随着平板显示器的发展，CRT 的性价比逐渐被平板显示器所赶超，特别是 CRT 的体积大、重量也很大，而且 CRT 不属于数字显示，而这都是不可克服的缺点，也是 CRT 遭到淘汰的主要原因。

PDP 的淘汰是另一个例子，它的技术档次虽然也很高，但由于生产流程中不可以采用大规模光刻工艺，成本和价格始终居高不下。日本松下公司 152in 的大型 PDP 的显示面积大约为 7m², 有一个大型双人床那么大，问世之后，很多人都拍手叫好，称在大型显示器中肯定有其一席之地。但是其生产线是巨大投资来建成的，即使是大量销售，每套卖 100 万美金，也要几十年方可收回投资。造价高而使得市场的接受能力大大降低，那么是不是可以降低造价来增大产量呢？如果降低销售价格，则永远不会收回投资，而很可能变成一个巨大的赔钱黑洞，这是一个被套住了的死结。而实际上松下公司在 2011 年拿出样机，但在后来的 3 年仅仅卖掉了 36 台，这个实际情况直接造成了松下公司不得不终止 152in PDP 项目的事实。在参数指标上已无突出优势、价格又毫无竞争力，被市场所淘汰就在情理之中了。

以上是一些主要的显示技术发展的简述，另一方面，即使在显示技术发展的初期，人们也没有忽略一个事实，即人眼所见世间万象均是由三维组成的：水平、垂直和深度，普通的平面显示无法将景物的第三维（即深度轴）给显示出来。1908 年，法国科学家 Gabriel Lipp-mann 发明了使用复眼透镜光栅的三维集成成像技术，这是最早的立体显示技术，但是这种三维成像技术的总体效果并不很好，以及系统较为复杂，没有得到发展。但自那以后，科学家们从未间断过努力研发全息显示、真三维、体三维等技术，这些显示技术是无需佩戴 3D 眼镜的，此外，还有若干种双图像型立体显示技术，如双色型、电子快门型、偏振型和裸眼型双图像显示技术。在以上所有立体显示技术中，至今为止唯有偏振型双图像显示技术得到了大规模应用，一个典型应用就是电影院的投影机立体显示。在后面章节中，将对各种真三维技术进行基本叙述，对于常见的双图像型 3D 显示技术进行较为详细的叙述。表 1-1 为各主要类型显示器的主要特点。

表 1-1　各主要类型显示器的主要特点

名　　称	显示内容	特　　点	缺　　点	主要用途	现状与预测
CRT	图像、图形、文字、符号	发明最早，系统简单，可做模拟显示，应用时间最长	体积笨重，聚焦特性差，做数字显示时整体性能逊于液晶等	电视机、计算机显示器、示波器、雷达等	曾经有最广泛的应用，目前已淘汰
液晶（LCD）	图像、图形、文字、符号	显示面积可大可小，整体性能优于 CRT	动态响应劣于 CRT、LED 和 PDP	手机、电视机、计算机显示器、平板显示器、示波器、雷达等	应用范围广，发展势头强劲
等离子（PDP）	图像、图形、文字、符号	显示面积比较大、反应快、亮度高	有烧伤现象，不能使用大规模光刻工艺，生产成本高	电视机、计算机显示器	曾经得到应用，现已经淘汰
OLED	图像、图形、文字、符号	对比度高，小型的 OLED 可弯曲	TFT 变异性较高	手机、电视机、计算机显示器、平板显示器等	发展势头强劲
投影	图像、图形、文字、符号	设备尺寸小，显示面积大，微型投影也已开始应用	有散焦和失会聚现象，当显示面积较大时尤其严重	会堂、报告厅、电视机和其他显示器	应用范围广
LED	显示矩阵可做任何显示	显示面积大、反应快、亮度高，室内外应用均可	控制系统较为复杂，制造、安装周期长，属于工程性显示系统	室内外大屏幕显示，大尺寸电视机	应用范围广，发展势头强劲

1.2　光电显示技术基础

1.2.1　光学基础知识

1. 几何光学的基本定律

几何光学以光线模型为基础，用几何方法研究光在各向同性均匀介质中的传播规律及光学系统的成像特性，以它为标准，评定光学系统的成像质量。

几何光学理论把光的传播归结为 4 个基本定律：光的直线传播定律，光的独立传播定律，光的折射定律和光的反射定律。

折射率是描述光在介质中传播速度减慢程度的物理量，其数值 n 等于光在真空中的传播速度 c 与光在介质中的传播速度 v 的比值，即

$$n = \frac{c}{v} \tag{1-1}$$

（1）光的直线传播定律

几何光学认为，在各向同性均匀介质中，光沿着直线传播，这就是光的直线传播定律。

（2）光的独立传播定律

各光束在传播过程中，光线在空间某点相遇时，彼此互不影响，这就是光的独立传播定律。

（3）光的折射定律和反射定律

如图 1-1 所示，当光束通过两各向同性均匀介质的光滑分界面时会发生折射和反射。当光传播到分界面时，一部分返回原介质，另一部分进入新介质。前者称为光的反射，后者称为光的折射，其传播规律遵循反射和折射定律。

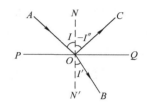

图 1-1　光的折射与反射

1）反射定律：反射光线与入射光线在同一平面内；反射光线与入射光线分别位于法线的两侧，反射角等于入射角。

$$- I'' = I \tag{1-2}$$

2）折射定律（Snell 定律）：折射光线与入射光线在同一平面内；入射角与折射角的正弦之比等于后一种介质与前一种介质的折射率之比。

$$\frac{\sin I}{\sin I'} = \frac{n'}{n} \tag{1-3}$$

3）全反射：式（1-3）中，当 $n > n'$，且 $\sin I \geqslant \frac{n'}{n}$ 时，界面会将入射光线全部反射回去，而无折射现象，这种现象称为光的全反射，而把 $\sin I = \frac{n'}{n}$ 时的入射角称为全反射的临界角。

2. 波动光学的基本定律

现代物理认为，光是一种具有波粒二象性的物质，即光既具有"波动性"也具有"粒子性"。波动光学以光的电磁波特性为基础，研究光的传播、干涉、衍射和偏振等性质及应用。

（1）光的干涉

若干个相干光波相遇时产生的发光强度分布不等于由各个成员波单独造成的发光强度分布之和，而出现明暗相间的现象，这种现象称为光的干涉。两列光波的频率相同、相位差恒定、振动方向一致的相干光源，才能产生光的干涉。

由两个普通独立光源发出的光，不可能具有相同的频率，更不可能存在固定的相位差，因此，不能产生干涉现象。借助一定的光学装置将一个光源发出的光波分为若干个波，由于这些波来自同一波源，它们之间的相位差不变。同时，各个波的振动方向亦与源波一致，当光源发出单一频率的光时，会出现干涉现象，当光源发出许多频率成分的光时，每一单频成分（对应于一定的颜色）会产生相应的一组条纹，这些条纹交叠起来就呈现彩色条纹。

（2）光的衍射

光在传播过程中，遇到障碍物或小孔时，光将偏离直线传播的途径而绕到障碍物后面传播的现象，叫作光的衍射。衍射屏可以是反射物或透射物，如圆孔、矩孔、单缝等一类中间开孔型的，或小球、细丝、墨点、颗粒等一类中间阻挡型的。

依据光源、衍射屏（障碍物）及接收屏相对位置的不同，常将衍射分为两类，即菲涅尔衍射与夫琅和费衍射。

（3）光的偏振

光的电场方向，就叫作光的偏振方向，任何单一光振动，都有一定的偏振方向，所以任何光都是偏振光。自然光是各个方向偏振光的混合，整体上不体现偏振现象。

当自然光经过一个线偏振片（只允许某个方向振动的光通过）后，就变成了线偏振光。

光波包含一切可能方向的横振动，但不同方向上的强度不等，在两个互相垂直的方向上强度具有最大值 I_{MAX}（振动占优势），与其垂直方向振幅 I_{MIN} 最小，这种光称为部分偏振光。在部分偏振光中，I_{MAX} 和 I_{MIN} 相差越大，说明该部分偏振光的偏振程度越高。通常用偏振度 P 来衡量部分偏振光偏振程度的大小，它的定义为

$$P = \frac{I_{MAX} + I_{MIN}}{I_{MAX} - I_{MIN}} \tag{1-4}$$

3. 光度学基础知识

（1）光通量

光通量是光源在单位时间内发出的光亮，等于辐射功率（俗称辐射通量）能够被人眼视觉所感受的有效当量。光通量符号为 Φ，单位为流明（lm）。

（2）照度

照度指接收面上单位面积 ds 上接收的光通量 $d\Phi$，照度符号为 E，单位为勒克斯（lx）。

$$E = \frac{d\Phi}{ds} \tag{1-5}$$

（3）发光强度

发光强度指光源的某一方向上，单位立体角 $d\Omega$ 内发出的光通量 $d\Phi$，发光强度符号为 I，单位为坎德拉（cd）。

$$I = \frac{d\Phi}{d\Omega} \tag{1-6}$$

（4）光亮度

如图1-2所示，光亮度指光源的某一方向上，单位投影面积 $cosids$ 上的发光强度 dI。光亮度符号为 L，单位为坎德拉每平方米（cd/m²），曾经使用 nit（尼特），有些国家至今仍在使用 nit 作为光亮度单位。显示器光亮度的单位与此相同。

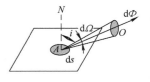

图1-2　光亮度

$$L = \frac{dI}{cosids} \tag{1-7}$$

1.2.2　人眼视觉与生理学基础知识

人眼视觉系统是中枢神经系统的一部分，使整个有机体能够处理视觉细节。它会检测并

解释从可见光来构建表示对周围环境的信息。视觉系统进行了大量复杂的任务，包括对光的接收和形成的单眼的陈述，从两个二维投影，对双目感知的积累、识别和分类的视觉对象，评估对于物象的距离和物象之间的距离，物象的相对运动，指导身体的运动及动作等。

人眼可分为感光细胞（视锥细胞和视杆细胞）的视网膜和折光系统（角膜、房水、晶状体和玻璃体）两部分。其适宜刺激是波长为 380～780nm 的电磁波，即可见光部分。该部分的光通过折光系统在视网膜上成像，经视神经传到大脑视觉中枢，我们就可以分辨所看到物体的色泽和分辨其亮度。因而可以看清视觉范围内的发光或反光物体的轮廓、形状、大小、颜色、远近和表面细节等情况。人眼的视觉过程如图 1-3 所示，感光细胞如图 1-4 所示。

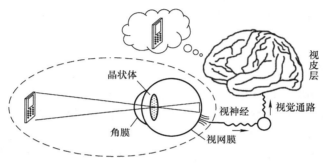

图 1-3　人眼的视觉过程

当观察物体的自发光或者反射光亮度较高时，视锥细胞起主要作用，相反，亮度较低时视杆细胞起主要作用。前者可以分辨颜色和物体的细节，后者只在较暗条件下起作用，适宜于微光视觉，但不能分辨颜色和细节。

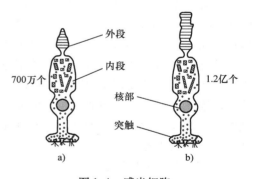

图 1-4　感光细胞
a）视锥细胞　b）视杆细胞

人眼是一个光学系统，但它不是普通意义上的光学系统，还受到神经系统的调节。人眼观察图像时具有以下几个方面的反应及特性：

1）从空间频率域来看，人眼是一个低通型线性系统，分辨景物的能力是有限的。由于瞳孔有一定的几何尺寸和一定的光学像差，视觉细胞有一定的大小，所以人眼的分辨率不可能是无穷的，对于太低频率会感到强烈的闪烁感，对于过高的频率不敏感。

2）人眼对亮度的响应具有对数非线性性质，以达到其亮度的动态范围。由于人眼对亮度响应的这种非线性，在平均亮度大的区域，人眼对灰度误差不敏感。

3）人眼对亮度信号的空间分辨率大于对色度信号的空间分辨率。

4）由于人眼受神经系统的调节，从空间频率的角度来说，人眼又具有带通性线性系统的特性。由信号分析的理论可知，人眼视觉系统对信号进行加权求和运算，相当于使信号通过一个带通滤波器。

5）图像的边缘信息对视觉很重要，特别是边缘的位置信息。人眼容易感觉到边缘的位置变化，而对于边缘的灰度误差，人眼并不敏感。

6）人眼的视觉掩盖效应是一种局部效应，受背景照度、纹理复杂性和信号频率的影响。具有不同局部特性的区域，在保证不被人眼察觉的前提下，允许改变的信号强度不同。

7）如图 1-5 所示，当人类双眼观察事物时，由于双眼瞳孔在水平方向上有 6.2 ~ 6.5cm 的距离，这即是所说的双瞳间距，双眼所看到的图像有一定的差别，也即事物对于两只眼睛形成了不同的刺激，这一点正好被用来作为双图像立体显示的基础条件。

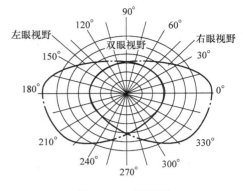

图 1-5　双眼视野

1.2.3　色度学基础

色度学是对颜色刺激进行度量、计算和评价的一门学科，是以光学、视觉生理、视觉心理和心理物理等学科为基础的综合科学。色度学基本理论指出：任何光源都可以用饱和度、色度和发光强度参数做出确切的恒量，因此，对于光电显示（尤其是对于彩色显示）技术而言，色度学是一个重要的理论基础。光电显示技术相关专业的同学们对于色度学基础理论有一定的了解是十分必要的。

国际上对于光、光照、颜色和颜色空间定标的组织是国际照明委员会（International Commission on Illumination，简称 CIE）来自其法文名称 Commission Internationale de l'éclairage，组织机构设在维也纳。任何光源的光学参数均由 CIE 来标量。

非光源发出的光是反射光，按照相减法则来进行运算，太阳光和任何自发光光源发出的光均按照相加运算法则来运算，与光电显示相关的所有显示器中，除了电磁翻板之类的显示属于反射光显示外，其他的均属自发光型显示（其中，投影式显示虽然是自发光，人们看到的银幕却是反射光）按照相加运算法则来运算，CIE 规定一般使用三原色刺激值来标识，即对于任何所需要的色彩光均可以由三原色 RGB 来合成。

1）自然界中的绝大部分彩色，都可以由 3 种原色按一定比例混合得到；反之，任意一种彩色均可被分解为 3 种原色。

2）作为原色的 3 种彩色，要相互独立，即其中任何一种原色都不能由另外两种原色混合来产生。

3）由三原色混合而得到的彩色光的亮度等于参与混合的各原色的亮度之和。

4）三原色的比例决定了混合色的色调和色饱和度。

相加混色原理

红色 + 绿色 = 黄色

绿色 + 蓝色 = 青色

红色 + 蓝色 = 品红

红色 + 绿色 + 蓝色 = 白色

相减混色原理

在白光照射下，青色颜料能吸收红色而反射青色，黄色颜料吸收蓝色而反射黄色，品红

颜料吸收绿色而反射品红，即

白色 – 红色 = 青色

白色 – 蓝色 = 黄色

白色 – 绿色 = 品红

另外，如果把青色和黄色两种颜料混合，在白光照射下，由于颜料吸收了红色和蓝色，而反射了绿色，对于颜料的混合表示如下：

颜料（黄色 + 青色）= 白色 – 红色 – 蓝色 = 绿色

颜料（品红 + 青色）= 白色 – 红色 – 绿色 = 蓝色

颜料（黄色 + 品红）= 白色 – 绿色 – 蓝色 = 红色

用以上的相加混色三原色所表示的颜色模式称为 RGB 模式，而用相减混色三原色原理所表示的颜色模式称为 CMYK 模式，它们广泛运用于绘画和印刷领域。我们的研究对象主要是自发光光源，所以主要用相加混色。

RGB 模式是绘图软件最常用的一种颜色模式，在这种模式下，处理图像比较方便，而且 RGB 存储的图像比 CMYK 图像要小，可以节省内存和空间。

CMYK 模式是一种颜料模式，所以它属于印刷模式，但本质上与 RGB 模式没有区别，只是产生颜色的方式不同。RGB 为相加混色模式，CMYK 为相减混色模式。例如显示器采用 RGB 模式，就是因为显示器是电子光束轰击荧光屏上的荧光材料发出亮光从而产生颜色。当没有光的时候为黑色，光线加到最大时为白色。而打印机的油墨不会自己发出光线，因而只有采用吸收特定光波而反射其他光的颜色，所以需要用减色法来解决。

电视机的彩色编码用的是相加混色原理。

CIE 对于任何自发光、反射光等均可以使用不同的色度坐标系来进行标量，亮度方程是彩色显示中一个最基本的方程，这个方程确定了景物的亮度与其色度之间的关系。

若某一种电视制式决定采用的三原色及白色的坐标都已确定，就可以根据（R）（G）（B）坐标系与（X）（Y）（Z）坐标系之间的关系，计算出适应于这一种电视制式的亮度方程。

现行 CIE – XYZ 系统是由 CIE – RGB 系统转换过来的。在转换中，其 3 条边是这样确定的：

1）规定 XZ 线为无亮度线，即 XZ 线的亮度为 0，无亮度线上的各点只代表色度，没有亮度。但 Y 既代表色度，也相关亮度，由此可确定出第一条边，此边在 RGB 系统中的直线方程为

$$0.9399r + 4.5306g + 0.0601 = 0 \quad （见图 1\text{-}6）\qquad (1\text{-}8)$$

2）大于 540nm 波长的光谱轨迹在 RGB 色度图上基本是一条直线，用这段线上的两个颜色相混合，可以得到两色之间的各种光谱色。新的 XYZ 三角形的 XY 边选得与这段直线重合，XY 边在 RGB 系统中的直线方程为

$$r + 0.99g - 1 = 0 \qquad (1\text{-}9)$$

3）为使光谱轨迹内的真实彩色完全落在 XYZ 三角形之内，又尽量减少三角形内假想彩色（即轨迹以外的不可实现彩色）的范围，选择了与光谱轨迹上波长为 503nm 的一点相切的一条直线作为 YZ 边。此边在 RGB 系统中的直线方程为

$$1.45r + 0.55g + 1 = 0 \qquad (1\text{-}10)$$

根据以上 XZ 线的确定，Y 是可以代表亮度的。若能转换出 Y 与 RGB 的关系，也就求出了亮度方程。这个过程如下：

已知三原色的坐标为

$$
\begin{matrix}
x_r & y_r & z_r \\
x_g & y_g & z_g \\
x_b & y_b & z_b
\end{matrix}
\tag{1-11}
$$

规定的白色坐标为

$$
x_w \quad y_w \quad z_w \tag{1-12}
$$

那么通过线性代数的矩阵运算即可解出，在运算过程中，除了 R、G、B 外，X、Y、Z 也看作未知数。这样，可以得到以下矩阵方程式：

$$
\begin{pmatrix} R \\ G \\ B \end{pmatrix} = \begin{pmatrix} a_{11} & a_{12} & a_{13} \\ a_{21} & a_{22} & a_{23} \\ a_{31} & a_{32} & a_{33} \end{pmatrix} \begin{pmatrix} X \\ Y \\ Z \end{pmatrix} \tag{1-13}
$$

解此逆矩阵，得

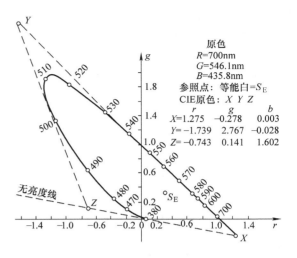

原色
R=700nm
G=546.1nm
B=435.8nm
参照点：等能白=S_E
CIE原色：$X\ Y\ Z$

CIE原色	r	g	b
X=	1.275	−0.278	0.003
Y=	−1.739	2.767	−0.028
Z=	−0.743	0.141	1.602

图 1-6　CIE－RGB 系统色度图及
(R) (G) (B) 向 (X) (Y) (Z) 的转换

$$
\begin{pmatrix} X \\ Y \\ Z \end{pmatrix} = \begin{pmatrix} A_{11} & A_{12} & A_{13} \\ A_{21} & A_{22} & A_{23} \\ A_{31} & A_{32} & A_{33} \end{pmatrix} \begin{pmatrix} R \\ G \\ B \end{pmatrix} \tag{1-14}
$$

这样就解得了亮度方程。

可见我们用这种方法不单是求出了亮度方程，也求出了 X、Y、Z 与 R、G、B 的对应关系。若只求亮度方程，在解逆矩阵时只求与亮度方程有关的项就行了。

在早期的电视理论中，人们采用 NTSC 标准作为广播电视标准，于是：

NTSC 制规定的三原色坐标为

$$
\begin{aligned}
x_r &= 0.67 & y_r &= 0.33 & z_r &= 0 \\
x_g &= 0.21 & y_g &= 0.71 & z_g &= 0.08 \\
x_b &= 0.14 & y_b &= 0.08 & z_b &= 0.78
\end{aligned}
\tag{1-15}
$$

标准白坐标为

$$
x_w = 0.31 \quad y_w = 0.316 \quad z_w = 0.374 \tag{1-16}
$$

则可以计算出亮度方程为

$$
Y = 0.299R + 0.587G + 0.114B \tag{1-17}
$$

$$
\begin{pmatrix} R \\ G \\ B \end{pmatrix} = \begin{pmatrix} 3.2410 & -1.5374 & -0.4986 \\ -0.9692 & 1.8760 & 0.0416 \\ 0.0556 & -0.2040 & 1.0570 \end{pmatrix} \begin{pmatrix} X \\ Y \\ Z \end{pmatrix} \tag{1-18}
$$

由于三原色及标准白坐标在广播电视技术的发展中均进行了较大幅度变化，因此，原来的亮度方程式是不可能套用的。根据 ITU 709 号建议书和我国行标 GY155，通过以上计算过程得出的 RGB 和 XYZ 的关系矩阵，如式（1-18）所示。

解式（1-18）逆矩阵，得出

$$\begin{pmatrix} X \\ Y \\ Z \end{pmatrix} = \begin{pmatrix} 0.4124 & 0.3576 & 0.1805 \\ 0.2126 & 0.7152 & 0.0722 \\ 0.0193 & 0.1192 & 0.9505 \end{pmatrix} \begin{pmatrix} R \\ G \\ B \end{pmatrix}$$
（1-19）

因此，从 D65 基准白和 ITU R709 色域计算出来亮度方程是

$$Y' = 0.2126R' + 0.7152G' + 0.0722B'$$
（1-20）

这是目前 HDTV 和 UHDTV 的亮度计算标准。

研究光电显示技术常用的色度图是 CIE1931 色度图和 CIE1976 UCS 图，如图 1-7 和图 1-8 所示。

1.2.4　显示器件的主要技术指标

1.　像素

像素（Pixel）指构成图像的最小面积单位，具有一定的亮度和色彩属性。

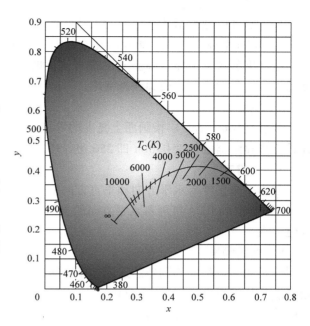

图 1-7　CIE1931 色度图

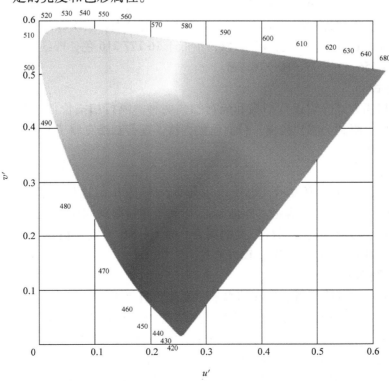

图 1-8　CIE1976 UCS 图

2. 亮度和对比度

显示器件的亮度指从给定方向上观察的任意表面的单位投影面积上的发光强度，亮度的单位用 cd/m^2 表示。人眼可感觉的亮度范围为 $0.03 \sim 50\ 000cd/m^2$。

对比度的含义是显示画面或字符（测试时用白块）与屏幕背景底色的亮度之比。对比度越大，则显示的字符或画面越清晰。

3. 灰度

灰度（Gray Scale）指画面上亮度的等级差别。可以用数字或者 2 的幂次数来表示，普通计算机显示器的灰度是 8bit 即 256 级，HDTV 是 10bit，数字电影是 12bit。

4. 分辨率

分辨率是指屏幕水平方向和垂直方向所显示的点数，比如 1024×768 和 1280×1024 等。1024×768 中的 1024 指屏幕水平方向的点数，768 指屏幕垂直方向的点数。分辨率越高，图像越清晰。

5. 刷新频率

刷新频率就是屏幕刷新的速度，刷新频率越低，图像闪烁和抖动就越厉害，眼睛疲劳就越快。低亮度下，当采用 $50 \sim 60Hz$ 以上的刷新频率时可基本消除闪烁。刷新频率的要求可能随着显示器亮度的提高而予以大幅度提高，比如提高到 $1000 \sim 5000nit$ 时，亮度往往要高达数百赫方可完全消除闪烁感。

6. 发光颜色

发光颜色（或显示颜色）的衡量方法，可用发射光谱或显示光谱的峰值及带宽，或用色度坐标表示。显示器件的颜色显示能力，包括颜色的种类、层次和范围，是彩色显示器件的一个重要指标。真（全）彩色的色彩数目不低于 16 777 216 色，即红、绿、蓝各 256 级灰度，$256 \times 256 \times 256 = 16\ 777\ 216 \approx 16.7M$。

7. 扫描方式

显示器的扫描方式分为逐行扫描和隔行扫描两种。隔行扫描价低，但人眼明显感到闪烁，长时间使用，眼睛会感到疲倦，目前已被淘汰。逐行扫描克服了上述缺点，长时间使用眼睛不会感到疲倦。

8. 收看距离

收看距离可以用绝对值表示，也可以用与画面高亮 H 的比值来表示（即相对收看距离）。收看电视的适当距离约为距离屏幕 2m，以利于通过眼球四周的肌肉收缩和松弛来调节眼睛的焦点。在现行彩色电视隔行扫描的场合，以 $6 \sim 8H$ 为宜。在办公自动化中，距离视频显示终端（VDT）的距离为 50cm 较为适宜。

9. 周围光线环境

周围光线环境主要指观看者所在的水平照度及照明装置。在收看电视时，室内照明条件太亮或太暗都不好，四周光线的反射亮度应控制在 $2cd/m^2$ 以下，最好的值约为 $0.7cd/m^2$。在办公自动化中，对于计算机键盘和录入原稿等的水平面工作照度以 500lx 或稍高一些为好，约为家庭电视收看场合的周围水平面平均照度的 2 倍；显示器平面的垂直入射照度以 300lx 左右为好。在电影院观看电影时，屏幕亮度范围由 ISO—2910 国际标准规定为 $25 \sim 65cd/m^2$，中心亮度标准值为 $40cd/m^2$。

10．其他

其他指标还有如可视角度、图像灰度等级、颜色还原度、辐射、使用寿命、点距、解析度和功率等。

1.2.5　光电显示的未来展望

目前，平板显示（含 LCD、PDP、OLED 等）是最主要的主流显示技术，投影（含激光及其他各类投影）属于第二大主流显示技术，各种室内外 LED 显示系统属于第三大主流显示技术。

光电显示产品因应用日益广泛已成为众所瞩目的焦点，在各个行业中光电显示产品都扮演着重要的角色。为此人们对光电显示市场未来成长的潜力皆寄予厚望，并积极参与光电显示技术的发展。在未来，光电显示技术不仅将致力于提高各技术指标，同时也将在量子点技术、显示屏尺寸、OLED、柔性显示以及智能化等方面取得发展。

在目前的光电显示技术格局中，TFT－LCD 仍将占据主导地位，OLED 也在快速成长，OLED 一度受到市场高度关注，但与已经非常成熟、占有市场较高份额、拥有一定产业基础的 TFT－LCD 技术和产业相比，OLED 仍处于产业化初期，很多技术层面的优势并没有体现到产品应用及市场占有率上。虽说 OLED 代表新型平板显示技术的发展方向已逐渐清晰，但在大尺寸领域 OLED 还无法替代液晶。同时，随着技术的不断进步与发展，TFT－LCD 本身也在进步，高性能液晶显示产品仍然供不应求，市场发展空间还很大。

柔性显示是一个新型应用，智能穿戴设备正在悄然兴起，OLED 柔性显示技术未来可能会率先应用于该领域，为穿戴设备提供有力的技术支持，伴随着技术的进一步成熟，可能会带来产品形态的根本性变革，随身可携带的电视、可以装在口袋里的笔记本计算机都将实现。

量子点显示技术、VR/AR/MR 技术以及可穿戴显示技术的出现丰富了人们的视野，使得显示技术的概念范围大为增加。光电显示技术的飞速发展给人类的生活带来了极大的变革，这种变革还将继续下去，科学技术发展之迅速一向是超过大多数人预期的，未来肯定还会出现我们所难以展望的技术革新，给我们的生活带来更大的变化。

本 章 小 结

本章主要介绍了光电显示技术的一些基本概念和基础知识，回顾了光学的一些基本理论和特性；而后重点讨论了在光电显示理论中非常重要的色度学的基本概念和基础知识，并简要介绍了以后章节所要讨论的各种显示技术的特点以及评价指标。这些都将为以后章节的学习和掌握打下坚实的基础。

本 章 习 题

1-1　尝试使用最简单的语言来描述光电显示技术的概念。

1-2　目前主要的光电显示技术都有哪些？它们的主要优缺点是什么？

1-3　了解几何光学基本定律和波动光学的特性。

1-4 在色度学中,RGB 模式和 CMYK 模式的区别是什么?

1-5 显示器件的主要技术指标有哪些?

参 考 文 献

[1] 荆其诚,等. 色度学 [M]. 北京:科学出版社,1979.

[2] 李超. 广播电视技术手册 [M]. 郑州:河南科学技术出版社,1984.

[3] ITU - R Recommendation BT. 709 - 6 Parameter Values for the HDTV Standards for Production and International Programme Exchange:BT. 709 - 6 (06/2015) [S]. Geneva:[s. n.],2015.

[4] ITU - R Recommendation BT. 601 - 7 Studio Encoding Parameters of Digital Television for Standard 4:3 and Wide - Screen 16:9 Aspect Ratios:BT. 601 - 7 (03/2011) [S]. Geneva:[s. n.],2011.

[5] ITU - R Recommendation BT. 1120 - 9 Digital interfaces for HDTV studio signals:BT. 1120 - 9 (12/2017) [S]. Geneva:[s. n.],2017.

[6] ITU - R Recommendation BT. 1361 - 0 Worldwide unified colorimetry and related characteristics of future television and imaging systems:BT. 1361 - 0 (02/98) [S]. Geneva;[s. n.],1998.

[7] Digital Cinema Initiatives,LLC. Digital Cinema System Specification Version 1. 2 [S]. [S. l.:s. n.],2008.

第 2 章

薄膜晶体管

导读

　　平板显示器具有高分辨率、宽色域、高对比度和亮度、宽视角、大面积显示等一系列的优点。其中，作为有源矩阵显示驱动的薄膜晶体管器件的发展，是平板显示广泛应用的重要技术保证。薄膜晶体管通常是指采用半导体薄膜材料制备的绝缘栅场效应晶体管，由半导体薄膜和与其一侧表面相接触的绝缘层组成，从而形成栅电极、源电极和漏电极。薄膜晶体管根据其使用的半导体材料可以分为非晶硅、多晶硅和化合物半导体等。目前，非晶硅薄膜晶体管具有制作容易、成本低、可靠性高等特点，成为了平板显示的主流器件。在平板显示的轻、薄、低功耗等产品需求下，具备高性能、高解析度等特点的低温多晶硅和平板显示产品备受瞩目。

学习要点：

1. 了解薄膜晶体管的基本结构和发展历程
2. 了解薄膜晶体管的技术分类和基本特性
3. 重点掌握薄膜晶体管的制备工艺
4. 了解低温多晶硅薄膜晶体管的制备工艺
5. 了解低温多晶硅薄膜晶体管的多晶成膜技术
6. 了解离子注入技术及激活工艺在低温多晶硅薄膜晶体管中的作用

2.1　薄膜晶体管简介

　　薄膜晶体管，又名薄膜场效应晶体管（Thin Film Transistor，TFT），是广泛使用的一种电子开关器件，其主要由栅极、源极、漏极、栅极绝缘层、有源半导体层以及钝化保护层组成。栅极的功能为控制晶体管的开启与关闭；源极、漏极的功能是提供电流通道；半导体层则是最关键的部分，半导体有源层性能的好坏决定了器件的开关性能；栅极绝缘层则起到分隔栅极与源极、漏极的作用，避免短路，并且作为沟道电容的电介质；钝化保护层则主要起到保护器件免受机械以及水汽、氧气等破坏的作用，提高器件的稳定性。其（a‑Si：H TFT）具体结构如图 2‑1 所示。

　　此结构与金属氧化物半导体场效应晶体管（MOSFET）非常相似，其操作原理也相近。以 N 型器件为例进行说明：当栅极施加正电压时，在半导体层中吸引电子积累于半导体有源层与栅极绝缘层界面处，形成电子通道，此时若在源极、漏极之间施加一个电压差，则会

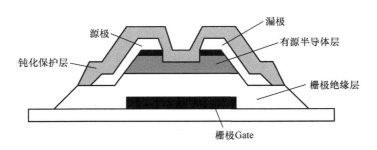

图 2-1　a‐Si：H TFT 结构

形成通道电流，使得晶体管处于打开状态；当栅极施加负电压时，会将半导体层中的电子推离栅极绝缘层界面，且因为是 N 型器件，故无法积累空穴进行导电，此时，即使源极、漏极之间存在电压差也无法形成有意义的电流，此时晶体管处于关闭状态。

2.1.1　薄膜晶体管的发展历程

1935 年，薄膜场效应晶体管的概念首次被提出，不久，世界上首个具有功能性的 TFT 由 P. K. Weimer 报道。其由硫化镉（CdS）半导体有源层、栅极绝缘层以及源、漏、栅（Au）极组成，该器件所有的膜层均采用蒸镀方法进行成膜，并且通过光罩进行图案化，最终在玻璃基板上得到了完整的器件，该器件可获得超过 100 的电压放大因子，且开关切换间隔小于 0.1μs。

早年的 TFT 技术研究主要集中在电子技术以及显示应用领域。TFT 技术在电子领域应用的主要竞争者为单晶硅金属氧化物半导体场效应晶体管（MOSFET），由于较复杂的工艺以及生产稳定性方面的劣势，TFT 技术在该领域的研究并不顺利；与此同时，在显示领域的尝试却获得了较大的突破，第一个采用硒化镉（CdSe）作为有源材料的向列相液晶显示器在此期间应运而生，从而拉开了 TFT 技术在显示领域大放异彩的序幕。

20 世纪 80 年代，进行了大量采用其他种类半导体替换 Cd 系半导体的研究，其中就包括现今已居于绝对统治地位的掺杂非晶硅薄膜晶体管（a‐Si：H TFT），正是由于 a‐Si：H TFT 的横空出世，才为 TFT‐LCD 显示产业打下了坚实的基础。世界上首个 a‐Si：H TFT 由 Spear 和 LeComber 报道，其结构及转移特性曲线如图 2-2 所示。

随着量子力学、能带理论以及固体物理等方面的基础理论研究的深入，薄膜晶体管无论是从结构、材料以及性能方面都获得了长远的发展，应用范围也扩大到了现在电子信息产业的方方面面。

目前薄膜晶体管器件的研究主要围绕新型高性能半导体材料开发，结构优化，制备工艺微型化、集成化以及相关的基础理论研究，在可以预见的将来，薄膜晶体管一定会在未来社会扮演越来越重要的角色。

2.1.2　薄膜晶体管的技术分类及比较

目前，薄膜晶体管的技术方向主要包括掺杂非晶硅（a‐Si：H TFT）、低温多晶硅（LTPS）、非晶氧化物半导体（AOS）以及尚处于开发状态中的有机半导体器件（OTFT）。

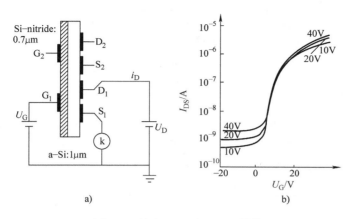

图 2-2　首个 a–Si：H TFT 器件

a）器件结构　b）器件转移特性曲线

对于薄膜晶体管的应用，通常考虑的因素主要包括电学性能稳定性、成膜工艺的均一性、器件载流子类型以及可构建的器件种类、载流子迁移率大小、关态下的漏电流大小、驱动电路的集成性、成本以及工艺难度，每种技术在这些性能方面的表现侧重点不同，这直接决定了其应用的范围。

LTPS 技术由于其较高的迁移率，以及可用于制作 CMOS 电路两大优势，大量应用于集成电路等方面，在显示方面，较多用于小尺寸、高分辨率要求的面板，例如监视器以及手机面板等。这是因为 LTPS 目前工艺均一性相对于其他技术较差；其制备工艺目前也较为复杂，一般需要 7～9 道光罩；另外目前 LTPS 成膜工艺主要有 CGS、RTA、SPC、MILC、ELA 以及 SLS 技术，这些技术共同的特点是成膜温度高于 400℃，这对面板的基板提出了较高的要求。以上 3 个原因决定了目前 LTPS 的主要应用领域。

非晶氧化物半导体器件是目前研究最热门的方向，其除了无法实现 PMOS 的构建之外，其他方面的性能基本上都处于优势地位。难能可贵的是其优异性能所需的制备工艺却相对于 LTPS 大大降低，与 a–Si：H TFT 大体相似。目前，氧化物半导体器件采用的材料主要有 IGZO、IZO 和 ZnO 等，均有不俗的表现，尤其是 IGZO 技术，目前无论是材料、工艺还是结构都已基本成熟，可大规模用于量产，其与 OLED 技术的搭配有望成为下一代显示技术的主宰。

有机半导体技术目前也有相当可观的研究投入，但限于有机材料本身性质，载流子迁移率无法得到有效提高，目前可用于商用的有机半导体薄膜晶体管还未见报道。

a–Si：H TFT 由于在上述技术中发展时间最久，研究最为透彻，技术能力最为成熟，以及成本最为低廉等优势成为目前显示方面当之无愧的第一选择。其稳定性、均一性以及工艺复杂性方面，相对于其他几种技术均有一定程度的优势，虽然其载流子迁移率较小，但完全可以满足目前电视用大尺寸面板的需求。

四种主流的 TFT 技术在各个性能方面的优缺点比较见表 2-1。

表 2-1　四种主流的 TFT 技术在各个性能方面的优缺点

性能	低温多晶硅薄膜晶体管（LTPS）	金属氧化物薄膜晶体管（AOSTFT）	有机半导体薄膜晶体管（OTFT）	非晶硅薄膜晶体管 a-Si：H TFT
稳定性	优秀	优秀	差	优秀
均匀性	差	好	差	好
器件	CMOS	NMOS	PMOS	NMOS
迁移率/[cm²/(V·s)]	100 ~ 200	1 ~ 100	0.1 ~ 5	0.7
漏电流	高	最低	高	低
驱动技术	玻璃集成	玻璃集成	无	扫描驱动
制程光罩	7 ~ 9	3 ~ 5	3 ~ 5	3 ~ 5

2.1.3　薄膜晶体管的基本特性

薄膜晶体管的性能评价参数主要包括载流子迁移率（N-type 为电子、P-type 为空穴）、阈值电压、开关态电流比和亚阈值摆幅。这些参数可以通过晶体管的输出特性曲线（$I_D - U_D$）以及转移特性曲线（$I_D - U_G$）来计算得出。图 2-3 所示为输出特性曲线与转移特性曲线。

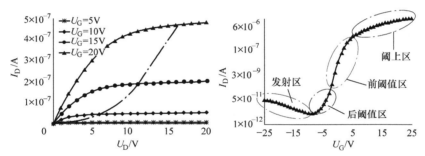

图 2-3　输出特性曲线和转移特性曲线

（注：因电子导电型器件与空穴导电型器件性能分析大致相同，若无特别标注，以下全部建立在电子导电型器件上）

输出特性曲线表示固定栅极电压 U_G，源漏极电流 I_{DS} 随源、漏极电压 U_{DS} 的变化，分别固定不同的 U_G，则可得到多条输出曲线；转移特性曲线表示在固定源、漏极电压 U_{DS} 的条件下，源、漏极电流 I_{DS} 随栅极电压 U_G 的变化。

在输出特性曲线中，当 $U_{DS} < |U_{GS} - U_{th}|$ 时，器件工作于线性区，此时，I_{DS} 随着 U_{DS} 的增大呈准线性增大，此时的电流表示为式（2-1）；当 $U_{DS} > |U_{GS} - U_{th}|$ 时，器件工作于饱和区，此时，I_{DS} 随着 U_{DS} 的增大几乎不变，此时的电流表示为式（2-2）。线性区与饱和区以图 2-3 中的转移特性曲线中的虚线为界。

$$I_{DS} = \frac{W}{L}\mu C_{ox}\left[(U_{GS} - U_{th})U_{DS} - \frac{1}{2}U_{DS}^2\right] \tag{2-1}$$

$$I_{DS} = \frac{W}{2L}\mu C_{ox}(U_{GS} - U_{th})^2 \tag{2-2}$$

式（2-1）和式（2-2）中，W 为沟道宽度；L 为沟道长度；μ 为载流子迁移率；C_{ox} 为沟道单位面积电容；U_{th} 为器件开启阈值电压。

器件沟道参数（宽度和长度）定义如图 2-4 所示。

转移特性曲线依据导电机理的不同分为发射区、后阈值区、前阈值区以及阈上区，前、后阈值区统称为亚阈值区。在发射区，$U_{GS} < U_{off}$，在巨大的负电压的作用下电子或空穴富集于背沟道，而前沟道在巨大的负电压下产生大量的热空穴，在 U_{DS} 的作用下，背沟道的电子电流

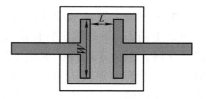

图 2-4　器件沟道参数定义

与前沟道的空穴电流共同形成此时的器件漏电流；在后阈值区，$U_{off} < U_{GS} < 0$，前沟道电子在栅极负电压作用下富集于背沟道，此时的背沟道电子电流为主要的导电机理；处于前阈值区时，$0 < U_{GS} < U_{th}$，此时的导电机制主要为半导体层体电流以及前沟道的界面态电子电流；阈上区则表示 $U_{GS} > U_{th}$，此时在栅极正偏压作用下，自由电子大量富集于前沟道，此时的器件处于开态，电流大小随着栅极电压的增大而大幅度增大。器件导电通道的前沟道与背沟道如图 2-5 所示。

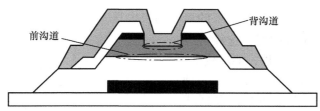

图 2-5　器件导电通道的前沟道与背沟道

通过输出特性曲线以及转移特性曲线可获得评价薄膜晶体管器件电学性能的几乎所有参数，以下分别对载流子迁移率、阈值电压、开关比以及亚阈值摆幅进行简单的介绍。

1. 载流子迁移率

载流子迁移率（μ）表示在单位电场下载流子所能获得的平均速率，其反映了半导体层中载流子的迁移能力。迁移率大小决定了器件开关态切换的速度快慢，其单位为 cm²/（V·s），其统计学算法为

$$\mu = \frac{l}{\tau E} \tag{2-3}$$

式中，l 为载流子平均自由程；τ 为载流子平均自由时间；E 为电场强度。

器件载流子迁移率的获得一般来自于转移特性曲线，其可通过线性区以及饱和区转移特性曲线获得。线性区的计算方法来自式（2-1），具体的计算公式为

$$\mu = \frac{L}{WC_{ox}U_{DS}} \cdot \frac{\partial I_{DS}}{\partial U_{GS}} \tag{2-4}$$

饱和区的计算方法来自式（2-2），由式（2-2）可得

$$\sqrt{I_{DS}} = \sqrt{\frac{WC_{ox}\mu}{2L}}(U_{GS} - U_{th}) \tag{2-5}$$

$$\mu = \frac{2L}{WC_{ox}} \left(\frac{\partial \sqrt{I_{DS}}}{\partial U_{GS}}\right)^2 \tag{2-6}$$

式（2-4）与式（2-6）分别为线性区以及饱和区载流子迁移率的计算公式。从式中可

以看出，载流子迁移率的计算比较依赖于 I_{DS} 与 U_{GS} 或者是 $\sqrt{I_{DS}}$ 与 U_{GS} 的线性关系。

大家可能会发现采用输出特性曲线也可以进行迁移率的计算，这从理论上是可行的，即在两条不同 U_{GS} 下的输出特性曲线的线性区或者饱和区分别取点，联立成为二元一次方程组进行求解。但由于器件的载流子迁移率会随着 U_{GS} 的变化有小幅度的波动，而采用输出特性曲线进行求解必须默认两条曲线的迁移率相等，否则未知数的数目恒大于方程组的方程个数，无法求解。在转移特性曲线中，每两个数据点即可求得一个迁移率，甚至可以看到随着 U_{GS} 的变化，迁移率的变化。因此在实际的应用中，尽量采用转移特性曲线进行迁移率的计算。

采用饱和区得到的迁移率在一般情况下大于采用线性区得到的迁移率。若器件的饱和区与线性区的迁移率非常接近，则说明器件的电极与半导体层的接触较好。

载流子迁移率与器件很多方面的因素有关，如半导体纯度、结晶质量、晶粒尺寸、电极接触、温度以及前沟道的表面态等。

2. 阈值电压

阈值电压 U_{th} 表示器件开启所需要的最小栅极电压。对于薄膜场效应晶体管而言，一般要求阈值电压绝对值越低越好，这样可以获得在较低电压下操作的器件，能耗较低。阈值电压的提取通常有 3 种方法：第一种是采用线性区的转移特性曲线，根据式（2-1）可知，在线性区 I_{DS} 与 U_{GS} 呈线性关系，在 I_D – U_G 图中，对线性区进行拟合，外推到 $I_{DS} = 0$ 处的横轴截距即为器件的阈值电压，该方法具体示意如图 2-6 所示；第二种方法是采用饱和区的转移特性曲线进行计算，如式（2-5）所示，饱和区的 $\sqrt{I_{DS}}$ 与 U_{GS} 呈线性关系，线性拟合后外推至 $\sqrt{I_{DS}} = 0$ 处的横轴截距即为器件的阈值

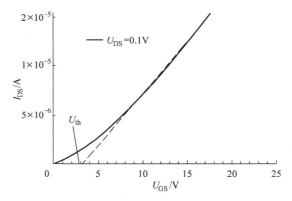

图 2-6　线性区转移特性曲线提取 U_{th} 示意

电压；第三种方法是对式（2-2）所示的二次函数直接进行拟合获得阈值电压。与迁移率相似，饱和区与线性区转移特性曲线所获得的阈值电压一般会有小幅度的差别。器件的阈值电压与半导体层与栅极绝缘层的界面态及电极接触好坏等有关。

在工业实际应用中，由于上述 3 种方法计算较为繁琐，也可采用规定器件达到某一电流大小处视为开启，以此近似得到器件的阈值电压。

3. 开关比

器件的开关比定义为 I_{on}/I_{off}，即器件开态电流与关态电流的比值。器件的开关比在应用中是一个极其重要的参数，往往决定了器件是否具有可用性，例如在逻辑电路中的开关比要求大于 10^6；平面显示行业，大的 I_{on} 可以获得较大的充电率，低的 I_{off} 可以使得像素的电压保持能力得到大幅度的提高等。

开关比在很大程度上由 I_{off} 决定，I_{off} 实际上是器件在关态的漏电流，它影响器件的功耗等性能。

4. 亚阈值摆幅

亚阈值摆幅一般用 S 表示，它是用来表示器件由关态切换到开态时所需要的栅极电压的跨度。单位为 mV/dec，其计算公式为

$$S = \frac{dU_{GS}}{d[\lg(I_{DS})]} \tag{2-7}$$

理论上，要求 S 越小越好，这样可以降低功耗，提高器件的响应速率等。影响亚阈值摆幅的因素目前公认的主要为半导体层/栅极绝缘层界面的质量，其大小依赖于绝缘层与半导体层界面处的单位电容 C_{ox}，并且与界面处缺陷电容以及空乏区内建电场的电容大小有关。

2.2 非晶硅薄膜晶体管

2.2.1 非晶硅薄膜晶体管简介

非晶硅薄膜晶体管（a-Si：H TFT）概念最早由英国敦提大学研究人员 LeComber 等人在 1979 年提出，同时描述了器件特性，发现其开态和关态电流分别为 μA 和 nA 量级，并认为具有该电流参数特性的晶体管能够基本满足液晶显示的要求。之后，美国和日本的科研人员相继对 a-Si：H TFT 进行了开发研究。

非晶硅薄膜晶体管由于其自身的制备优势（例如生产成本低，均匀性佳等），是大尺寸显示应用的重要有源器件。此外，a-Si：H TFT 另一个明显优势就是具有较低的关态电流。但是，a-Si：H 作为 TFT 有源层时，其较低的载流子迁移率（<1cm²/(V·s)）使得 TFT 开关速率较慢。同时，a-Si：H 对于光照非常敏感，在器件设计过程中必须插入相应结构来进行遮光，以消除光照对 TFT 的影响。20 世纪 80 年代末，大部分显示器制造公司已掌握了高性能 a-Si：H TFT 的制造技术，研究重点也转移到阵列性问题上，如光罩次数及驱动集成性。由于 a-Si：H 具有较低的载流子迁移率，不能满足高分辨率及高频显示的要求，对 TFT 的研究热点已转移到具有高迁移率和高透明特性的氧化物半导体（IGZO）TFT 上，但是从生产成本和技术成熟度来看，a-Si：H TFT 目前仍然是大尺寸显示的主流技术。

2.2.2 非晶硅薄膜晶体管的结构划分

非晶硅薄膜晶体管的基本结构大致分为 3 类：交叠型（Top Gate），反交叠型（Bottom Gate）和共面型（Coplanar），图 2-7 所示为以上典型结构的截面图。a-Si：H TFT 通常使用交叠结构和反交叠结构，Poly-Si TFT 使用反交叠结构；共面结构除了在极少数情况下用于 a-Si：H TFT，通常只应用于 Poly-Si TFT，因此本节着重介绍前两种基本结构。

非晶硅薄膜晶体管制备过程应用了多膜层沉积技术。例如对于反交叠型 TFT-三层，栅极绝缘层和 a-Si：H 有源层采用一次成膜技术，使用这种技术能够获得膜层间干净的界面，这对 TFT 器件的特性非常重要；另外，在成膜过程中，界面的物理和化学性质（平整度、成分分布和悬空键数量等）可以通过调节成膜环境来控制。

1. 交叠型非晶硅薄膜晶体管的结构

图 2-8 所示为交叠型 TFT 制备流程图。制备该结构 TFT 需要两张或三张光罩，定义源极/漏极和欧姆接触层图案可使用同一张或不同张光罩。半导体有源层、栅极绝缘层和栅极

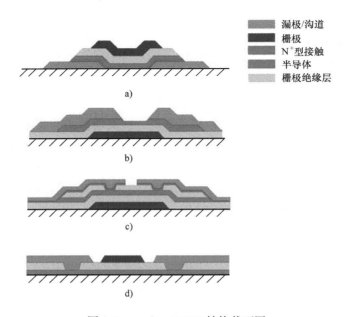

图2-7 a–Si：H TFT 结构截面图

a）交叠型 b）反交叠型–双层 c）反交叠层–三层 d）共面型

金属层可以由同一张或两张不同光罩来制备。该工艺的关键步骤是在 N^+ a–Si 和 a–Si：H 层之间形成欧姆接触；此外，要制备性能良好的 TFT，源极和漏极金属边缘刻蚀形貌也很关键。

2. 反交叠型非晶硅薄膜晶体管的结构

图2-9 所示为反交叠型 TFT–双层的制备流程图。通常它需要三张光罩工艺（目前已发展到只需要两张光罩）。栅极图案定义完成后，三层薄膜一次成膜完成，其中包括栅极介质层，半导体有源层和欧姆接触层。然后，通过第二张光罩来定义半导

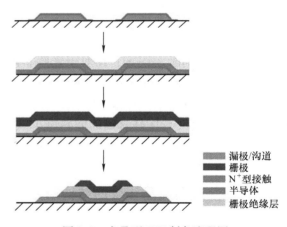

图2-8 交叠型 TFT 制备流程图

体有源层和欧姆接触层，该图案称之为硅岛；使用第三张源极和漏极光罩来定义源极和漏极图案，同时将晶体管沟道处的欧姆接触层材料蚀刻掉。该 N^+ a–Si 蚀刻过程是薄膜晶体管工艺的关键步骤，它要求对 N^+ a–Si 和本征 a–Si 具有较高的选择蚀刻比。为了制备高性能的 TFT 器件，a–Si 膜层要近可能薄。一般来讲，同交叠型 TFT 相比，反交叠型 TFT a–Si：H 和栅极绝缘层具有更优的界面特性，因此也具有更优异的器件特性。

图2-10 所示为反交叠型 TFT–三层制备流程图。通常它需要四张光罩工艺，第一张为栅极图案光罩，第二张光罩定义出硅岛，第三张形成沟道保护层以及连接有源层和源漏极的过孔，第四张光罩形成源、漏极导线图案。由于栅极绝缘层和有源层材料不同，通过调整等离子刻蚀工艺，栅极绝缘层和有源层具有高的选择蚀刻比，容易获得性能优异的 TFT，使得

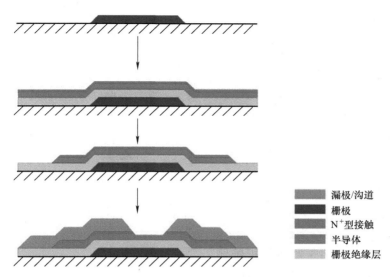

图 2-9　反交叠型 TFT－双层制备流程图

TFT 制备过程具有很大的工艺调节范围，有利于工业化生产。

　　通常在 TFT 结构设计中有两个重要考量因素：简单的工艺和优异的性能。与反交叠结构相比，交叠结构通常需要数量较少的光罩工艺，因此产能较高。然而，反交叠结构 TFT 有更优异的晶体管特性，例如低界面态密度、光滑的界面形貌和清晰的膜层界面。我们在这里对比一下反交叠结构中双层和三层设计的优劣点：三层结构需要多一张光罩工艺，但是会有一些工艺优点：额外的

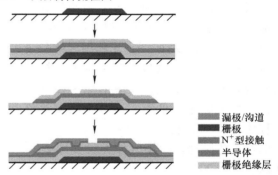

图 2-10　反交叠型 TFT－三层制备流程图

沟道保护层、$N^+ a$－Si 刻蚀容易控制、a－Si 有源膜层可以很薄，同时沟道保护层阻止了 TFT 各种工艺对背沟道的污染。此外，对于 $N^+ a$－Si 和介电层刻蚀容易获得高刻蚀选择比，但是很难获得 $N^+ a$－Si 和本征 a－Si 膜的高刻蚀选择比。因此，双层结构 TFT 需要沉积较厚的 a－Si 膜层来补偿低刻蚀选择比造成的膜层损失，同时厚膜 a－Si TFT 通常具有较大的漏电流、阈值电压和光敏感性，而三层结构具有较低的光敏感性，能够有效避免上述缺点。

2.2.3　非晶硅薄膜晶体管的制备工艺

　　非晶硅薄膜晶体管（a－Si：H TFT）的制备工艺类似于半导体工艺，它是通过采用一系列制备工序在玻璃基板上形成图案化的过程，主要包括成膜工艺、清洗工艺、黄光工艺、刻蚀工艺、剥离工艺和检测工艺，其制备工艺流程图如图 2-11 所示。

　　成膜工艺分为溅射沉积和化学气相沉积。溅射沉积一般用于沉积晶体管中的栅极，源、漏极和像素电极，其沉积过程如下：先往高真空腔体里面通入惰性气体（如氩气），然后在靶材电极之间施加高电压产生辉光放电，在腔体里产生等离子体氛围，再通过加速气体离子对靶材进行轰击，使成膜材料沉积到基板上，其原理如图 2-12 所示。目前常用的溅射成膜

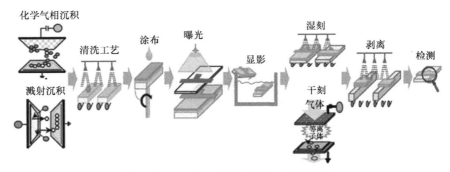

图 2-11　a－Si：H TFT 制备工艺流程图

方式包括磁控溅射、离子束溅射、直流溅射和高频溅射。磁控溅射由于成膜快、重复性好、台阶覆盖率高等优点而常作为量产用的沉积方式。

化学气相沉积主要用于制备栅极绝缘膜（GI－SiN$_x$ 薄膜），a－Si 半导体薄膜，钝化层保护膜（PV－SiN$_x$/SiO$_x$ 薄膜）和用于改善源、漏极和非晶硅半导体接触的 N$^+$ a－Si 薄膜。其原理如下，先利用气体分子与电子碰撞产生大量自由基，自由基扩散到基板表面发生反应，反应的原子在基板表面迁移至能量最低点，通过不断重复该过程使薄膜不断发生反应和生长。化学气相沉积工艺原理及常用气体种类如图 2-13 所示和见表 2-2。

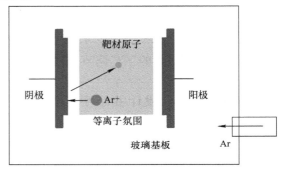

图 2-12　溅射沉积工艺原理

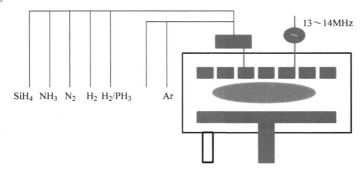

图 2-13　化学气相沉积工艺原理

表 2-2　化学气相沉积常用气体种类

气体种类	G－SiN$_x$	a－Si	N$^+$ a－Si	PV－SiN$_x$
SiH$_4$	采用	采用	采用	采用
NH$_3$	采用	—	—	采用
H$_2$/PH$_3$	—	—	采用	—
H$_2$	采用	采用	采用	采用
N$_2$	采用	—	—	采用

清洗工艺一般先经过干洗工艺，再经过湿洗工艺。在干洗工艺中，基板不与水和任何清洗液发生接触，通常先在短波长紫外光（如波长 185nm）照射下，将 O_2 形成具有强氧化性的臭氧（O_3），臭氧在 254nm 紫外光照射下分解为 O_2 和氧自由基，由于氧自由基具有很高的化学活性，因此可有效清除有机污染物。湿洗工艺一般分为以下几个部分：先用滚刷的摩擦力清除粒径较大的颗粒；再利用高压喷淋方式，通过液体和颗粒间的剪切力作用去除中等尺寸的颗粒；然后经过气液二流体，利用气体泡在基板表面破裂产生的冲击去除较小的颗粒。如果前一步紫外照射未有效去除有机物，可通过引入碱性溶剂的清洗作为补充。清洗完毕后需利用气刀去除表面水分，并干燥处理。

黄光工艺主要包括光阻涂布、曝光和显影等过程。该过程通过制备图案化的光阻，为下一步的蚀刻提供掩膜。为增加光阻与基板之间的附着力，在光阻涂布之前，通常会先在洁净基板上先涂覆一层六甲基二硅胺（HMDS），之后再经过狭缝涂布方式覆盖厚度均一的光阻。涂布工艺完成后，先进行预烘烤，使光阻溶剂挥发。再用带有图形的光罩对玻璃基板进行选择性紫外光照射。对于正性光阻材料，未被照射的光阻将保持原组分，不会与碱性显影液发生反应，因而显影后得到保留，而被照射的光阻将会被光催化为带羧基的有机物，该有机物能与碱性的显影液发生反应，因而显影后消失。而对于负性光阻材料，以上的过程刚好相反，即未被照到的光阻显影后消失，而受光照射的光阻显影后保留下来。但无论是正性光阻还是负性光阻，都可将光罩上的图案转印到光阻上。

刻蚀工艺分为湿刻工艺和干刻工艺，通常栅极、源极和漏极的图案化采用湿刻工艺，而栅极绝缘层、钝化保护层以及非晶硅薄膜的图案化采用干刻工艺。在湿刻工艺中，刻蚀液不断与材质发生化学反应，从而将未被光阻保护的材质腐蚀除掉。由于化学反应是等向性的，所以转印的光阻图案与最后得到的材质图案的线宽之间会存在一定的差异。而干刻工艺是通过等离子体与材质之间产生离子轰击和自由基反应从而将目标材质去除的过程。其中，离子轰击过程为等向性物理性刻蚀，如图 2-14a 所示，因此刻蚀前后的线宽差异较小；而自由基反应是化学性刻蚀，因此在刻蚀后其线宽会减小，如图 2-14b 所示。

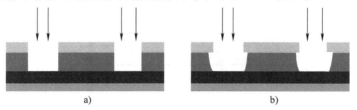

图 2-14　干刻工艺
a）离子轰击过程　b）自由基反应

光阻剥离工艺是指在刻蚀工艺完成后，利用剥离液去除光阻而将图案裸露出来的过程。剥离液通常兼具膨胀和反应溶解的功效。常用量产剥离液为二甲基亚砜（DMSO）和单乙醇胺（MEA）的混合体，二甲基亚砜具有使光阻膨胀的作用，可以将光阻变得松软并与底部基板发生分离，再由单乙醇胺对光阻进行进一步的反应和剥离，如图 2-15 所示。

非晶硅薄膜晶体管在生产过程中会出现缺陷，如短路、断路和尺寸规格不符合生产要求的情况，因此需要检测工艺找出这些不良产品，并及时进行调整和修复，来保证每一道工序的结果都在生产的要求范围以内。它主要包括宏观/微观检查、自动光学检查、短路/断路检

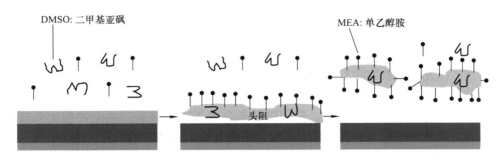

图 2-15　剥离工艺流程图

查和阵列检查。宏观/微观检查主要用于确认基板上有无污渍、划痕、残留、小孔、宏观不均、微观不均、裂缝和破片等缺陷。自动光学检查是通过对整个基板进行扫描，通过对比前后图片的差异来确定制备过程中产生的缺陷。短路/断路检查是用于确认金属图案是否发生了短路或断路现象，而阵列检查亦可用于确认缺陷和短路/断路现象。

常用非晶硅薄膜晶体管是通过五道光罩制备工艺得到的，每道工艺均依以下顺序进行：清洗工艺 – 成膜工艺 – 黄光工艺 – 刻蚀工艺 – 剥离工艺 – 检测工艺。经过五次重复得到整个晶体管结构。其中，第一道工艺得到栅极的图案，第二道得到栅极绝缘膜和非晶硅半导体薄膜及 N^+ a – Si 薄膜的图案，第三道得到源极与漏极图案，第四道得到钝化保护层图案，最后一道得到像素电极图案。具体流程如截面图 2-16 及平面图 2-17 所示。

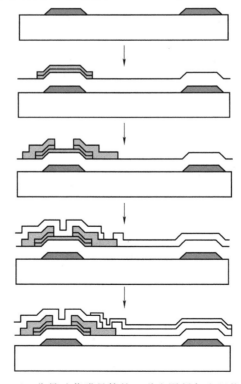

图 2-16　非晶硅薄膜晶体管五道光罩制备流程截面图

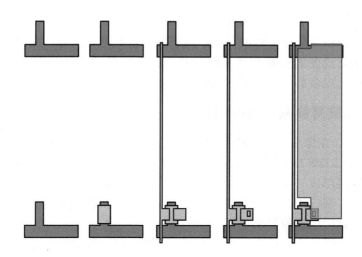

图 2-17 非晶硅薄膜晶体管五道光罩制备流程平面图

2.3 低温多晶硅（LTPS）薄膜晶体管

2.3.1 低温多晶硅薄膜晶体管简介

主动式面板根据薄膜晶体管技术大致可分为非晶硅、低温多晶硅以及高温多晶硅 3 种。其中，高温多晶硅因制备工艺温度较高，无法采用熔点较低的玻璃基板，而是以石英作为基板载体，发展受到很大的限制。表 2-3 为不同显示元件的特性，非晶硅 TFT 的载流子移动率为 $0.5 \sim 1 cm^2/(V \cdot s)$，低温和高温多晶硅都可以达到 $100 cm^2/(V \cdot s)$，甚至更高，这表明其具有非常高的信号驱动与系统整合能力。尤其是低温多晶硅技术发展迅速，甚至在实验中 LTPS TFT 更是高达 $600 cm^2/(V \cdot s)$。

表 2-3 不同显示元件特性

项 目		非晶硅 TFT	低温多晶硅 TFT	MOSFET
基板	材质	10.5G	8.5G	6in 硅晶圆
工艺	温度/℃	<350	<600	>800
工艺特性	设计标准/μm	5	1.5	0.35
	使用光罩数/道	4 ~ 5	5 ~ 9	22 ~ 24
	GI 厚度/nm	300	80 ~ 150	7.8
	晶格结构	短程有序 氢 - 终止	存在晶界	完好
特性	阈值电压/V	1	1.2	0.875
	载流子移动率 /[cm²/(V·s)]	0.5 ~ 1	>100	>250
	操作电压/V	15 ~ 25	5 ~ 15	3.5

低温多晶硅解决了显示面板对高迁移率的需求，同时也提供了互补式电路技术，在 TFT 器件尺寸小型化、面板开口率、画面品质以及解析度上有绝对优势。而且除了将驱动电路整合与剥离外，系统集成度的提升与其他附加功能，使面板同时具备有窄边框与高画质的特性，因此全面采用低温多晶硅作为显示载体是未来的发展趋势。

2.3.2 低温多晶硅薄膜晶体管的制备工艺

低温多晶硅 LCD 在像素结构中通常包含 3 个部分：薄膜晶体管、存储电容以及显示区域。图 2-18 所示为 LTPS LCD 像素存储电容结构示意图，传统存储电容由多晶硅层、栅极绝缘层与栅极金属层形成（见图 2-18a），其工艺简单但容量不足，必须使用较大的布局面积以及高 K 的材质。图 2-18b 与图 2-18c 所示为堆叠式存储电容，它可以有效增加电容容量，但是工艺与设计阶段比较复杂。

像素存储电容以驱动方式区分，可分为栅极存储电容与共同存储电容，其中最主要差别在于存储电容分别利用栅极信号线或是共同信号线组合而成。由于栅极存储电容不需要额外的共同信号线，所以其开口率比较大，但其利用到前一条栅极信号线，对于信号的控制与 RC 的要求较高，因此常采用共同存储电容的像素结构。

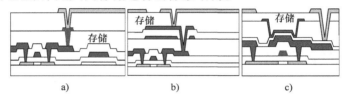

图 2-18　LTPS LCD 像素存储电容结构示意图
a）传统存储电容　b）、c）堆叠式存储电容

薄膜晶体管按照其栅极位置可分为顶栅结构和底栅结构，一般而言，多晶硅薄膜晶体管多采用顶栅结构，而非晶硅多采用底栅结构。由于顶栅结构的电容耦合效应小于底栅结构，所造成的 Feed - Through 与 RC 延迟现象较弱，可以有效降低信号的串音杂讯，减少画面闪烁现象。根据 Feed - through，电压（ΔU）可以简单定义为

$$\Delta U = \frac{C_{gd}}{C_{st} + C_{lc} + C_{gd}} U_g \tag{2-8}$$

式中，C_{gd} 为薄膜晶体管栅极与漏极间的耦合电容；U_g 为栅极电位；C_{lc} 与 C_{st} 分别为液晶等效电容与存储电容。

非晶硅薄膜晶体管的耦合电容较大，因此产生较大的 Feed - through 电压与 RC 延迟。

为减少存储电容的面积及充电率的问题，降低漏电流的损失与寄生电容效应是 LTPS 薄膜晶体管的首要目标。图 2-19 为常见 LTPS TFT 结构示意图，LTPS 结构类似于全耗尽型的硅器件，为了克服低温多晶硅的缺点，因而开发出 Overlap 型、Field Plated 型、Sub - Gate

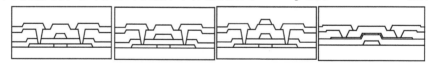

图 2-19　常见 LTPS TFT 结构示意图

型、LDD 型、Offset 型、多重栅极型与 GOLDD 型等 TFT。

8 Mask 底栅工艺流程

图 2-20 所示为 8 Mask 底栅低温多晶硅薄膜晶体管工艺流程，此种工艺与非晶硅薄膜晶体管较为类似，早起如 SONY 与 SANYO 等公司采用此种结构进行低温多晶硅显示面板制备。虽然两者之间的相容度非常高，但是低温多晶硅的 Mask 数量仍然高达八道之多。

底栅 LTPS 首先沉积金属层，以第一道 Mask 定义第一金属层（或称之为扫描电极）。再以连续沉积的方式生长氮化硅及非晶硅层，搭配高温环境进行去氢处理，当前量产化的 LTPS 多以氩离子激光结晶方式将非晶硅转换成多晶材质。底栅低温多晶硅薄膜晶体管因本身结构的关系，使得在激光晶化的过程中靠近多晶硅－栅极绝缘层的结晶晶粒较小，故载流子迁移率较顶栅结构来得低。第二道 Mask 定义主动区域（半导体层，见图 2-20c），并沉积氧化阻挡层（或称沟道保护层），以图 2-20b 的栅极电极作为 Mask，搭配背面曝光技术形成沟道保护结构（见图 2-20d），不需额外 Mask 设计。为了降低 LTPS 漏电流，以低剂量的离子注入形成高阻值区，一般利用额外氧化层作为 LDD 与多晶硅的沟道阻挡层。

第三道与第四道 Mask 定义 N 型与 P 型 LTPS 区域（见图 2-20e 与图 2-20f），再以高温环境退化将注入的离子活化，此结构无法使用栅极自对准掺杂技术，使得薄膜晶体管本身的寄生电容也比较大。接着以氧化硅或氮化硅作为层间介电层，再利用第五道 Mask 定义透明导电电极，第六道与第七道 Mask 分别定义出接触孔与第二金属层（或称之为信号电极）。利用氮化硅薄膜作为保护层，而透明导电电极多采用氧化铟锡（ITO）薄膜，由于 ITO 薄膜必须有高的光学透过率以及低阻值，因此采用

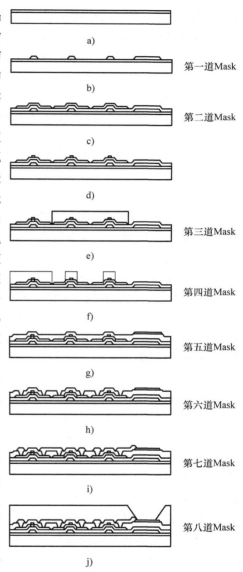

a)

第一道Mask

b)

第二道Mask

c)

第三道Mask

d)

第四道Mask

e)

第五道Mask

f)

第六道Mask

g)

第七道Mask

h)

第八道Mask

i)

j)

图 2-20　8 Mask 底栅低温多晶硅薄膜晶体管工艺流程

多晶 ITO 薄膜，并以第八道 Mask 定义透明导电电极。由图 2-20i 的横截面图可以清晰地见到像素和周边电路并非采用高开口率的上部 ITO 电极结构，因此后段工艺与传统非晶硅薄膜晶体管完全一致。

2.3.3　多晶成膜技术

无论是 MOSFET 或 SOI 器件都是以单晶硅作为其高性能的基础，反观玻璃上的硅不易形

成，一直是 LTPS 技术发展的瓶颈之一。鉴于传统成膜方式温度过高的缺点为人所诟病，激光晶化的方式将工艺温度降到室温，因此大型的 LTPS 面板才得以实现。未来平面显示器的趋势将会带来更多整合的周边电路与附加价值，AMOLED 的广泛应用，相对地也更需要高载流子迁移率的薄膜晶体管。硅基材料作为 LTPS 的核心，因此如何开发类单晶或晶界控制多晶硅薄膜，将是影响显示面板发展的重要一环，如固态结晶、金属诱导侧向结晶及准分子激光结晶等。

（1）固相结晶（SPC）

固相结晶拥有低成本、均匀性高的优点，最初的多晶硅薄膜多采用固相结晶的方法，由均匀成核的方式结晶，晶粒尺寸为 $0.4 \sim 0.8 \mu m$，平均载流子迁移率为 $100 cm^2/(V \cdot s)$ 左右。固相结晶的成核率（R）可表示为

$$R = D \exp\left(\frac{-E_a}{kT}\right) \tag{2-9}$$

式中，D 为晶核密度；E_a 为活化能；k 为 Boltzmann Constant；T 为结晶温度。

因此，由温度提升、表面等离子体处理和金属触媒来增加结晶率。但是高达 600℃ 以上的高温与长达 24h 以上的结晶时间，对于量产，热成本非常高，而且需要采用熔点较高、成本较贵的石英基板或特殊玻璃基板，因此商业竞争力相对低。

（2）金属诱导侧向结晶（MIC/MILC）

第一个金属诱导侧向结晶低温多晶硅薄膜晶体管出现于 1996 年，相对于固相结晶的方式，金属诱导侧向结晶具有较低的结晶温度、较快的结晶速率和较大的晶粒，多晶硅中的缺陷密度也比固相结晶少约三分之一。根据金属与非晶硅的结合，可以略分为两类：

1）与硅形成共融的结晶方式，如金、铝等金属；其利用金属原子减弱硅键的键解力，有效降低成核能量。

2）与硅形成硅化物的结晶方式，如钯、钛、镍等金属，其由硅化物与硅晶体类似的晶体结构，配合自由能的移动来达到降低成核能量的效果。

（3）准分子激光结晶（ELC）

激光是近代科学研究中非常重要的成就之一，自 1960 年 Maiman 发明红宝石激光以来，激光的应用已遍及通信、医疗、测量、微加工与其他工业领域中。近年来由于平板显示器的蓬勃发展，激光在低温多晶硅薄膜晶体管中的应用也逐渐增多。

由于激光的高功率密度与高单色性，早在 20 世纪 80 年代激光结晶的方式已利用于硅技术上，90 年代初期应用到显示器领域，ELC 具有较低的热循环与高薄膜品质，有效减少对玻璃基板的伤害，一般结晶多晶硅薄膜采用短波长的准分子激光，如 XeCl、KrF、ArF 激光。KrF 准分子激光于 248nm 的波长的反射率较大且脉冲时间较短（约 20ns），因此量产的商品上多采用效率与稳定性较好的 XeCl 激光。由于非晶硅薄膜对于 308nm 的波长吸收效率与气体稳定性较好，薄膜对激光的吸收深度可达 20nm，使得非晶硅薄膜表面的熔融经由热传导与再凝固结晶成为多晶硅薄膜。目前主要设备供应商有 SHI、JSW 及 SOPRA 等。

图 2-21 所示为多晶硅成膜机制，多晶硅结晶按照激光照射的能量密度可分成部分熔融区、接近完全熔融区和完全熔融区 3 部分。

（1）部分熔融区

在部分熔融区时，非晶硅部分熔化，形成上下双层结构。激光晶化的能量是有一定范围

限制的，当能量过低时，所能完全溶解的非晶硅集中在表层，而底层则呈现半溶解状态，最大温度仍低于等效结晶硅的熔点，结晶的方向将有未熔融的晶核向上生长，多晶硅呈圆柱状，属于非均匀成核，故以低能量结晶时的硅晶粒较小，且有部分掺杂非晶硅于其中。

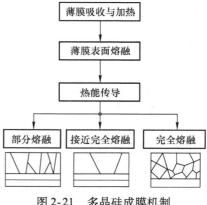

图 2-21　多晶硅成膜机制

（2）接近完全熔融区

当能量渐增时，底层的溶解状态也随之拉高，当整层非晶硅接近全部溶解临界但底层尚有未溶解的硅晶粒时，多晶硅的结晶便可有尚未溶解的硅晶粒为晶核向上结晶，称之为接近完全熔融区，超级冷却的作用与残留些许的硅晶核形成较大的晶粒。非晶硅薄膜产生部分熔融与完全熔融两区域，在有两区域间温度梯度的差异，以部分熔融区域为成膜晶核往完全熔融方向生长，侧向晶粒往往比膜厚更大，因此称之为超级侧向生长。

（3）完全熔融区

当 ELC 能量再升高时，由于非晶硅呈现全部溶解的状态，结晶出于完全熔融区，由于没有硅晶核的引导，成为四面八方的均匀成核状态，故结晶时便会随机成核且多晶硅晶粒较小，而且此区域的均匀性较好，适用于大面积 TFT 阵列应用。在实际应用中，多晶硅的晶粒越大，所制备的 N 型低温多晶硅薄膜晶体管的载流子迁移率也就越高，但 P 型低温多晶硅薄膜晶体管的载流子迁移率对多晶硅的晶粒大小，则在超过一定尺寸后就没有明显变化。而为了达到较大的晶粒尺寸，通常希望多晶硅成膜于超级侧向生长区域，然而超级侧向生长的工艺窗口通常不大，而且激光设备的稳定性非常重要。

2.3.4　低温多晶硅离子注入技术及激活工艺

1. 离子注入技术

1958 年，Shockey 提出以离子注入方式进行掺杂半导体，1963 年，Wanlass 提出互补式薄膜晶体管电路概念，到了 20 世纪 80 年代末期，离子注入技术已广泛应用在薄膜晶体管的制备工艺中。传统非晶硅薄膜未键解键过多，离子注入后易被陷阱态捕捉，且界面特性不佳易产生电流拥塞，因此并未用于量产。而低温多晶硅的驱动电路必须做到高精确度，离子注入的稳定度与均匀度就成为关键。为了达到高均匀度，对于离子注入提出高标准要求，例如注入剂量与能量范围、电流稳定性、均匀性、注入时间和注入基板温度等。表 2-4 为 TFT 用离子注入技术，其中以具有质量分析式离子注入与等离子体注入为主流。

表 2-4　TFT 用离子注入技术

分　类	TFT 特性	均匀度	产能	成本	设备体积
质量分析式离子注入	好	好	差	差	差
非质量分析式离子注入	较好	较好	较好	较好	较好
等离子体注入式	差	较好	好	好	好
固态扩散式	差	差	好	好	好

图 2-22 所示为低温多晶硅薄膜晶体管的工艺流程，一般的 CMOS LTPS 使用的离子注入

工艺包含沟道掺杂、源/漏极掺杂及漏极轻掺杂等，并随结构与体统复杂性而有所不同。

2. 离子注入后激活工艺

由于离子注入后的杂质并未完全进入 P–Si 的晶格位置，这对多晶硅薄膜产生损伤，甚至造成非晶化，特别在多晶硅晶粒边界四周更为明显，因此需要经过激活工艺回复。一般高温多晶硅薄膜晶体管活化大多采取 Furnace 高温激活，然而在低温多晶硅的领域中，受限于玻璃的耐热温度，因此需要较低温度的工艺。常见用于低温多晶硅的激活方式有 3 种：激光激活法、快速加热激活法和高温热炉激活法。

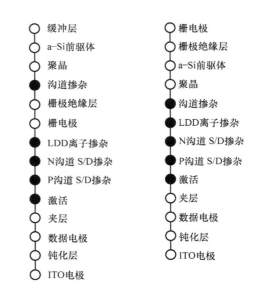

图 2-22　低温多晶硅薄膜晶体管的工艺流程

2.4　铟镓锌氧（IGZO）薄膜晶体管

2.4.1　氧化物薄膜晶体管简介

氧化物半导体作为有源层应用于器件，由于其出色的薄膜生长技术、高的载流子迁移率而得到广泛的关注。第一个氧化锌 TFT 是在 1968 年制备成功的，经过很长一段时期，终于在 2003 年，采用氧化物作为半导体层的 TFT 的报道见诸于很多权威期刊。

氧化物材料属于 N 型半导体材料，在栅极电场调控下，IGZO 沟道层易形成 n 型沟道，其电子传输能力变化十分明显。传统的硅基半导体，其载流子传输通道主要由 SP3 轨道杂化后形成的共价键构成，如图 2-23a 所示，传输方向单一，因而由非晶态的硅基半导体形成的无序排列共价键会阻碍载流子的传输，导致非晶硅的载流子迁移率很低（见图 2-23c）。而氧化物半导体材料的载流子传输通道（见图 2-23b）是由空间各项同性扩展的金属 ns 轨道构成的，并与相邻金属原子之间存在 ns 轨道交叉重叠的现象，从而形成自由电子的传导路径，这种传导路径即使是扭曲的非晶态结构也没有太大影响（见图 2-23d）。比如 IGZO 材料，导带主要由其 5s 轨道重叠构成，具有各向同性，球面对称的结构使得材料对结构形态的改变不敏感，从而在非晶态结构下也能保持高的载流子传输能力。

Iwasaki 等采用分离的氧化物靶材（ZnO、Ga_2O_3、In_2O_3）来制备 a–IGZO 薄膜，进而研究薄膜中 In、Ga、Zn 元素对薄膜性能的影响。实验表明：In 能提高 IGZO 材料的导电率，提升 In 离子的比率可以提高开态电流，但是会同时导致关态电流的提高，造成开关比的下降；Ga 离子具有抑制沟道电流并且增加 IGZO 材料稳定性的功能，有助于降低关态电流，但也会造成开态电流的下降，从而造成 TFT 驱动能力的下降；Zn 离子则作为提供非晶材料的结构框架，起到了提供载流子传输通道的作用，Zn 过多会导致薄膜的晶化，造成薄膜迁移率均一性的下降。

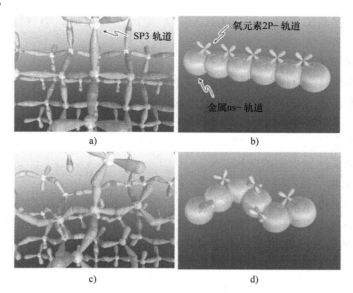

图 2-23　硅基/氧化物半导体的晶态和非晶态结构中载流子传输路径
a) 低温多晶硅　b) 结晶金属氧化物　c) 非晶硅　d) 非晶金属氧化物

a - IGZO 薄膜具有可见光区的高透明度,可用于制作透明半导体器件。但其对紫外光却十分敏感,光线照射下其沟道电流会发生较为明显的变化,沟道电流会大幅提升,一般认为在短波光线照射半导体薄膜中产生了光解的氧空位,从而提升了导电能力。

2.4.2　有源层的分类

1. 氧化锌 (ZnO)

ZnO 是一种最常用的二元氧化物半导体。把 ZnO 应用到 TFT 的想法早在 1968 年就已经被报道了,但是由于性能较差、制备难度较大、没有应用前景等原因,这种 TFT 在当时并没有引起太多的关注,直到 2003 年,Hoffman 等展示了利用溅射法制备的 ZnO 透明 TFT。这类 TFT 的迁移率达到 $2.5 cm^2/(V \cdot s)$,器件开关比达 107,这些性能均已超过了 a - Si:H TFT 的性能。从此,低成本、高迁移率的透明 TFT 就变得可行了。2005 年,Fortunato 等发明了一种全透明室温制备的 ZnO - TFT,器件的迁移率为 $20 cm^2/(V \cdot s)$。

由于 ZnO 薄膜通常是多晶结构,容易产生晶界缺陷,所以非掺杂 ZnO - TFT 器件的不均匀性以及不稳定性是把它们应用到 AMOLED 上的最大阻碍。

2. 铟锌氧化物 (In - Zn - O)

In_2O_3 具有方铁锰矿结构,ZnO 具有纤锌矿结构,将它们掺在一起通常形成非晶的氧化铟锌 (InZnO,IZO)。IZO 是三元氧化物半导体材料的代表,它既能应用到电极上,作为透明导电氧化物,也能应用到 TFT 上,作为半导体层。通过改变成分和制备的条件,IZO 的电阻率在大范围可调 ($10^{-4} \sim 10^8 \Omega \cdot cm$)。总地来说,器件的迁移率和载流子浓度随着 In/Zn 比例的增加而增加。然而,当 In/(In + Zn) 原子比例超过 0.8 时,IZO 薄膜会呈多晶体结构,具有高的导电性,然而也有些例外情况。

虽然 IZO – TFT 具有优异的电子迁移率性能，但是如何控制 IZO 的氧空位和载流子浓度、提高开关比、提高负栅压光照应力（NBIS）稳定性以及提高器件的可重复性是 IZO – TFT 面临的主要问题。

3. 锌锡氧化物（Zn – Sn – O）

氧化锌锡（ZnSnO，ZTO）是另一种研究较多的三元氧化物材料。与 IZO 相比，ZTO 的制备成本相对较低，因为 ZTO 中不含有昂贵的铟材料。也正是因为 ZTO 中没有 In^{3+}，所以它的载流子迁移率并不是很高。

ZTO 要想获得较高的载流子迁移率需要很高的热退火处理，但这种较高温度限制了它在平板显示，尤其是柔性显示中的应用。

4. 铟镓锌氧化物（In – Ga – Zn – O）

四元氧化物半导体材料的代表就是铟镓锌氧化物（InGaZnO，IGZO）。IGZO 的载流子浓度可以低至 $10^{17} cm^{-3}$，而迁移率仍然保持在较高水平。IGZO 的导带是由 In^{3+} 5s 轨道的重叠形成的，由于 5s 轨道的球对称性，使得 IGZO 材料对结构的变形不敏感，且半导体材料在非晶态时仍然保持高迁移率。而 Si 属于 sp3 杂化轨道，键的微小变化会对载流子迁移率产生较大影响。实际上，Si 材料的迁移率可以从单晶态的数千 $cm^2/(V \cdot s)$，减少到非晶态的低于 $1 cm^2/(V \cdot s)$。IGZO 半导体载流子浓度低归因于 Ga^{3+} 的高离子势，使得 Ga^{3+} 可以与氧离子紧紧地结合在一起，有利于抑制氧空位的生成，从而减少自由电子浓度。可控 IGZO 载流子浓度是氧化物 TFT 领域的一个突破性进展，使其具有高迁移率、高均匀性、低温制备、低成本的特性，可用于 AMOLED 显示。

2.4.3 铟镓锌氧（IGZO）薄膜晶体管的结构划分

a – IGZO TFT 主要由源、漏、栅极，栅绝缘层和半导体有源层构成。在典型的 TFT 结构中，栅绝缘层位于半导体有源层和横向的栅电极之间，源、漏极位于有源层的另一侧。源、漏极之间电流的调制是通过有源层中接近绝缘层/有源层界面处的载流子的注入来实现的，也称之为场效应。虽然 TFT 和 MOSFET 都是依靠场效应来调节有源层的导电能力，但是 TFT 是依靠形成电荷累计区来实现电流调节的，而 MOSFET 则是形成反型层结构。

TFT 的制备根据工艺设备的不同，可以形成常见的 6 种结构类型：底栅顶接触（见图 2-24a）、底栅底接触（见图 2-24b）、顶栅顶接触（见图 2-24c）、顶栅底接触（见图 2-24d）、双栅结构（见图 2-24e）和垂直结构（见图 2-24f）。

其中，底栅顶接触结构是最典型的氧化物 TFT 结构类型（如 a – Si TFT），被广泛应用于显示器的驱动背板中。这种结构在制作方面较为方便，且易于进行薄膜的表面处理；但是其有源层有一部分裸露在表面，容易受到外界空气和水蒸气的侵蚀

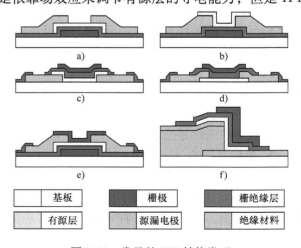

图 2-24 常见的 TFT 结构类型

a）底栅顶接触　b）底栅底接触　c）顶栅顶接触
d）顶栅底接触　e）双栅结构　f）垂直结构

造成性能的下降，因此通常在有源层表面制备钝化层（Passivation）来隔绝水氧的侵蚀。顶栅底接触结构在 LTPS TFT 中广泛应用，因为多晶硅的形成需要较高的温度，因此首先进行有源层的处理，可以避免对其他材料的高温损害，顶栅还可以充当钝化层的功能减少生产中光刻工艺的步骤。在双栅结构中增加了顶部的栅极，增强了栅电压对漏电流的调制能力，但是这种结构要求更复杂的驱动电路设计方案，增加的栅极绝缘层制备过程中对有源层存在一定的损伤，增加了工艺复杂度。垂直结构通过在衬底上制备绝缘凸起层来实现源、漏极的分离。其导电沟道可以通过控制栅极和半导体层的厚度来实现长短的控制，这种结构可以应用在柔性 TFT 的设计中，避免由于衬底的弯曲造成半导体层的断裂。

2.4.4　铟镓锌氧（IGZO）薄膜晶体管的制备

　　IGZO TFT 的制备包括栅极、栅绝缘层、氧化物半导体、可是阻挡层和源/漏极的制备。这些层中除了氧化物半导体层的制备流程和 a–Si 不同，其余的制备流程都与 a–Si 相似。

　　脉冲激光沉积和磁控溅射是制备 IGZO 薄膜的最主要的方法。其中，脉冲激光沉积的原理是一束激光通过透镜聚焦后打到靶材上，靶材原子会迅速等离子化，被照射区域的物质会趋向于沿着靶材法线方向传输，最后沉积到前方的衬底上形成薄膜。脉冲激光沉积采用光学非接触加热，避免了不必要的玷污，适合制备高熔点、成分复杂的薄膜，并能很好地保持材料的化学配比。从 IGZO 薄膜用脉冲激光沉积得到后，由于其局限性，越来越多的研究者将目光注意到磁控溅射工艺上来。磁控溅射的原理如图 2-25 所示，在电场和磁场的作用下，被加速的高能粒子 Ar$^+$ 轰击靶材表面，能量交换后，靶材表面的原子脱离原晶格而逸出，溅射粒子沉积到基板表面而生成氧化物薄膜，其通过施加的磁场改变电子的运动方向，并束缚和延长电子的运动轨迹，进而提高对工作气体的电离效率和溅射沉积率。磁控溅射因其沉积速度快、温度低、薄膜厚度均匀等优点，适合于制备大面积以及柔性显示面板，故广泛地应用于 TFT 的制备。磁控控溅射 IGZO 陶瓷靶制备 IGZO 薄膜的方法也广泛应用于企业大面积生产中。

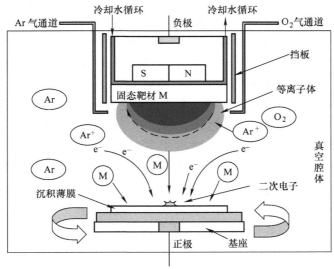

图 2-25　磁控溅射的原理

IGZO 半导体材料是由 In、Ga、Zn 和 O 4 种元素组成的，这 4 种元素的组分偏差都会影响 IGZO 薄膜的性能，继而影响整个器件的性能。

通过溅射 IGZO 陶瓷靶制备 IGZO 薄膜，氧含量是影响薄膜的关键因素。氧含量决定了氧空位的数量，进而决定了载流子的浓度、氧空位的缺陷态密码。通过优化控制氧含量，不仅可以获得较高的开关比（10^9），而且可以获得较高的载流子迁移率 $[12cm^2/(V \cdot s)]$。除此之外，高温退火也是制备高性能 TFT 的关键，高温退火有利于降低薄膜晶体管的缺陷，增加了薄膜晶体管的稳定性。

2.4.5　氧化物 TFT 在显示面板中的应用

氧化物 TFT 的应用主要集中于显示领域，包括大面积高清 AMLCD、电子纸、AMOLED、透明显示、柔性显示等。氧化物 TFT 在显示领域最早的应用出现在 2005 年，杜邦印刷公司首次推出基于氧化物 TFT 的黑白电子纸。紧接着，LG 于 2006 年推出了第一台基于氧化物 TFT 的 AMOLED 显示器。从 2008 年开始，基于氧化物 TFT 的 LCD 或 AMOLED 显示开始向大面积、高清方向发展，记录不断被刷新。国内的京东方和华星光电也于近年在 SID 会议上陆续展出了基于氧化物 TFT 的大面积显示样机。继 LG 和夏普之后，京东方已经于 2013 年在重庆动工建设基于氧化物 TFT 的 8.5 代生产线。

在小尺寸 AMLCD 或 AMOLED 显示领域，氧化物 TFT 受到了传统的 LTPS - TFT 的挑战，因为小面积的激光晶化技术已经十分成熟。但在大尺寸的显示领域，氧化物 TFT 则展现出其独特的魅力，因为其无需晶化工艺，不会受到晶化设备的限制。除此之外，氧化物 TFT 因其工艺温度低，在柔性显示领域也展现出其独特的魅力。如今，基于氧化物 TFT 的曲面电视已经面世。而在可卷曲的柔性显示方面，这几年也有很大的突破。国际上对于柔性 AMOLED 的研究取得突破性进展，陆续有多家科研机构和公司对自己在柔性 AMOLED 方面的科研成果进行了报道和展示。

2010 年，SMD 公司采用 IGZO 作为 TFT 有源材料，以 PI 为衬底，开发出一款 6.5in 柔性全彩色 AMOLED 显示屏，分辨率为 160 × RGB × 272，85ppi，开口率为 53%，厚度小于 0.1mm。同年，LG 公司也展示了其采用超薄不锈钢衬底制备的 4.3in 柔性 AMOLED 显示屏，分辨率达到 480 × RGB × 320，134ppi，厚度小于 0.25mm。2011 年，日本的 NHK 放送技术研究所展出了 5in、分辨率为 324 × 240 的柔性 AMOLED 显示屏，该柔性 AMOLED 显示屏的背板采用了 PEN + IGZO 的组合。2012 年，日本的东芝公司也开发出一款采用 IGZO - TFT 技术的柔性 AMOLED 显示屏，显示尺寸达到了 11.7in，分辨率为 960 × RGB × 540。韩国的三星公司在 2013 年的美国 CES 展会上展出了其世界上首款采用柔性 AMOLED（称为"Youm"）显示屏的概念性手机。2014 年 11 月，日本夏普公司研究出 4.1in 2k IGZO 屏，ppi 达到 736。2017 年 1 月，华大半导体旗下晶门科技有限公司及南京中电熊猫平板显示科技有限公司宣布成功研发"全球首枚"支持全高清（1080 × 1920）IGZO 面板的单芯片内嵌式 TDDI（触控与显示驱动器集成芯片）。2017 年 5 月，Google 与夏普通过 IGZO 应用共同开发 VR 眼镜的分辨率高达 4K，IGZO 的屏幕更新率可以跟 AMOLED 不相上下，屏幕分辨率则是完胜三星的 AMOLED，夏普为了 VR/AR 装置特别开发的屏幕，分辨率可以超过 1000ppi、相当于 4K 等级。

2.4.6 主流薄膜晶体管显示面板的比较

薄膜晶体管（TFT）是显示面板重要的组成部分。而目前市面上主流的薄膜晶体管只有以下几种：氢化非晶硅（Si：H）、低温多晶硅（LTPS）和铟镓锌氧化物（IGZO）。

由图 2-26 可以看出，对于 IGZO 薄膜晶体管来说，相对于 a－Si 薄膜晶体管，其导电电流高出 20 倍，因此 IGZO 薄膜晶体管可以进一步缩小器件面积至 a－Si 薄膜晶体管的 1/4，同时提高面板的开口率，从而实现更高分辨率的显示。从截止电流的角度来看，IGZO 薄膜晶体管与 a－Si 薄膜晶体管和 LTPS 薄膜晶体管相比，其截止电流可以达到 1pA 左右，因此，其驱动功耗可以降低到 a－Si 薄膜晶体管和 LTPS 薄膜晶体管的 1/10 ~ 1/5。

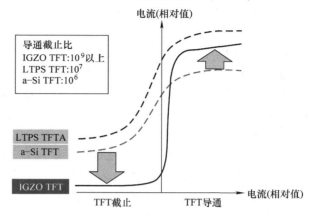

图 2-26 铟镓锌氧化物（IGZO）薄膜晶体管的性能比较

从 IGZO 薄膜晶体管的工艺和性能来看，它可以兼容 a－Si 薄膜晶体管的工艺，采用非晶的材料来制备晶体管阵列，因此相对于现在主流的 LTPS 薄膜晶体管来讲，在工艺过程中省掉薄膜的晶化工艺，其生产成本可以大幅降低。从性能表现来看，其性能可以与 LTPS 薄膜晶体管的性能基本相当，但同时其具备较低的截止电流，可以进一步降低器件的功耗。

从表 2-5 可以明显看出，LTPS 面板的技术最先进，显示效果也最好，但唯一的缺点就是良品率低、成本高。相比之下，成本最低的 a－Si：H 应用最为广泛，而高端的 LTPS 次之。目前 IGZO 拿到授权的厂商有三星和夏普，但只有夏普真正量产使用。可以简单看出 IGZO 是介于 a－Si 和 LTPS 之间的技术，它的优势是在效果和成本之间取得均衡，显示效果接近 LTPS 面板，成本更靠近 a－Si。由于 LTPS 使用在大屏幕上成本太高，以 IGZO 作为代替，在平板等大屏设备上出现，就可以得到比较不错的效果。

表 2-5 主流薄膜晶体管面板对比

材料类型	a－Si：H	LTPS	IGZO
薄膜结构	非晶	多晶	非晶/多晶
迁移率/[cm²/(V·s)]	0.1 ~ 1	50 ~ 100	10 ~ 80
沉积温度/℃	200 ~ 300	350 ~ 650	室温 ~ 350
掩膜工艺	3 ~ 5	7 ~ 9	3 ~ 5
大面积能力	高	低	高
均匀性	好	稍差	好
导电类型	N 型	N 型或 P 型	N 型
透明度	不透明	不透明	透明度大于 80%
像素密度（PPI）	低	高	中
可见光敏感性	光敏感性强	光敏感性差	光敏感性差
良品率	高	低	中
屏幕成本	低	高	低

2.5 薄膜晶体管的应用

TFT 阵列制造技术是高亮度、高集成平板显示器的核心，技术发展空间宽广，其中新技术、新产品、新应用将深刻地改变人类的生活方式。目前，TFT 制造领域已经实现了一下技术的突破，进一步降低平板显示器件成本，提高器件的质量，同时提高人们的生活质量。

非晶硅 TFT – LCD 的常品从 1in 以下的投影器件，到手机屏幕、车载显示、笔记本显示、技术显示、大屏幕平板电视、户内和户外商用显示，实现了全面覆盖。

生产能力有 300mm × 400mm 的第一代线到现在建设的 3000mm × 3320mm 的第十一代线，制造能力极大提升。

生产工艺由 7 次光刻发展到 3 次光刻，工艺技术向完美趋近。

产业规模方面，2016 年液晶电视出货量为 2.22 亿台。

经营规模由一个公司一条线，发展到一个公司十几条线，研发制造一体化，产品制造商和设备制造商、原材料供应商交叉持股联合经营的超大规模的跨国集团经营模式。全球 TFT – LCD 重点企业主要有韩国 LG Display、三星，中国群创光电股份有限公司（台湾）、友达光电股份有限公司（台湾）、京东方科技集团股份有限公司和华星光电技术有限公司以及日本 Japan Display。

以硅基 TFT 为核心的平板显示技术和产业发展，从教育、设计、制造、原材料、零部件、整机到服务的一条完整的产业链。

随着非晶硅 TFT – LCD 趋近于成熟，显示行业技术发展和革新的需要，有机电致发光显示发展迅速，尤其有源矩阵发光二极管（AMOLED）。对于 AMOLED 显示器对 TFT 背板提出了新的要求：

1）TFT 载流子迁移率要高，一般采用低温多晶硅或氧化物薄膜晶体管驱动，以便在显示周期内为 OLED 单元提供足够载流子注入；匹配 OLED 的电流效率。

2）TFT 稳定性，TFT 的开关特性不随工作时间显著变化，或在可控范围内变化，以保证从数据信号得到的显示结果前后一致。

3）TFT 均匀性，在整个显示矩阵上，TFT 的开关特性趋于一致，减少因特性差异而增加的补偿电路。

4）为将 OLED 用于柔性和透明显示应用，要求 TFT 背板的可挠性、透明化等。

本 章 小 结

薄膜晶体管作为有源矩阵显示驱动器件的发展，是平板显示广泛应用的重要技术保证。本章中，首先简单介绍了薄膜晶体管的基本结构、驱动原理和基本特性，接着分别介绍了非晶硅薄膜晶体管、低温多晶硅薄膜晶体管和金属氧化物薄膜晶体管的结构、制备技术与基本特性，最后简要介绍了薄膜晶体管主要应用范围与产业化情况。用以上篇幅，向同学们简要展示了薄膜晶体管制备技术的发展趋势、基本特性和产业化应用情况。目前，国内在薄膜晶体管制备技术方面具有一定的技术储备，并应用于量产应用中。但是针对更先进的显示技术，例如透明显示、柔性显示等，还有一些长期存在、亟待解决的问题，希望同学们能积极投入这个行业，来进一步推动薄膜晶体管技术的发展。

本 章 习 题

2-1 简述四种主流的 TFT 技术在各个性能方面的优缺点。

2-2 简述薄膜晶体管的性能评价参数。

2-3 简述非晶硅薄膜晶体管的结构划分。

2-4 简述非晶硅薄膜晶体管的制备工艺，以及在玻璃基板上形成图案化的过程。

2-5 结合 TFT 原理、制备工艺，简述氢化非晶硅薄膜晶体管与低温多晶硅薄膜晶体的区别。

2-6 多晶成膜技术分别是什么？试比较其优缺点。

2-7 哪些氧化物可以作为薄膜晶体管的有源层？IGZO 相对于其他氧化物有哪些优势？

2-8 简述非晶薄膜晶体管、低温多晶硅以及氧化物薄膜晶体管在显示面板中的应用，以及各自的优缺点。

2-9 简述 a – Si：H、IGZO、LTPS 今后发展的趋势。

参 考 文 献

[1] WEIMER P K. The tft a new thin – film transistor [J]. Proceedings of the IRE, 1962 (50)：1462 – 1469.

[2] COMBER P G L, SPEAR W E, GHAITH A. Amorphous – silicon field – effect device and possible application [J]. Electronics Letters, 1979 (15)：179 – 181.

[3] DEPP S W, JULIANA A, HUTH B G. Polysilicon FET devices for large area input/output applications [J]. The Electron Devices Meeting, 1980 (26)：703 – 706.

[4] 陈志强. 低温多晶硅（LTPS）显示技术 [M]. 北京：科学出版社, 2006.

[5] FORTUNATO E, BARQUINHA P, MARTINS R. Oxide semiconductor thin – film transistors：a review of recent advances [J]. Adv Mater, 2012 (24)：2945 – 2986.

[6] PARK J S, MAENG W J, KIM H S, et al. Review of recent developments in amorphous oxide semiconductor thin – film transistor devices [J]. Thin Solid Films, 2012 (520)：1679 – 1693.

[7] SHIDA J, KOBAYAHI N, KUSAMA H. Poly – Silicon TFT Annealing with XeC1 Excimer Laser [J]. Review of Laser Engineering, 2000 (28)：24 – 28.

[8] BOESEN G F, JACOBS J E . ZnO field – effect transistor [J]. Proceedings of the IEEE, 1968 (56)：2094 – 2095.

[9] NOMURA K, OHTA H, TAKAGI A, et al. Room – temperature fabrication of transparent flexible thin – film transistors using amorphous oxide semiconductors [J]. Nature, 2004 (432)：488 – 492.

[10] TAKAGI A, NOMURA K, OHTA H, et al. Carrier transport and electronic structure in amorphous oxide semi-conductor：a – InGaZnO4 [J]. Thin Solid Films, 2005 (486)：38 – 41.

[11] IWASAKI T, ITAGAKI N, DEN T, et al. Combinatorial approach to thin – film transistors using multicompo-nent semiconductor channels：An application to amorphous oxide semiconductors in In – Ga – Zn – O system [J]. Applied Physics Letters, 2007 (90)：488.

[12] HOFFMAN R L, NORRIS B J, WAGER J F. ZnO – based transparent thin – film transistors [J]. Applied Physics Letters, 2003 (82)：733 – 735.

[13] FORTUNATO E, BARQUINHA P, PIMENTEL A, et al. L Recent Advances in ZnO Transparent Thin Film Transistors [J]. Thin Solid Films, 2005 (487)：205 – 211.

［14］NOMURA K, KAMIYA T, OHTA H, et al. Local coordination structure and electronic structure of the large electron mobility amorphous oxide semiconductor In－Ga－Zn－O：Experiment and ab initiocalculations［J］. Physical Review B，2007（8）：75.

［15］NOMURA K, KAMIYA T, OHTA H, et al. Carrier transport in transparent oxide semiconductor with intrinsic structural randomness probed using single－crystalline $InGaO_3$（ZnO）（5）films［J］. Applied Physics Letters，2004（85）：1993－1995.

［16］KAMIYA T, NOMURA K, HOSONO H. Present status of amorphous In－Ga－Zn－O thin－film transistors［J］. Science and Technology of Advanced Materials，2010（11）：1－23.

［17］马洪磊，马瑾. 透明氧化物半导体［M］. 北京：科学出版社，2014.

第3章

背光源技术

导读

本章导读：

液晶显示器（Liquid Crystal Display，LCD）以其平板化、低功耗、无电磁辐射、高分辨率、高对比度、数字式接口、易集成和轻巧便携等优点，大量应用于计算机显示器、电视机等显示领域。在平板显示器中处于主流地位。LCD作为一种被动显示器件，由于液晶本身并不发光，LCD需要通过外部光源实现透射或反射来显示。背光源是薄膜晶体管液晶显示器（Thin Field Transistor Liquid Crystal Display，TFT – LCD）光源的提供者，背光源的表现便决定了液晶显示器所体现出的视觉效果。因而背光源是液晶显示器件不可或缺的重要组件。背光源占液晶显示器所有材料成本的20% ~30%。液晶显示器为保持在未来市场的竞争力，开发设计新型的背光源新技术成为一个重要的课题。背光源实质上是一种均匀发光的面发光光源。

背光源组件所用的光源从最初的钨丝灯，到后来的冷阴极荧光管（Cold Cathode Fluorescent Lamp，CCFL），再到现在最常用的发光二极管（Light – Emitting Diode，LED）及被誉为最有发展前景的有机发光二极管（Organic Light – Emitting Diode，OLED），背光源的色域、亮度等不断提升，而功耗、体积、成本不断下降。除了LCD外，背光源还被应用于广告灯箱、幻灯机、投影仪等场景，随着时代的发展，背光源的应用范围与应用价值不断增加，是照明技术中一个必不可少的部分。

学习要点：

本章主要介绍背光源的分类、基本结构与组件、设计方法和应用场景。理解背光源的结构与原理是本章学习的重中之重，也是背光源设计的重要基础。熟悉各种光源的色域、亮度和体积等性质，以及背光源所用到的导光板、扩散膜和棱镜膜等组件的基本原理与应用方法，有利于针对化地进行背光源设计。

3.1 背光源技术基础知识

从"二战"的航空用背光源开始，背光源已经走过了70余年的发展，其形式、功能逐渐多样化，被广泛应用于各个领域。在本节，将会简要介绍背光源发展的历程，以及两种分类方法：按照光源类型分类、按照光源位置分类。

3.1.1　背光源的发展历程

背光源最早产生于"二战"期间，用于军用设备上的仪表显示。当时使用超小型钨丝灯作为飞机仪表的背光源。20 世纪 60～70 年代出现了粉末电致发光的背光源，80 年代人们研制出半导体 LED 背光源。之后，如液晶显示器的非自主发光器件问世，需要大尺寸及长寿命的背光模组提供背光。伴随着薄膜晶体管液晶显示器技术的成熟，冷阴极荧光管应运而生，并在 20 世纪末 21 世纪初占据着统治地位。CCFL 具有管径细（可小于 2mm）、亮度高和工作电流小等优点。但是显示品质有很多不足，例如显示清晰度不高、色彩饱和度有限、光效低、寿命时间短、亮度调整范围小、能耗大、响应时间长、安全系数低和含汞有害气体（不环保）等缺陷。

2004 年，SONY 率先将 LED 背光技术产品化，尽管这些产品都存在功耗高、发热量大和价格高昂的缺陷，但 LED 在显示质量方面的优势得到了充分体现。现在 LED 因为宽色域、高亮度和节能环保等特点，已经取代了 CCFL 的市场地位，成为现在背光源行业的主流选择。

纳米量子点作为一种最新型的半导体荧光材料，具有发光效率更高、使用寿命更长和颜色纯度更好等优点，已经成为取代传统荧光粉的研究热点。2014 年，在西班牙巴塞罗那召开的世界移动通信大会（WMC2014）上，SONY 发布了当年的旗舰手机 Xperia Z2。其 LCD 正采用了量子点技术，显示效果甚佳。

目前来看，成本低、性能优越的量子点电视相较于昂贵的 OLED 技术更符合消费市场的需求，LG Display 和 Samsung Display 已经正式宣布量产量子点电视。2014 年深圳高交会期间，康佳展示了多款基于量子点光管技术的 55in 超薄型量子点电视，并计划量产量子点电视。从显示效果这一点来看，量子点电视在成熟的液晶技术上实现了飞跃性的提升，高色域节能环保的量子点电视有望成为未来的新宠。

OLED 和 LED 一样都是一种半导体电 - 光转换型器件，LED 背光源技术同样适合于 OLED 背光源。二者也有区别：OLED 是有机面光源，采用低成本的真空蒸镀、旋转涂布以及喷墨打印等技术制备；而 LED 是无机点光源，采用昂贵的 MOCVD 技术制备。由于 OLED 背光源是一种具有高亮度、广色域、耐冲压、低电压、轻薄和功耗低等特性的反射式二维面光源，其阴极金属层是高反射率的镜面反射层，因此 OLED 背光源不需要导光板和散光板等导光、匀光辅助光学配件，就可以将光发射层发出的光直接反射到 LCD 上，很好地符合了 LCD 对背光源的要求。

OLED 背光源的发展虽然只有十余年，但是已经取得了长足的进步。经过最近几年的发展，OLED 背光源已克服了初期的寿命与光效方面的问题。进入试验性使用阶段。世界上许多相关厂家已在制定生产 LCD 用的 OLED 背光源计划。当前，在 LCD 的背光模组及固态照明应用上，OLED 光源技术正在追赶 LED 光源技术。相较于 LED 的点光源，OLED 还有白光材料的多样性、制程的简单性和成本低廉性，特别是其面光源的属性。可以预见，在液晶显示器的背光源模组应用领域，OLED 背光源将会有一个更加光明的产业前景。

3.1.2　背光源的分类

按照光源的类型，背光源通常可以分为气体放电灯背光源、LED 背光源、场致发光片背光源、量子点背光源和 OLED 背光源等；按照光源的位置，则可以分为直下式背光源与侧入式背光源。量子点技术在背光源技术中并不是独立的存在，而是依靠 LED 或其他光源提供短波长的光，量子点将短波长的光转化为其他波长的光，但因其显示效果出众且能与传统 LED 背光源兼容，因此单独拿出来叙述。

1. 按照光源类型分类

背光源中的光源一般采用冷光源。相较于传统的热光源，其体积小、发热少，因而更有益于实际使用。在背光源的发展过程中，用过的光源类型很多。因此，背光源可以按照所用光源类型进行分类。在本节，将对几种主要的光源进行分类描述。

（1）气体放电荧光灯

气体放电荧光灯，如冷阴极管（CCFL）的工作原理与荧光灯管的热阴极灯的工作原理类似。如图 3-1 所示，高速运动的电子与灯管内的汞蒸气碰撞，使之处于激发态，经自发辐射放出波长为 253.7nm 的紫外线光，与灯管内壁的荧光粉作用产生白光。但是荧光灯管属于热阴极，即用电流方式把阴极加热至 800℃ 以上，让阴极内的电子因获得热能后转换为动能而向外发射。而冷阴极管的冷就在于它是利用电场的作用来控制界面的势能变化，使阴极内的电子把势能转换为动能而向外发射，而不需要进行加热，只需在两电极间加高频高压即可。由于 CCFL 没有加热灯丝的过程，因此比热阴极方式更为省电，光效更高，寿命更长，而且显色性更好。

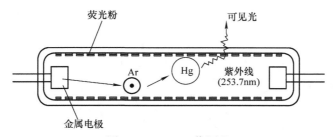

图 3-1　CCFL 工作原理

但随着技术的不断发展，CCFL 也暴露出很多缺点。CCFL 背光源液晶显示器所能达到的色域不高，一般刚好能达到美国国家电视系统委员会（NTSC）标准的 72% 这个基本要求，这样使得显示器对画面的表现力就显得不强；另外，CCFL 灯管中含有汞，不符合未来环保的要求，尤其欧盟有严格规定产品不能含有汞等有毒物质；还有 CCFL 响应时间慢，驱动所需的高电压条件并不安全，也并不节能。

（2）发光二极管（LED）

LED 是一种固体发光器件，如图 3-2 所示，其内部结构很简单，将发光半导体材料做成内芯，再用树脂等材料密封保护起来即可，相应的抗振性能也很好。其核心部分为两种不同导电类型的半导体，两种半导体的接触界面成为 PN 结。当 P 型半导体接正极，N 型半导体接负极，即外加正向偏压时，N 型半导体中的电子与 P 型半导体中的空穴在外电场作

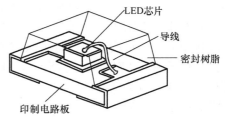

图 3-2　LED 内部结构

用下同时向 PN 结运动，并在 PN 结附近复合发光。理论上光的波长由 PN 结的禁带宽度决

定，且发射出光子的能量约等于禁带宽度。但是实际上由于光吸收等因素，波长会略微向长波方向变化且光谱呈不对称的钟形分布。因此通过调节不同的材料等参数调节禁带宽度，就可以得到特定波长的光，但是并不能得到任意波长的光。

对 LED 而言，要直接发复合光可以说不太现实，然而复合光的应用范围并不比单色光小，尤其是白光，所以复合光 LED 也是较重要的技术，其原理就是以混色理论为基础，依靠同色异谱理论，将几种单色光复合成所需颜色。以液晶背光系统使用的白光 LED 为例，一般来说有 4 种方法得到，如图 3-3 所示。最常用的是蓝光 LED 加黄色荧光粉，由蓝光激发黄色荧光粉得到黄光，然后与本身的蓝光混合成白光；若要屏幕得到的色彩较好，可以将黄色荧光分换成红、绿混合荧光粉，蓝光激发荧光粉分别得到红光和绿光，再和蓝光混合成白光，此时白光光谱包含 3 个颜色的波峰，能与彩膜匹配得到较高的色域；还有将蓝色 LED 换成紫外线光 LED，荧光粉换成红、蓝、绿三色荧光粉，如此紫外线激发的红、蓝、绿三色光混合成的白光能使液晶显示得到更好的色域，但是紫外线会对其他部件产生一定影响；最后一种方式就是直接将红、蓝、绿三色 LED 芯片封装到一起做成一个三芯的 LED，也能发出光谱包含三色波峰的白光，做到高色域，并且每一个芯片都可单独控制，也就意味着三种颜色每一个都能单独调整，完全能得到更优质的白色光。这 4 种方法从效果上来说是由低到高，自然从价格上也是由低到高，就现在的状况来看，后两种用的较少，主要集中在前两种。

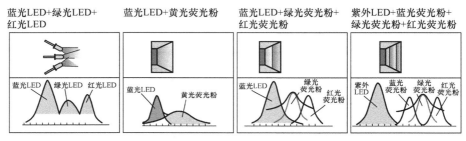

图 3-3　产生白光 LED 的 4 种方法

（3）量子点 – 发光二极管（QD – LED）

应用量子点来制作背光源时，通常是把在蓝光照射下可以产生红光与绿光的两种量子点材料密封在一张薄膜中。无论是直下式 LED 背光源还是侧入式 LED 背光源，只需要把 LED 换成纯蓝光的 LED，在背光源模组中添加一张量子点膜即可。只要调配好两种量子点的含量与比例，产生的光加上未被吸收的蓝光就能混合出白光。美国 3M 公司开发的量子点增强膜已开始在市场上销售。采用量子点增强膜的量子点电视，结构与原 WLED 电视兼容，可大大加快新品上市进度。通过量子点技术获得的光比 RGB – LED 芯片更为纯正，因此做出的背光源色域将比 LED 背光源高得多，NTSC 色域可超过 100%。量子点背光技术，无论是性能还是功耗都有革命性的突破，量子点背光极有可能是继 CCFL 背光和 WLED 背光之后，液晶发展史上的最后一次革命。

（4）有机发光二极管（OLED）

OLED 背光源是一种具有高亮度、广色域、耐冲压、低电压、轻薄和功耗低等特性的反射式二维面光源，其阴极金属层是高反射率的镜面反射层，因此 OLED 背光源不需要导光板和散光板等导光、匀光辅助光学配件，就可以将光发射层发出的光直接反射到 LCD，很好地符合了 LCD 对背光源的要求。

2. 按照光源的位置分类

若把背光源想象成一个长方体，其中 1 面为出光面，则剩余的 5 面则为允许布置光源的布灯面。把光源布置在侧面的背光源叫作侧入式背光源，布置在后面的背光源叫作直下式背光源，如图 3-4 所示。侧入式背光源依靠导光板将布置在侧面的点光源转换成面光源。按照布置有光源的布灯面数量分为一边、两边，甚至三边、四边。在不同的应用场合中应选择适合的布灯边数。

对于尺寸较小的侧入式背光源，如手机液晶显示屏后面的背光源，通常会采用一边布灯，并把光源布置在屏幕较短的一边，减少光源的数量，以获得较小的空间占用。同时，减少 LED 的数量还能达到更高的能耗比，有利于背光源功耗的降低。对于大尺寸的背光源，如液晶电视或者广告灯箱，则通常会把光源布置在较长的一边或两边，其原因是考虑到大尺寸面板下均匀度的问题以及背光源整体亮度的问题。由于这些应用场合都是外接电源的，因此对能耗的敏感度没有移动设备高。

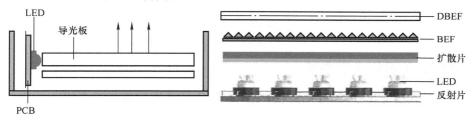

图 3-4　侧入式背光源（左）与直下式背光源（右）

对于背光源来说，均匀度和最大亮度是非常重要的两个参数。对于侧入式背光源，面积越大，均匀度的控制则越难。把光源布置在较长边则能缩短光的传播距离从而更容易地达到更高的均匀度。同时，若把背光源出光面积除以 LED 数量称为相对面积，则在背光源尺寸增大的同时，相对面积也在增加。假设单颗 LED 的光通量不变，而相对面积增加，则背光源的亮度就会下降。

对于直下式背光源，则只需要把光源均匀地铺展在背板即可。均匀分布在背板的 LED 直接照射在出光面板上成为面光源。对于侧入式背光源，光在导光板传播时不可避免地会被吸收，导致光传播效率的下降。对于不存在导光板的直下式背光源，其光传播效率则比较高。由于 LED 为朗伯型光源，有研究表明，直下式 LED 背光源的 LED 间距 D 与目标而距离 H 的比值（D/H）取 1 时，才能得到较好的照度均匀效果。但此时较多的 LED 紧密排布在一起，容易造成大量的热量积聚和成本增加。为了减少 LED 的使用数量，同时满足 D/H = 1 的要求，通常需要增大 LED 间距并且提高与出光面而的距离，因此直下式 LED 背光源的厚一般都较大。

3.2　背光源的基本组件及其关键技术

背光源，作为液晶电视器最重要的零部件之一，在液晶层的后面为显示器提供稳定的光源。目前，背光源多采用 LED 作为光源，为了顺应液晶模组向薄型化和轻量化发展的趋势，背光源多采用侧入式（即光源在背光源上下两侧，光线从上下两侧进入到发光面）的结构。由图 3-5 可见，背光源的主要组成部件为光源（以 CCFL 灯管为例）、导光板、棱镜膜、扩散模、反射膜、保护膜以及用来固定膜材的胶框。下面将详细的探讨各个部件及其制作工艺。

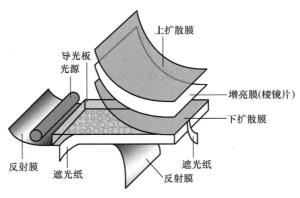

图 3-5 背光源的结构

3.2.1 液晶显示器的光学系统

LCD 的光学系统由第一偏光片，液晶单元、彩色滤光片和第二偏光片（分析器）几部分组成，每一个点元上均安装一个 RGB 彩色滤光片。从光源发出的光通过经偏振片和滤光片后，只输出部分特定波长的光。

背光源系统包括光源、反射器件、导光板、扩散膜和增亮膜。导光板将点光源或线光源转变成面光源，扩散膜使亮度更加均匀，增亮膜用来增强亮度。

表 3-1 为背光源（笔记本计算机、显示器和液晶电视）的光学组件。笔记本计算机和显示器多采用侧入式光源，液晶电视的光源多位于液晶显示屏后面。无论哪种显示器件，光源的亮度都是影响图像质量的重要因素。笔记本计算机和显示器对亮度的要求较液晶电视低，但仍需要通过复杂的光学系统实现对亮度均匀性的调配。光学膜片的使用进一步降低了背光源的成本、功耗和厚度，使得背光源在液晶显示器市场上长期占有较大规模。

表 3-1　背光源中的光学组件

功　　能	笔记本计算机	显示器	液晶电视
光源	CCFL、LED	CCFL、LED	CCFL、LED
调整光源光分布	导光板	导光板	无
光耦合	反射膜	反射板	无
调整光源亮度均匀性	下扩散膜	下扩散膜	无
调整输出亮度均匀性	上扩散膜	上扩散膜	扩散板
引导光源出光方向	棱镜组	棱镜片	棱镜片

3.2.2 背光源的基本光学组件及其关键技术

不论是直下式背光源还是侧光式背光源，在经过各自的混光方法后，即空气腔混光或是导光板混光，都是为整体光学效果打下良好的基础，而附加的各层膜材则是进一步完善其光学效果以达到最佳。

1. 导光板

导光板（Light Guide Plate，LGP）在背光源内部的功能是将光源提供的侧入射光由内部的反射原理转换成面光源。其结构如图 3-6 所示，从侧面进入导光板的入射光碰到底面的网点发生漫反射后射向出光面；没有碰到网点的光线，在导光板内部不断地进行全反射，最终通过碰到网点发生漫反射后射向出光面。因为聚甲基丙烯酸甲酯（Poly Methyl Methacrylate，PMMA）材料具有以下几大优越的性能：热缩性、高透过率（93%）、温湿度稳定性以及抗划伤性，成为导光板最常用的材料。

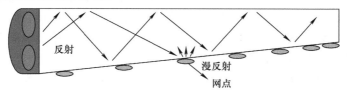

反射

漫反射

网点

图 3-6　导光板的结构

导光板根据其制造工艺的不同一般可分为印刷式导光板和非印刷式导光板两种。印刷式导光板的印刷丝网寿命短，光损失大。绘图切割型非印刷式导光板量产性差，残留异物多。注塑型非印刷式导光板设备和模具的成本高。目前，常用的大尺寸 LGP 多采用印刷式导光板，尽管印刷式导光板的光线损失大，辉度较低，但是印刷的速度快，生产效率高。而小尺寸的 LGP 多采用注塑型。

印刷方式的导光板常用在中、小型的背光模块及设计试作阶段，以减少模具费的使用。以印刷方式将网点印在反射面，又分为红外和紫外两种；非印刷式导光板又分为激光雕刻、化学蚀刻、注塑成型和内部扩散等几种。

台式显示器用的印刷网点两侧较稀疏，越到中间越密集；笔记本显示器的印刷网点则是宽边较稀疏，越往窄边越密集。这是由于显示器用背光源多采用 2~4 根光源，呈上下对称分布。因此导光板上下两侧光线强度较强，越往中间发光强度越弱。中间网点较密集可使更多的光线通过网点反射出去，保证整个背光源的亮度均匀性；而笔记本显示器用背光源一般采用单根光源，因此靠近灯管一端的发光强度较强，远离灯管一端的发光强度较弱。将导光板制成楔型可使光线在远端发生全反射的次数增加，使印刷网点反射出更多的光。而且远端的印刷网点较密集，进一步增加了远端反射出的发光强度，以此保证背光源整体的均匀性。

2. 反射膜

反射膜位于导光板底部，充当反射面，将导光板底部透射出来的光线反射回传导区域，从而减少光线的损失，提高光线利用率。反射膜本身对光线亦稍微有散射的效应，在侧光式大型的背光源模组里，为降低导光板入光处的亮线效应，常在反射板对应导光板入光处做消光处理，从而得到较佳的外观效果及均匀性。

一般来说，反射膜由发泡性 PET + TiO_2 组成。泡的直径有数微米，泡越细微，密度越高，反射率就越高。泡是折射率约为 1.00 的素材，与 PET 之间形成良好的曲折率界面。同时 PET（Polyethylene Terephthalate，聚对苯二甲酸乙二醇酯）和 TiO_2 之间也形成了良好的曲折率界面。图 3-7 所示为反射膜的结构。而对于在 PET 基材上镀银或镀 $BaSO_4$ 的薄膜片，厚度为 0.1 ~ 1mm，反射率通常都会大于 95%，某些镀银发射膜可以高达 99%。

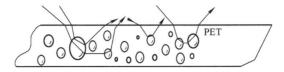

图 3-7　反射膜的结构

3．扩散膜

扩散膜在背光源结构中主要起到修正扩散角度的作用，会使光辐射面积增大，但是降低了单位面积的发光强度，即减低辉度。发光光源经扩散材料扩散之后，能变成面积更大、均匀度较好、色度稳定的二次光源。具有扩散光线的作用，即光线在其表面会发生散射，将光线柔和均匀地散播出来，减少导光板出射光的方向性，同时模糊化显示面上可能存在的光学膜片刮伤、黑点等光学品质的瑕疵。

扩散膜根据位置及功能的差异可分为上扩散片和下扩散片。图 3-8 所示为上、下扩散膜的结构。从图中可以看出，上扩散膜下部为一层保护膜，而下扩散膜无保护膜，当与棱镜膜重叠使用时，保护层可以保护棱镜膜的棱角不受物理性破坏。

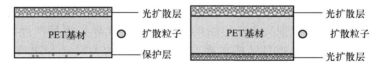

图 3-8　扩散膜的结构

扩散膜主要分 3 层：下涂层、基材层和上涂层。上、下两涂层的材质都是聚酯膜，并且中间填充了适量的光散乱粒子和润滑粒子。中间的基材层一般使用 PET。基材材质的选取主要考虑部材的厚度、光线的透过率及散光性。图 3-9 是扩散膜的结构。扩散膜的制作方法主要是在基板材料中加入纳米级的化学颗粒，例如硅或二氧化硅颗粒作为散射粒子；或者采用全息技术手段，在基材表面上记录毛玻璃的相位分布，以此来模糊出射光形成的亮度不均；还有利

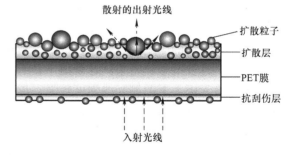

图 3-9　扩散膜的结构

用莫尔条纹现象和光学成像原理制作的，设计思路与一般成像系统的思路背道而驰，即不是使像差降到最小从而得到最高的成像品质，而是专门使用不同光学组件交叠后形成的莫尔条纹现象产生新光学组件，相应地增加像差程度，利用像差所具有的模糊影像特征来达到雾化的效果。通常来讲，散光性越高，则光线穿透率就越低，但是光线的均匀性越强。因此，若要求高亮度，多采用散光性较低的扩散片，以减少光线衰减，而在背光源亮度充裕时，则采用散光性较高的扩散片，以提高辉度的均匀性。

4．增亮膜（BEF）

经扩散膜出射的光线基本上会被打散，在各个方向上亮度分布较为均匀，不过我们在欣赏画面影像时一般都会从正面观看显示屏，尤其是向上方和下方出射的光线对于我们没有多

大用处，所以应该尽量提高显示屏近法线方向的亮度，将增亮膜置于扩散膜上，达到对光线的再次调控，增加亮度，如图 3-10 所示。

一般棱镜片（Normal Prism Sheet）的主要功能为将灯源（包括 CCFL 与 LED）发出的光线予以导正，以增加发光效率。

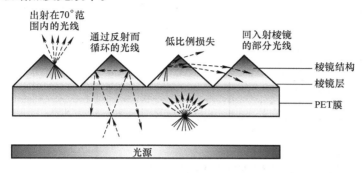

图 3-10　BEF 原理

多功能棱镜片（Multi–Functional Prism Sheet）是一种较高阶的产品，它整合了棱镜片与扩散片的功能，较一般棱镜片有更高的效率。

双面微棱镜膜将棱镜片与扩散片功能整合到一张膜里，采用两张微棱镜膜以取代一张棱镜膜以及上棱镜膜、下扩散膜的"上棱下扩"的构架，目前主要应用的产品为 32in，37in 与 40in 液晶电视面板。

反射式偏光片（Dual Brightness Enhancement Film，DBEF）被广泛应用于高亮的液晶显示器。液晶显示器中最后通过屏幕的光是某个方向的偏振光，与之垂直的偏振光则会被挡住从而浪费掉，DBEF 正可以循环利用被挡住的垂直方向的偏振光。它是一个多层结构的复合膜，可以使一个方向的偏振光通过，而将与之垂直方向的偏振光反射回背光系统中，经过系列的反射和折射被解偏振后再次经过 DBEF，如此循环下去，理论上几乎所有的光都能利用上，如图 3-11 所示。DBEF 一

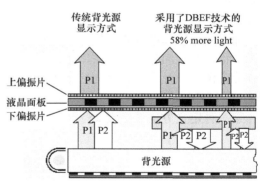

图 3-11　DBEF 增亮原理

般都会置于背光源的最上层，紧挨屏幕的下偏振片，如此中间不经过其他结构，再加上让其偏振方向和下偏振片的偏振方向相匹配，可以最大限度地提高亮度，最高能有 60% 的增幅，是性能最好的增亮膜。

5. 灯反射膜

不像 LED 光源，CCFL 光源发光特性为四面发光，因此需要在入光处设置反射结构，将光源的光尽可能发射至导光板内。灯反射膜根据材质不同，可分为金属反射膜和白色塑料反射膜。

1）金属反射膜：金属的导电系数越高，光的穿透深度越浅，反射率越高。因此，金属反射膜材料大都使用高导电系数的金、银、铝或铜等。金属导体材料中的外层电子（自由

电子）并没有被原子核束缚，当被光照射时，光的电场使自由电子吸收了光的能量，而产生与入射光相同频率的振荡，此振荡又放出与原来光线相同频率的光，实现光的反射。图 3-12 所示为几种金属反射膜的光学性能特性。

2）白色塑料反射膜：一般由 PET 和 TiO₂ 组成。反射原理和前面要讲到的反射膜相同。

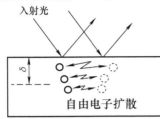

金属种类	800nm 反射率(%)	650nm 反射率(%)	500nm 反射率(%)
铝 (Aluminum)	86.7	90.5	91.8
银 (Silver)	99.2	98.8	97.9
金 (Gold)	98.0	95.5	47.7
铜 (Copper)	98.1	96.6	60.0

图 3-12　几种金属反射膜的光学性能特性

3.3　背光源对显示效果的影响及其设计

3.3.1　显示器背光源特性要求

背光源对亮度的最低要求是 $1900\mathrm{cd/m^2}$。现在的制作工艺所制造的 LED 芯片，单个亮度可达 $2700\mathrm{cd/m^2}$。当使用显示器来欣赏电影时，需要达到 $3600\mathrm{cd/m^2}$ 的亮度，使用两个这样的芯片就可以了；当阅读小说时，需要的亮度为 $5000\mathrm{cd/m^2}$，使用 4～6 个这样的芯片进行一定阵列分布即可实现。

除了亮度，亮度分布的均匀性也是影响背光源质量的一项重要因素。通常情况，我们将背光源辐射在外周与中心亮度的比值称为背光源亮度分布的均匀度，习惯上产生了两种定义和计算方法。在计算时，首先应在辐射区域内等间距地绘制横向和纵向各 5 条直线，它们将产生 25 个交点。

第一种定义方法：定义 25 个交点中最小亮度值与中心点亮度值的比例为亮度均匀度。表示为

$$亮度均匀度 = \frac{最小亮度}{中心点亮度} \tag{3-1}$$

第二种定义方法：定义 25 个交点中最小的 9 个点亮度值的平均值与中心点亮度值的比值为亮度均匀度。表示为

$$亮度均匀度 = \frac{最小 9 个点亮度的平均值}{中心点亮度} \tag{3-2}$$

对于笔记本计算机的背光源，两种定义方法至少应分别达到 65% 和 80%；对于台式显示器，应分别超过 75% 和 90%。LCD 的色彩表达以 CIE 1931 XYZ 色彩空间为基础，背光源的均匀性和稳定性是图像质量的保证。在使用 CCFL 为光源的背光源结构中，应尤其注意光源的热量产生情况，防止器件组的功能因温度升高而使性能变差；LED 在产生热量方面要明显优于 CCFL，值得注意的是 LED 阵列在散热方向上的优化考虑。

3.3.2　背光源对画面显示质量的影响

随着 LCD 的广泛普及，市场对其显示质量的要求也在不断提高。针对画面清晰度、色

彩还原度和视觉舒适度等，LCD 背光源应有利于 LCD 的使用。它应具有以下性能：亮度高、均匀且可调，照明角度大，功耗低，厚度薄且重量轻等；此外，作为彩色 LCD 的背光源，还应有良好的显色性。表 3-2 是 LCD 背光源的一些技术指标。目前，市场上的 LCD 背光源并没有完全达到这些指标，尤其在亮度与耗电方面。

表 3-2　LCD 背光源的一些指标

项　　目	指　　标	趋　　势
光学指标		
表面亮度	2000cd/m^2	
照明角度	±45°（水平），±25°（垂直）	增大
亮度调节	>10 倍	增大，实时可调
不均匀性	<10%	
耗电指标	2W	<1W
机械指标		
照明面积	对角线 9.5～10.4in	增大
厚度	3～4mm	减小

1.　亮度

亮度是背光源性能中的一个重要参数，只有高亮度的背光源才能使得画面色彩更鲜艳，才可能实现在太阳光下阅读。图 3-13 所示为 CCFL 侧入式背光源的照明效率：通常情况下光源以约 25% 的损失入射导光板，经导光板混光后，剩余约 60% 入射下扩散膜，有约 53% 的光进入膜片组，最终有 34% 的光入射至灯罩面板。该模型比较接近理想情况。在真实实验条件下，从膜片组出射的光仅有 10% 能透过 LCD 屏，系统的光利用率不足 1%。

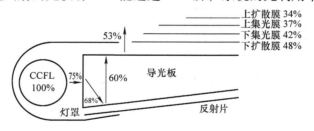

图 3-13　CCFL 侧入式背光源的照明效率

结合背光源结构特点，提高背光源亮度可以从以下几点思路出发：

1）加大灯管电流。若只单纯加大电流，势必会引起散热和寿命问题，因此在灯管性能没有大幅改善的条件下不应考虑。

2）提高灯管的发光效率。目前，大多数背光源采用管径为 3.0～1.2mm 的直线型冷阴极管，其发光效率可通过提高荧光体的可见光转换效率，改进电极材料来实现。

3）降低管壁厚度。以前的灯管多使用钠钙玻璃，玻璃中的活性金属钠、钾、钙等容易析出与汞产生化合物，限制了灯管的使用寿命和亮度。现采用高硼硅酸盐玻璃，玻璃中活性金属的含量较低，使灯管的寿命和亮度得到改善。

2.　响应时间

在液晶显示器上显示一个移动的物体图像与相机拍摄的静止图像不一样。在液晶显示器上，运动物体的边缘有时会出现模糊，这是因为"一个像素的图像"在视网膜上移动并同时发光。在液晶显示器中发光一般持续一个电视帧，因此称之为"持有型"发射，如图3-14所示，y轴为发射强度，x轴为时间。CRT的一个像素在一个16.7ms的电视帧内只发射一次光冲动（约1μs），如图3-14a所示。另一方面，LCD的一个像素在一个电视帧内是持续发光的，如图3-14b所示。液晶的相对响应时间较慢，如图虚线所示，而CRT的荧光粉也有衰减时间，但远远高于液晶材料的响应时间。

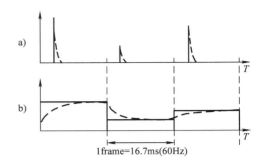

图 3-14　CRT 和 LCD 的发光方式
a）CRT 显示器（脉冲型发射）
b）LCD 显示器（持续型发射）

发送到LCD上的信号与人眼所接收到的图像之间的关系如图3-14所示。为了简单起见，假定液晶的响应为零，发送到LCD显示器的信号由暗像素（表示为黑色）组成，在白色背景上，它以四个像素每电视帧的速度向右移动。液晶设备在每个电视帧（60Hz）内或每16.7ms将图像刷新一次。每刷新一次，图像在电视帧上是保持不变的。因此屏幕上显示的图像是阶梯式的，如图3-15所示。

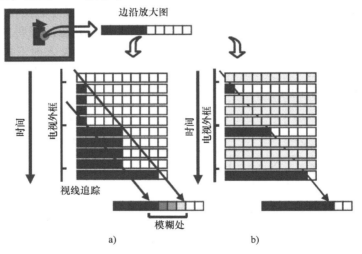

图 3-15　LCD 动态图像的模糊
a）LCD　b）CRT

提高液晶与背光源的同步率是减少模糊的重要思路。由于液晶电视是由"单位时间—水平线"机制所运作的，则液晶的建立时间依赖于显示器的垂直位置。图3-16所示为当所有的CCFL背光单元同时打开/关闭时的情况。液晶屏在上、中、下三个区域的扫描对应于图3-16a、图3-16b、图3-16c。由图中可以看出，上部和下部区域关联于重影区域或薄边。通过将背光模块分成几部分，并在液晶的寻址时间同步激活，如图3-17所示，则重影变得不那么明显。然而，对于需要大量分离的滚动背光源，要算入CCFL驱动的额外成本。

图3-18所示为减少运动模糊的方法。减少持有型器件和改进液晶的响应时间都是必要的。把液晶的响应速度加快到10ms，才能得到少量的图像质量改善，而把响应速度加快到

5ms 或更快，对于减少模糊却是收效甚微。市售的液晶拥有着 10ms 或更少的响应时间，这表明对液晶响应速度的进一步改良并没有带来模糊的减少。减少持有型工件的使用可以通过 n 倍的驱动帧频或 $1/n$ 的驱动任务来实现。n 倍的驱动帧频需要数据插值，这需要大量的信号处理，而 $1/n$ 的驱动任务则可以通过背光源闪烁、插黑或者两者同时使用来实现。背光源闪烁的类型有两种，均匀闪烁和滚动。相比插黑，背光源闪烁可以提供更高的对比度，虽然成本也会随之增加。

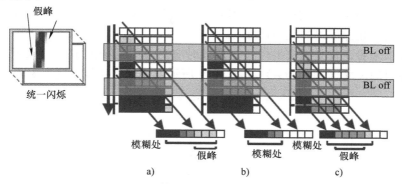

图 3-16　使用背光源闪烁时的模糊
a）上部分　b）中间部分　c）下部分

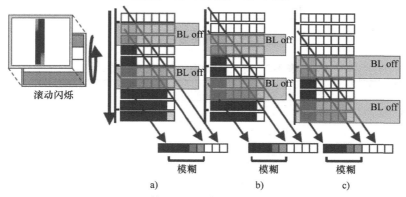

图 3-17　使用滚动闪烁背光源时的模糊
a）上沿部分　b）中间部分　c）下沿部分

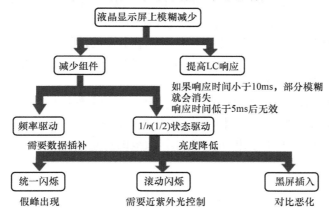

图 3-18　减少运动模糊的方法

3.3.3 背光源的光学设计

背光源的光学设计是决定背光源性能的重中之重，本小节将以简化的 LCD – TV 模型为例，介绍两种常用的不同结构类型背光源的光学设计。

1. 直下式 LED 背光源模组的光学设计

背光模组的几何尺寸是整个光学设计的基础，一切设计方案都要考虑到整个背光模组的尺寸，在保证背光整体亮度的前提下，实现成本的最优化，因此在对整个系统进行设计之前，必须要确定背光源模组的几何尺寸。

从实际要求来看，背光源模组尺寸在设计时应当考虑到稍大于 LCD 屏尺寸，因此所设计的背光源模组的尺寸（面积为 A）如图 3-19 所示，详细尺寸数据见表 3-3。

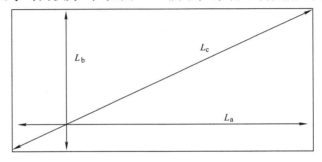

图 3-19　背光源模组的尺寸

表 3-3　背光源模组的详细尺寸数据

名　称	符　号	单　位	值
对角线	L_c	mm	156.2
宽高比	L_a/L_b	—	6：5
高	L_b	mm	100
宽	L_a	mm	120
面积	A	m²	0.012

实验室数据表明，有效亮度在 $450 \sim 600$nits 这个范围之内的光既可以从根本上解决液晶电视亮度不足的问题，又可以防止由于亮度过高而引起的强光刺眼、伤害视力、过强光加速液晶屏老化、产品寿命急剧缩短的问题。因此在本小节的设计方案中，LCD 预期峰值亮度和最小亮度分别为 $L_{max} = 500$nits 和 $L_{min} = 400$nits，最小亮度和峰值亮度的比值定义为亮度均匀性，用 $R_{a,p}$ 表示，则 $R_{a,p} = 0.8$。

图 3-20 所示为 LCD 面板内部结构，由于这些复杂的内部结构，光在穿透 LCD 面板的过程中会有大部分损失掉，据有关资料显示，LCD 面板的透射率 $\eta_{LCD} = 5\%$。

于是，由 LCD – TV 的峰值亮度 L_{max} 和 LCD 面板的透射率 η_{LCD} 可得到背光源模组峰值亮度 L_{BLmax} 为

$$L_{BLmax} = \frac{L_{max}}{\eta_{LCD}} = 10000 \mathrm{cd/m^2} \tag{3-3}$$

背光源模组的最小亮度为

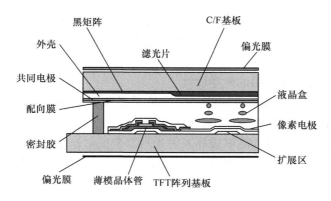

图 3-20　LCD 面板内部结构

$$L_{BL} = L_{BLmax} R_{a,p} = 8000 cd/m^2 \tag{3-4}$$

为了提高背光源出射光的利用率,可在液晶面板和背光源之间加入光学膜 BEF (Brightness Enhancement Films) 和 DBEF (Depolarizing Brightness Enhancement Films)。据相关资料显示,BEF 和 DBEF 混合使用时的增亮倍数 $f_G = 2.1$。于是,光在穿过光学膜 BEF 和 DBEF 前的亮度 (即仅有扩散板时背光的亮度) 为

$$L_{BL\&diffuser} = \frac{L_{BL}}{f_G} = 3809 cd/m^2 \tag{3-5}$$

把由扩散板出射的光视为一面光源,于是发光强度为

$$I_{BL\&diffuser} = L_{BL\&diffuser} A = 45 cd \tag{3-6}$$

同时为了模拟的简便性,我们把背光源模组模型理想化,把它视为一个理想朗伯辐射体,即辐射源各个方向的亮度不变,由朗伯余弦定律可得

$$\Phi_{BL\&diffuser} = I_{BL\&diffuser} \Omega = I_{BL\&diffuser} 2\pi (1 - \cos\varphi_{1/2}) \tag{3-7}$$

式中,$\varphi_{1/2}$ 为从法线方向到发光强度值变为峰值 50% 所经过的角度,由 LED 的光场分布特性 (见图 3-21),可得到 $\varphi_{1/2} = 60°$。

于是,由式 (3-7) 计算得到

$$\Phi_{BL\&diffuser} = 141 \ lm$$

从 LED 光源发出的光并不是全部都照射到 LCD 面板上,会有一部分在混光过程中损失掉,我们把从散射板出射的光量与 LED 光源发出总光量的比值定义为光学效率,即

$$\eta_{BL} = \frac{\Phi_{BL\&diffuser}}{\Phi_{lightsource}} \tag{3-8}$$

资料显示,直下式背光源模组的光学效率通常为 0.6,于是可以计算出 LED 光源出射光的光通量为

$$\Phi_{lightsource} = \frac{\Phi_{BL\&diffuser}}{\eta_{BL}} = 235 lm \tag{3-9}$$

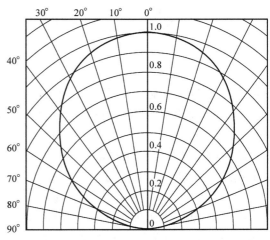

图 3-21　$T_A = 25℃$ 时 LED 的光场分布特性

本小节的设计方案所使用的单颗 LED 光源的光通量为 12lm，因此至少需要 20 颗 LED 光源才能达到预定亮度值，考虑到光学性能所受到的影响因素较多，为保证其亮度需要，我们可采用 28 颗 LED 光源。

2. 侧入式 LED 背光源模组的光学设计

侧入式 LED 背光源模组非常重要的一个光学元器件就是导光板，在 3.2.2 节中已经详细介绍了导光板的制作方法和工作原理。而导光板元件中最重要的光学设计就是下底面的网点设计，通过合理的网点设计，能够破坏入射光局部全反射作用，从而提高导光板出光的均匀性以及光源的利用率，因此，网点设计的好坏对最后设计的背光源模组的性能有着直接影响。

导光板网点的设计理论是随着导光板的出现而逐渐发展完善的，是针对局部密度网点与对应表面亮度关系的总结，能够避免导光板设计过程中对设计师经验的过度依赖，目前较为经典的网点设计理论有超均匀分布理论、斥力缓和法、动态均匀理论和动态分子法。以上这些方法多使用在散乱网点的设计过程中，而由于加工的限制，在实际中使用的并不多。光学设计的关键在于找到一种合适的网点分布以达到所要求亮度的部分，因此在实际网点设计过程中为达到设计要求往往并不是单纯地利用某一种方法，而是多种方法共同使用，同时结合外部结构调整以及光学组件的应用，来达到最终目标。

本小节主要涉及了对导光板网点的理论计算，通过简化的 LED 光源，利用数学建模及相应的公式，推导出网点分布的理论公式。本小节所要采用的 LED 光源为黄色荧光粉激发的白光 LED，光源发光效率较高，且发射角较大。下面是理论推导的详细过程。

如图 3-22 所示，定义随 x、y 变化的导光板底面网点填充函数为

$$f(x,y) = s(x,y)/l^2 \tag{3-10}$$

式中，$s(x,y)$ 为 (x,y) 处网点的大小；l^2 为网格面积；l 为网格边长。

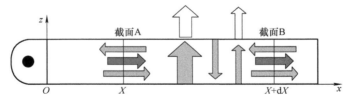

图 3-22　导光板光量传输图示

网点填充率函数基本上反映了网点的排布规律。设 x 处截面 A 上传导光的光通量为 $\varphi(x)$，忽略导光板的吸收及两侧面和前后面漏光等影响，则应有公式

$$d\varphi(x) = -BW dx \tag{3-11}$$

式中，B 为输出光在上底面的亮度；W 为导光板的宽度。

根据式（3-11）可以得到

$$\varphi(x) = \varphi_0 - BWx \tag{3-12}$$

式中，φ_0 为从 LED 光源耦合进导光板的光通量。

当导光板下底面散射网点散射传导光所发出的散射光亮度分布处处均匀时，因为这些散射光光量总体只在 z 方向传播，所以这部分散射光形成的输出光亮度应正比于下底面网点散射传导光所发的散射光亮度。

从图 3-22 可以看出，上底面也会将一部分散射光重新反射回导光板，且这部分反射回来的散射光亮度应该也分布且正比于散射网点散射传导光所发出的散射的亮度。从而，从上底面反射回来的均匀散射光被下底面反射和散射后再次从上底面投射出来所形成的输出光的亮度，也应可近似看成分布均匀且正比于下底面散射网点散射传导光所发出的散射光的亮度。由以上分析可知，当下底面散射网点按一定规律排布使其散射传导光而发出的散射光亮度分布处处均匀时，从上底面发出的输出光的亮度也均匀分布，且正比于下底面散射网点散射传导光所发出的散射光的亮度，从而有

$$B = \kappa B_1 \tag{3-13}$$

式中，B_1 为底面散射网点散射传导光所发出的散射光的亮度；κ 为比例系数。

当光源一定、导光板尺寸一定时，B_1 应正比于 x 处每个散射网点面积占每个网格面积的比例（这正是网点填充率函数 $f(x, y)$），以及正比于射到 x 处下底面上的传导光亮度，而射到 x 处下底面上的传导光亮度应可近似看成与通过 x 处截面 A 的传导光通量成正比，也就是说

$$B_1 = \kappa_1 \varphi(x) f(x, y) \tag{3-14}$$

式中，κ_1 为一个近似看作不随 x 而变的常数。

结合式（3-13）和式（3-14）可得

$$B = \kappa \kappa_1 (\varphi_0 - BWx) f(x, y) \tag{3-15}$$

则

$$f(x, y) = \frac{B}{\kappa \kappa_1 (\varphi_0 - BWx)} \tag{3-16}$$

于是有

$$s(x, y) = \frac{Bl^2}{\kappa \kappa_1 (\varphi_0 - BWx)} \tag{3-17}$$

由以上公式可知，当光源及导光板结构一定时，利用光学设计软件进行仿真，选择合适的常数 κ、κ_1，即可得到亮度一定且均匀的网点排布方案。

与直下式 LED 背光源模组光学计算类似，侧入式 LED 背光源模组也采用相同的方法计算，结合对 LCD 屏、光学膜及温度等影响因素的研究分析，大致完成了 LED 背光设计中 LED 光通量及其功耗的理论计算。根据计算所得背光源的光通量并结合 LED 光学特性及导光板尺寸就可以计算出所需的 LED 灯珠的数量。

本 章 小 结

本章主要介绍了背光源技术的发展历程，简单介绍了有关背光源技术的一些基本概念和基础知识，介绍了有关背光源技术相关评价指标。进一步，全章从光学和电学两个角度出发，详细介绍了背光源设计过程中涉及的光学和电学的基本理论和技术要点，尤其着重对于侧入式背光源和直下式背光源的光学设计进行了深入的介绍，使得读者从起源到发展，从理论到设计过程，从电学到光学的多角度对于背光源技术产生多维度的、立体的、更为深刻的认识。

本 章 习 题

3-1 LED 背光源分别可以按照什么进行分类？每一类中又可以分为哪几类？

3-2 直下式背光源和侧入式背光源的应用范围有何不同？两者的优缺点有哪些？

3-3 背光源所用光源有哪几种？各有什么优缺点？

3-4 量子点技术能直接发光吗？有哪些特点？

3-5 LED 背光源有哪些基本组件？各有什么作用？

3-6 试说明如何计算 LED 背光源需要的 LED 灯珠数量。

3-7 LED 背光源驱动电路通常含有几个部分？

3-8 LED 背光源有哪些常见的不良现象？

3-9 LED 背光源会影响 LCD 的哪些参数？

参 考 文 献

[1] 文尚胜，张剑平．OLED 背光源技术研究进展［J］．半导体技术，2011，36（4）：273 – 279.

[2] 梁宁．量子点电视技术浅析［J］．电视技术，2015，39（18）：19 – 21.

[3] 顾宝，盛欣，叶志成．量子点应用于液晶显示背光的研究［J］．激光与光电子学进展，2015（2）：222 – 228.

[4] 肖箫．用于 LCD 的 LED 背光源配光设计［D］．广州：华南理工大学，2012.

[5] 陈浩伟，文尚胜，马丙戌，等．基于 Taguchi 法设计带有圆锥台元件的超薄直下式 LED 平板灯［J］．光子学报，2015，44（10）：14 – 22.

[6] 纪玲玲．侧入平板式 LED 背光源设计与优化［D］．广州：华南理工大学，2010.

[7] 郝少华．大功率 LED 背光源的光学研究及其热分析［D］．广州：华南理工大学，2010.

[8] 高上．液晶电视侧导光 LED 背光源设计与驱动控制技术［D］．青岛：中国海洋大学，2010.

[9] 张威．侧光式 LED 背光系统的导光板研究与设计［D］．广州：华南理工大学，2011.

[10] 马志凌，陈大炜，谭煌，等．侧光 LED 电视的背光驱动方式［J］．微计算机信息，2010，26（23）：16 – 17.

[11] 肖箫，文尚胜，陈建龙，等．直下式 LED 背光源模组第二扩散导光板光学特性分析［J］．光电子·激光，2013（4）：679 – 686.

[12] 黄碧云，林志贤，陈恩果，等．侧入式 LED 背光模组中光耦合模块的设计与实现［J］．光学学报，2016（2）：187 – 194.

[13] 钱可元．LED 近场光学模型与直下式背光源透镜的设计优化［J］．光学学报，2015（5）：298 – 305.

第4章

触摸屏技术

导读

随着科技的进步，触摸屏成为一种便捷的人机交互技术，其普及越来越高。根据其工作原理，一般分为四大类：电阻式触摸屏、电容式触摸屏、红外线式触摸屏和表面声波式触摸屏，根据它们各自的特点，不同类型的触摸屏运用于不同场合。本章介绍了上述几种触控技术，并重点针对电容式触摸屏技术及其结构展开讨论，目的是使同学们对触控技术有所了解，开阔思路，更加全面地掌握相关知识，并在以后的学习工作中融会应用。

4.1　概述

4.1.1　触摸屏的发展历史

触摸屏是置于显示屏前面或者与显示屏集成，用来取代鼠标和键盘，以实现对电子产品操作的部件。它由透明传感器和控制器组成。控制器通过透明传感器识别触摸位置（X，Y）和触摸数量，然后将数据报告给电子产品主机，主机再根据接收的触摸位置信息来执行相关的操作[1]。

随着科技发展，各种类型消费电子产品不断走进人们的日常生活，触摸屏技术已经成为当今最为便捷的人机交互方式[2]。触摸屏技术诞生于1970年，是由Elo Touch Systems公司首先推向市场的。早期，触摸屏技术多被用于工控计算机等工业及军事设备；后来，慢慢发展为民用技术[3]。1971年，美国Sam Hurst博士为了解决处理图形数据问题，发明了世界上第一个触摸传感器，这个发明后来被称之为"AccuTouch"，并被认为是研究触摸屏技术的开端。1973年，这项技术被美国《工业研究》评选为当年年度100项最重要的新技术产品之一。1982年，Tennessee的Knoxville公司在世界交易会的美国馆中，第一次展出了33台使用新式透明触摸敏感控制板的电视机，使该项技术开始全面推广普及。1991年，触摸屏产品进入中国。1993年，中国红外线式触摸屏技术基本成熟，在这期间，逐渐产生了触摸自助一体机KIOSK的雏形。1996年，诞生了中国第一台自主开发的触摸屏一体机。2007年，苹果公司iPhone手机的推出成为触摸屏行业的里程碑，苹果公司把一部至少需要20个机械按键的移动电话设计成仅需要三四个按键，剩余操作则全部交由触摸屏完成。除了赋予用户更加直接的、便捷的操作体验之外，还使手机的外形变得更加时尚和轻薄，增加了人机交互的亲切感，引发了消费者的热烈追捧，同时也开启了触摸屏向主流操作界面迈进的征程。2009年，微软Windows 7的正式发布带起了PC市场对触摸屏的需求。戴尔、惠普、联想、华硕和三星等一线笔记本计算机品牌纷纷推出了带触摸屏的笔记本计算机产品。

4.1.2　触摸屏的分类

从触摸屏技术诞生开始，在之后的 40 多年里发展出了种类繁多的触控技术。按照触摸屏工作原理和传输信息的介质，大致可以分为以下 4 种：电阻式、电容式、红外线式和表面声波式。以下将分别进行介绍。

1. 电阻式触摸屏

电阻式触摸屏的关键结构是上导电层、下导电层和绝缘小点。下导电层的基材是刚性的玻璃，玻璃的上表面有透明导电薄膜；上导电层的基材是柔性的塑料，塑料下表面有透明导电薄膜；上导电层和下导电层被矩阵分布的绝缘小点支撑分开。其工作原理是控制器对上导电层和下导电层分别施加垂直均匀分布的电场，当屏幕上没有触摸时，上导电层和下导电层被绝缘小点分开，不发生电接触；当发生触摸时，上导电层的柔性塑料在压力下发生变形，与下导电层发生电接触，控制芯片根据电压值计算触摸的位置 (X, Y)。图 4-1 所示为电阻式触摸屏的爆炸图，图 4-2 所示为电阻式触摸屏的触摸示意图。

电阻屏技术原理简单，上下游整合方便，价格便宜，在前几年的电子市场中占据主要地位。根据技术特性，电阻屏又分四线、五线、六线、七线、八线等组合，但是主要使用的是四线电阻式触摸屏，如图 4-1 和图 4-2 所示。由于电阻式触摸屏的上导电层是塑料，在触摸时，要发生机械形变，导致其寿命低，而且，电阻式触摸屏无法支持多指触摸，用户体验不及电容式触摸屏，被电容式触摸屏快速取代。

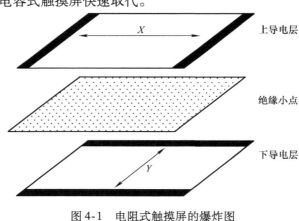

图 4-1　电阻式触摸屏的爆炸图

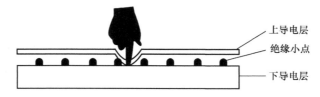

图 4-2　电阻式触摸屏的触摸示意图

2. 电容式触摸屏

根据工作原理，电容式触摸屏分为两种：表面电容式触摸屏和投射电容式触摸屏[4]。

表面电容式触摸屏，由一层透明导电材料、透明导电材料四角的特殊电极和透明导电材料表面的绝缘保护层 3 部分组成，如图 4-3 所示。当对电极通电时，透明导电材料内形成低电压交流电场。手指触摸表面电容式触摸屏的表面，手指与透明导电材料间形成一个耦合电容，导致一定量的电荷转移到人体。为了恢复这些电荷损失，电荷从屏幕四角的特殊电极补充进来，各方向补充的电荷量和触摸点的距离成比例，通过这种方式可以计算出触摸点的位置 (X, Y)。

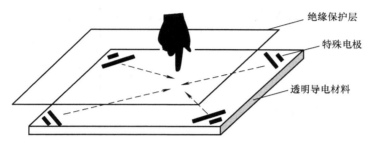

绝缘保护层
特殊电极
透明导电材料

图 4-3　表面电容式触摸屏

投射电容式触摸屏，它的核心结构是横向阵列电极和纵向阵列电极，如图 4-4 所示。横向阵列电极与纵向阵列电极形成阵列电容，当触摸时，手指与阵列电容中的多个电容耦合，导致电容值发生变化，从而获得触摸的位置 (X, Y)。投射电容式触摸屏可以识别多点触摸，即一次可以识别多个触摸位置[5]。该技术可以使人机交互变得更加便捷和顺畅，比如两点触摸远离实现放大功能、两点触摸收拢实现缩小功能等。因此，投射电容式触摸屏技术是目前手机、平板计算机和笔记本计算机使用最广泛的触摸技术。本章后面会重点介绍该项技术，在此就不再加以缀述。需要提出的是，电容式触摸屏，要求触摸物体必须属于导体，比如人体、金属等，能与阵列电容耦合，才能实现触摸。使用绝缘物体对屏幕操作，则无法被屏幕识别。

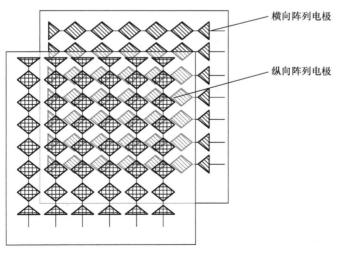

横向阵列电极
纵向阵列电极

图 4-4　投射电容式触摸屏

3. 红外线式触摸屏

红外线式触摸屏的结构是由装在显示器四周的结构框架，结构框架内部一个 X 方向和一个 Y 方向配有红外发射源和另一个 X 和 Y 方向配有红外接收感应器，如图4-5所示。其工作原理是当手指或其他物体触摸屏幕时候，将红外光线阻挡，红外接收感应器不能感应到红外光线，从而计算出触摸的位置 $(X，Y)$[6]。红外线式触摸屏，价格贵，而且容易受到外界各种光线干扰，目前主要应用于大尺寸的触摸屏，比如银行取款机和商城展示柜等。

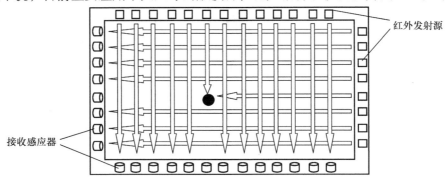

图4-5　红外线式触摸屏

4. 表面声波式触摸屏

表面声波式触摸屏的工作原理是利用声波发生器将声波传送至平面玻璃，形成均匀分布的表面声波，当手指触摸玻璃表面时，会产生声波遮断，进而来计算触摸位置，如图4-6所示。表面声波式触摸屏是一个针对 X 和 Y 轴的有发送和接收压电触感器的玻璃涂层，控制芯片发送电信号至发射传感器，并在玻璃的表面内将信号转化成表面声波[7]。通过反射条纹阵列，这些声波覆盖整个触摸屏。对面的反射条纹收集和控制这些声波至接收传感器，将它们转化成电信号。用户触摸时吸收了传播波的一部分，接收到的对应 X 和 Y 坐标的信号和存储的数值分布图相比较，从而识别变化并计算出坐标 $(X，Y)$。表面声波屏的最大优势是其置于显示器前面，显示清晰，缺点是成本高，表面的水滴或者灰尘会影响声波的分布，导致触摸屏变得迟钝甚至不工作，且无法进行多点触控，其应用受到较大限制。

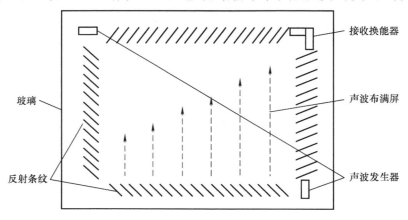

图4-6　表面声波式触摸屏

在目前市场上，电阻式触摸屏、电容式触摸屏、红外线式触摸屏和表面声波式触摸屏都在应用。但是，电容式触摸屏，尤其是投射电容式触摸屏，已经成为市场的主流技术，第一个原因是其阵列电极可以识别多点触控，大大简化了人机交互操作，给消费者带来良好的体验；第二个原因是其表面的保护盖板使用强化玻璃，防爆、抗冲击能力强，能有效地保护其底下的阵列电极和显示器，并使触摸屏的寿命变长。本书4.2~4.4节将针对电容式触摸屏，详细阐述其原理、结构、材料应用及发展趋势。

4.2　电容式触摸屏原理

4.2.1　电容式触摸屏测量原理

触摸屏技术发展至今，应用最为广泛的是电容式触摸屏。电容式触摸屏分为表面电容式及投射电容式触摸屏两大类。由于表面电容式触摸屏不支持多点触控及手势识别，该项技术目前应用基本为零，以下将重点阐述投射电容式触摸屏原理。投射电容式触摸屏根据检测原理又可以分为自电容式和互电容式触摸屏。

1. 自电容式触摸屏

自电容式触摸屏的电容感测部件是横向阵列电极和纵向阵列电极。触摸屏的控制芯片依次对横向阵列电极的对地电容充电，并依次检查横向每一条电极充电时间的变化，确定触摸屏的表面在横向是否有触摸；然后控制芯片依次对纵向阵列电极的对地电容充电，并检查纵向每一条电极充电时间的变化，确定触摸屏的表面在纵向是否存在触摸，从而获得触摸的坐标 (X, Y)[8]。利用这种原理检查的投射电容式触摸屏，就叫作自电容式触摸屏。所谓自电容式触摸屏，更为简单的理解是每一条电极自己充电，自己检测模式。图4-7所示为自电容式触摸屏的数据采集方法。

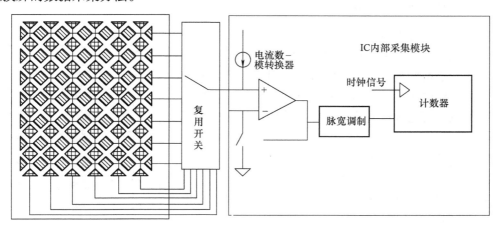

图4-7　自电容式触摸屏的数据采集方法

2. 互电容式触摸屏

互电容式触摸屏的电容感测部件是横向阵列电极和纵向阵列电极。触摸屏的控制芯片依次对横向阵列电极（又称发射电极）充电，并依次检查每一条纵向阵列电极（又称接收电极）上释放电荷的时间变化，确定触摸屏的表面是否有触摸，从而获得触摸的坐标（X，Y）。利用这种原理检查的投射电容式触摸屏，就叫作互电容式触摸屏[9]。如图 4-8 所示，当 S_1 开关闭合，横向电极充电，当电容充满后，S_1 开关断开，S_2 开关闭合，纵向电极释放电荷。当有导体或者手指接触触摸屏时，感应电容变小，使得给 C_d 电容充电的起始电压降低，C_d 电容充电放电时间变长，计数器记录数据变大。软件对计数器的结果进行数据处理即可判断有无手指触摸。图 4-8 所示为互电容式触摸屏的数据采集方法。该方法的最大特点是可以真实获得屏幕上所有触摸点的绝对坐标。

在互电容式触摸屏中，一般横向阵列电极又称为发射电极或驱动电极、纵向阵列电极又称为接收电极或感应电极。但在实际使用中，根据需要，横向阵列电极也可以设计为接收电极，纵向阵列电极设计为发射电极。

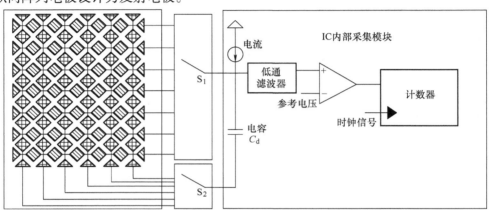

图 4-8 互电容式触摸屏的数据采集方法

4.2.2 电容式触摸屏算法解析

1. 自电容式触摸屏

当导电物体（如人的手指）接触触摸屏时，控制芯片依次扫描横向和纵向阵列电极，此时检测到电容变化最大的纵向电极 C_i，以此列电极作为中心计算相邻三列电极的电容变化加权平均数，即为物体触摸的横坐标 X，其计算公式为

$$X = K \frac{C_{i-1}(i-1) + C_i i + C_{i+1}(i+1)}{C_{i-1} + C_i + C_{i+1}} \quad (4\text{-}1)$$

式中，K 为映射系数；C_i 为第 i 列产生的电容值，单位为 pF。C_i 如图 4-9 所示。

同理，可以计算出纵坐标 Y，得到物体触摸坐标 $(X，Y)$[10]。

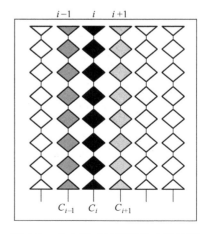

图 4-9 自电容式触摸屏的坐标计算

2. 互电容式触摸屏

为了便于同学们理解控制芯片的检测原理，将投射电容式触摸屏的横向阵列电极和纵向阵列电极（见图 4-10a），理论上进行简化条形（见图

4-10b）。互电容式触摸屏横向和纵向电极两两之间形成电容节点，相邻节点间的距离为 4~6mm，当导电物体（如人的手指，一般大于 7mm）接触触摸屏时，会同时覆盖多个电容节点。控制芯片检测时找到其中电容变化最大的几个节点，并对这些电容节点的行和列分别计算其加权平均值，即可得到相应的物体触摸位置坐标 X_A 和 Y_A，计算公式为

$$X_A = \frac{\sum\limits_{t \in A}(C_t x_t)}{\sum\limits_{t \in A} C_t} \tag{4-2}$$

$$Y_A = \frac{\sum\limits_{t \in A}(C_t y_t)}{\sum\limits_{t \in A} C_t} \tag{4-3}$$

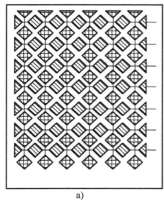 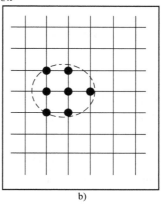

a)   b)

图 4-10　互电容式触摸屏的坐标计算

4.3　电容式触摸屏结构

电容式触摸屏在使用中具有多种表现形式，市场上可以看到多种结构的电容式触摸屏产品。为了使同学们清楚各种结构的电容式触摸屏，本节将做详细的讲解。

目前，根据触摸屏与显示屏的关系，电容式触摸屏在使用方面分为外挂式和内嵌式两类。所谓外挂式是指电容式触摸屏与显示屏是两个独立的单元，只是触摸屏置于显示屏前面；所谓内嵌式是指电容式触摸屏与显示屏两个单元集成在一起。外挂式的电容式触摸屏在三星、华为、联想、中兴、小米的产品中使用比较多，内嵌式的电容式触摸屏主要是苹果公司和三星的电子产品。因为内嵌式在结构上进行了集成，表现出具有更好的光学性能和更紧凑的体积，其不断取代外挂式的市场。但是，无论是外挂式，还是内嵌式，电容式触摸屏的工作原理都是互电容式，因为互电容式触摸屏具有真实多点触摸功能以及稳定的性能。

4.3.1　外挂电容式触摸屏

根据电容式触摸屏与显示屏之间的堆叠结构区别，电容式触摸屏又发展为外挂电容式触摸屏和内嵌电容式触摸屏[11]。

外挂电容式触摸屏是电容式触摸屏发展初期的主要使用结构，其结构由 4 部分组成：保

护盖板、电容感应器、柔性电路板和控制芯片。如图 4-11 所示，其置于显示屏前面。

保护盖板为电子设备的外观装饰载体，保护触摸屏的电容感应器及内部其他器件，减少外部破坏因素影响。保护盖板的材质主要有强化玻璃、聚碳酸酯、聚甲基丙烯酸甲酯和聚对苯二甲酸乙二醇酯等高分子材料。这些材料都有各自的优缺点，目前行业内主要使用强化玻璃。强化玻璃的光学性能好、抗冲击能力强、耐冲击落摔、耐划压，且用户使用体感方面都比其他材质有优势。

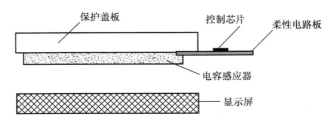

图 4-11　外挂电容式触摸屏

电容感应器是触摸屏实现触摸定位的核心部件，其是由透明基材、透明基材表面的横向阵列电极和纵向阵列电极、光学透明胶堆叠而成的复合结构。透明基材，目前行业内使用的有玻璃、聚对苯二甲酸乙二醇酯、COP 和 COC 等高分子材料。电极的材料，行业内主要使用的有氧化铟锡（Indium Tin Oxides，ITO）、纳米银丝（Ag Nano – Wire）、金属网格（Metal Mesh）、石墨烯（Graphene）和碳纳米管（Carbon Nano – Tube，CNT）等材料，其中 93% 使用的是氧化铟锡材料作为导电介质，其次是金属网格，约占 5%，纳米银丝约占 1.5%，石墨烯约占 0.4%，碳纳米管约占 0.1% 的份额。光学透明胶主要是将透明基材和保护盖板粘结起来。

柔性电路板（Flexible Printed Circuit Board）是可绕折性的印制电路板，把电容感应器里面的横向阵列电极、纵向阵列电极与控制芯片电路连接起来，进行信号的连接传输。

控制芯片主要用于接收并处理电容感应器的触摸信息，进而得到触摸点坐标，并把坐标报告给终端主控 CPU。目前市场上的主流触控芯片厂商有 Synatics、Cypress、Melfas、Focal Tech、Elan 和 Goodix 等。

图 4-12 所示为保护盖板、电容感应器和光学透明胶各种形式组合而成的触摸屏。电容感应器的横向阵列电极（驱动电极或发射电极）和纵向阵列电极（感应电极或接收电极）分别位于透明基材的上下两表面，如图 4-12a 所示；同时处于透明基材的上表面，如图 4-12b 所示，中间要增加绝缘膜；分别处于两个透明基材的上表面，如图 4-12c 所示，中间要增加一层光学透明胶将它们贴合起来；位于保护盖板的下表面，增加两层绝缘膜，去掉透明基材，如图 4-12d 所示。图 4-12d 所示是一种非常紧凑的结构，但是因为工艺原因，导致保护盖板的抗冲击能力较差，市场运用推广受限[12]。

4.3.2　内嵌电容式触摸屏

触摸屏主流技术从四线电阻式触摸屏发展到外挂电容式触摸屏，技术不断发展，但并未就此停止。电子产品对厚度及轻薄化的需求越来越高，对光学效果需求也越来越严格，外挂电容式触摸屏由于是玻璃和高分子材料叠加的多层结构，比较厚，光学穿透率有所降低，显

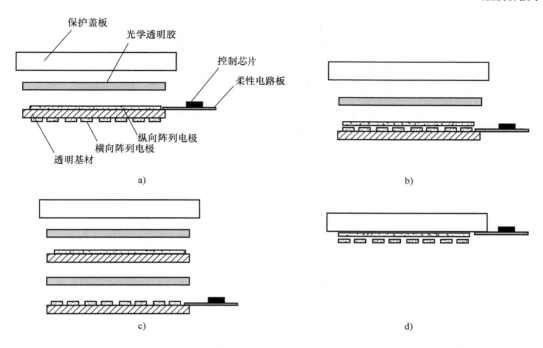

图 4-12　保护盖板、电容感应器和光学透明胶各种形式组合而成的触摸屏

示画面效果不够理想，业界积极研究将触摸屏感应器集成到显示屏模组里面，利用显示屏模组里面现有的各器件作为电容感应器电极的载体，这样一来可以减薄触摸屏的整体厚度，少了外加感应器电极载体层，光学效果也有提升。在这些因素的促进下，内嵌电容式触摸屏也发展起来。内嵌电容式触摸屏将电容式触摸屏和显示屏进行了集成[13]。

　　了解内嵌电容式触摸屏，需要先了解能集成触摸感应器电极的显示屏模组结构。目前消费电子设备的显示屏模组有两大类，一类是 TFT – LCD，靠背光源模组提供光源的显示屏；另一类是 OLED 自发光的显示屏。本书其他章节里面有介绍到此两类显示屏的结构及其原理。下面内容主要讲述电容式触摸屏与显示屏的集成以及电容式触摸屏的驱动电极和感应电极在显示屏中的实现方式。

　　基于 TFT – LCD 的内嵌电容式触摸屏根据驱动电极和感应电极集成位置分为两种结构，一种是将驱动电极和感应电极制作在显示屏的上偏光片下表面或上玻璃基板的正面，此种结构称之为 On – Cell 结构，如图 4-13 所示，也有混合式 On – Cell 结构，感应器电极同时分布在上偏光片背面或上玻璃基板上表面。另一种是将驱动电极和感应电极直接合并到显示屏的TFT 阵列基板上的像素内部 RGB 电极单元里面去，此种结构称之为 In – Cell 结构，如图 4-14所示。率先使用此结构的代表产品是苹果公司 iPhone 手机产品。

　　OLED 依照其原理是自发光，不需要背光源模组，OLED 是通过电流的大小控制发光器件发光的强弱；其实是可以不需要类似 LCD 一样的偏光片的；但是外界光会经过阴极（一般是金属）将光反射回来，并且会影响对比度[14]。要解决这些问题，就使用到偏光片 +1/4λ波片（这个合起来也叫作圆偏光）；当外界光先经过偏光片时，已经有一半光无法通过，这一半光经过 1/4λ 波片和反射之后与原来的光已经偏了 90°，反射回来的光无法通过偏光片，解决了反射问题。所以，OLED 只需要上偏光片解决反射问题，没有下偏光片。

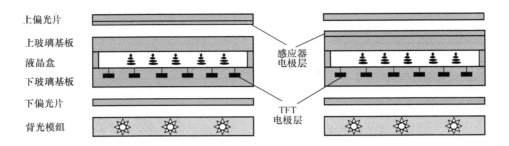

图 4-13　On – Cell 触摸技术 TFT – LCD 结构

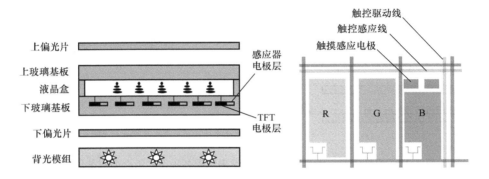

图 4-14　In – Cell 触摸技术 TFT – LCD 结构

将触摸屏驱动电极和感应电极制作在 OLED 的上偏光片下表面或者上玻璃基板的上表面也称为 On – Cell，如图 4-15 所示。率先使用此结构的代表产品是三星公司的 Galaxy 系列手机产品。

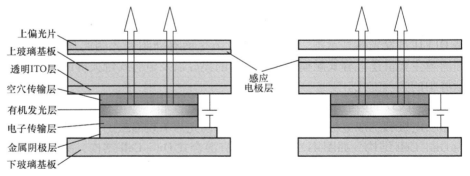

图 4-15　On – Cell 触摸技术 OLED 显示结构

上述各种结构的电容式触摸屏在实际生活中都被电子消费厂商采用，每种结构都有自身的优缺点，随着各触摸屏生产制造厂商的技术成熟和进步，综合性价比低的结构逐步被淘汰，新的结构和工艺占据越来越多的市场份额，最为典型的就是外挂式的电容式触摸屏不断被内嵌式的逐步取代。自 2015 年开始，基于柔性显示技术的市场开始爆发性增长，曲面及柔性触摸屏技术也在随之发展。

4.4 触摸屏的材料应用及发展趋势

电容式触摸屏分为外挂式和内嵌式。对于内嵌电容式触摸屏，其工艺与 TFT – LCD 的工艺或者 OLED 的工艺相同，因此，材料基本上是与 TFT – LCD 以及 OLED 的材料相同。对于外挂电容式触摸屏，过去几年新兴了其专门的产业链，主要涉及的材料包括光学透明胶、透明导电材料和保护盖板等。

4.4.1 光学透明胶

光学透明胶（Optical Clear Adhesive，OCA）是光学级别的透明胶，其作用是将触摸屏的各层材料粘接贴合起来[15]。与传统的双面胶相比，光学透明胶主要有如下性能优点：①高透光率（≥98%）；②低雾度（Haze <1%）；③无双折射；④高的粘接和剥离强度；⑤耐高温、高湿度；⑥耐 UV 光；⑦长时间使用不发黄；⑧厚度均匀、可控；⑨低酸或无酸性，基本不会对导电材料进行腐蚀。光学透明胶根据材质主要可以分为橡胶型（Rubber）、丙烯酸型（Acrylic）和环氧树脂型（Epoxy resin）等。其中，因丙烯酸树脂因具备可以粘接多种材质，优异的耐紫外光和化学品特性（可用于户外），耐高温和成本适中等特性，所以目前市面的触摸屏产品都采用丙烯酸型 OCA 作为粘接剂进行粘接贴合。

光学透明胶产品出货是卷料的方式，其为三明治结构，上、下面为离型膜、中间为光学透明胶，如图 4-16 所示。在使用中，将上、下离型膜分别去除，将光学透明胶通过辊轮贴合设备贴合在触摸屏的其他材料上。

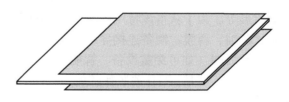

图 4-16　光学透明胶的产品

光学透明胶除了在外挂电容式触摸屏内部的各层材料之间粘接外，还大批量使用于外挂电容式触摸屏与显示屏两个器件之间的粘接。图 4-17a 和图 4-17b 分别是外挂电容式触摸屏与显示屏之间没有光学透明胶和有光学透明胶的结构。如果没有光学透明胶，触摸屏与显示屏之间为空气，空气的折射率为 1，而触摸屏使用材料的折射率一般为 1.48 左右，因此，在界面上存在约 4% 的光学反射，导致显示屏的显示质量下降。如果电容式触摸屏与显示屏之间添加光学透明胶，则去除了空气，可以保证显示屏在界面接近零反射，提高显示效果。

4.4.2 透明导电材料

电容式触摸屏的驱动电极和感应电极都是透明导电材料。目前，作为透明导电材料的主要是氧化铟锡（Indium Tin Oxide，ITO）薄膜。ITO 是一种半导体化合物，是在 In_2O_3 里掺入 Sn 后，Sn 元素可以代替 In_2O_3 晶格中的 In 元素而以 SnO_2 的形式存在，因为 In_2O_3 中的 In 元

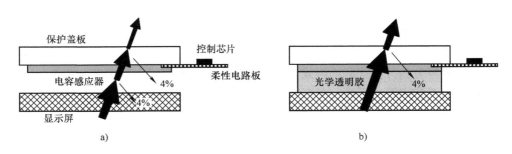

图 4-17　外挂电容式触摸屏与显示屏之间有无光学胶的结构和透过率示意图

素是三价，形成 SnO_2 时将贡献一个电子到导带上，同时在一定的缺氧状态下产生氧空穴，形成 $10^{20} \sim 10^{21} cm^{-3}$ 的载流子浓度和 $10 \sim 30 cm^2/(V \cdot s)$ 的迁移率[16]。行业中，ITO 中 In_2O_3 和 SnO_2 有 90:10、95:5 等多种比例，根据每家的技术能力可以调整。为了获得透明导电的效果，必须将材料做得很薄（以薄膜的形式）。在电容式触摸屏行业，ITO 薄膜的厚度一般约为 20nm，其透过率达 90%，而且电阻可以实现 $150\Omega/sq$。

如上所述，透明导电 ITO 薄膜的厚度约为 20nm，因此，其需要一透明基材作为载体才能形成，行业中，该透明基材包括玻璃和塑料（比如 PET、PI、COP 和 COC 等）。如果使用玻璃载体，其为刚性，因此制备的透明导电材料不能弯折，只能使用于平面结构；如果使用塑料载体，其为柔性，可以有一定程度的弯曲，不但能使用于平面，而且可以使用于简单的曲面结构。

作为电容式触摸屏的驱动电极和感应电极，ITO 需要制备成特定的图案。在本章中，关于电容式触摸屏的电极图案都是菱形，在实际的使用中，图案是可以变化的，比如矩形、三角形或锯齿形等。为了获得该特定图案，需要通过同显示屏工艺来实现，比如涂布光阻、曝光、显影、刻蚀、薄膜、制备连接导电引线等。

未来移动终端（如可穿戴设备、智能家电等产品）的追求，要求触摸屏能实现大尺寸、曲面和低成本等，但是，ITO 薄膜比较脆，容易龟裂，不能用于弧度大的曲面应用，而且存在导电性等本质问题不易克服等因素，因此，ITO 薄膜的替代技术不断开发，包括纳米银线（Silver Nano - Wire，SNW）、金属网格（Metal Mesh）、纳米碳管（Carbon Nano - Tube，CNT）、石墨烯（Graphene）以及导电高分子（Conductive Polymer）等材料。这些新型的导电材料，最大的特点就是柔软，可以克服 ITO 薄膜的缺点，而且，有部分材料的电阻可以做得很低，比如 $1\Omega/sq$ 以下，让触摸屏的触摸信号特别灵敏。但是，这些材料也不是万能材料，存在自身不足，因此，在触摸屏的产品中，导电材料的选择及相关的工艺，需要结合产品的特点和材料的特性来确定。

4.4.3　保护盖板

保护盖板，作为电子设备的外观装饰载体和保护触摸屏的感应器及内部其他器件，行业内主流使用的是强化玻璃材质[17]。保护盖板更为详细的结构是强化玻璃、强化玻璃下表面的装饰油墨和强化玻璃上表面的防指纹镀膜。保护盖板不仅限于使用于触摸屏，而且其可以直接与显示屏贴合，运用于电子产品，具有优异的外观效果。

强化玻璃的制备工艺如下：从世界著名的玻璃厂家（比如美国康宁、日本电气硝子等）

获得大张的玻璃片材（比如长×宽×厚尺寸为 1520mm×1460mm×0.7mm），切割成需要的尺寸（比如长×宽尺寸为 150mm×70mm），然后使用 CNC 设备，将玻璃外形加工成所需的外形，再对玻璃进行清洗和强化，获得足够的强度，可以抗冲击作用。玻璃的强化是一个非常重要的工序，可以直接提升玻璃的抗冲击能力。图 4-18 所示为强化玻璃四轴弯曲试验，从图中可以明显

图 4-18　强化玻璃四轴弯曲试验

看出，玻璃在大的弯折力量下，仍然不会断裂或者破裂。用于触摸屏的强化玻璃，其强化为化学强化。所谓化学强化，就是在 400 多摄氏度的温度下，将硝酸钾（KNO_3）熔化，由固体变成液体，然后将玻璃浸泡在硝酸熔融液体中，玻璃中的 Na^+ 与硝酸钾熔液中的 K^+ 进行离子置换，在表面形成一层置换层（一般置换深度为 10~50μm），浸泡的时间为 2~8h，然后取出进行自然冷却获得强化玻璃，玻璃仍然表现为透明，而且表面没有扭曲变形等缺陷。玻璃表面的 Na^+ 被 K^+ 置换后，因为 K^+ 的半径比 Na^+ 半径大，因此会在表面形成一个挤压的应力，当玻璃受到冲击时候，该挤压的应力能瞬间稀释冲击力，从而保护玻璃，避免破坏。图 4-19 所示为玻璃在硝酸钾熔液中进行离子置换。

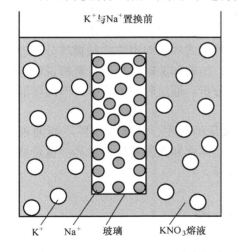
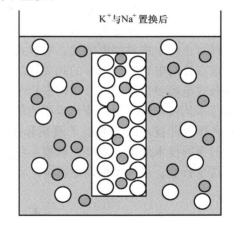

图 4-19　玻璃在硝酸钾熔液中进行离子置换

强化玻璃下表面的装饰油墨主要是通过传统的丝网印刷进行多次印刷获得的。市场上，强化玻璃下表面的装饰油墨为了做得更精致，开始通过纳米压印技术进行实现。

强化玻璃上表面的防指纹镀膜（Anti - Finger Print Coating，AF）是在玻璃表面利用镀膜技术或者喷涂技术，形成全氟聚醚烷氧基硅烷薄膜，厚度约为 20nm。全氟聚醚烷氧基硅烷的最大特点是可以改变玻璃表面的亲水特性。如图 4-20 所示为防指纹镀膜对玻璃表面水滴角的影响和防指纹效果。

在保护盖板的产品中，一些高端产品开始使用蓝宝石材料，主要原因是蓝宝石的表面硬度高，仅次于钻石，比普通玻璃高两级。但是，蓝宝石也有两个大的缺点：①价格昂贵，②其自身折射率高，导致显示光学透过率低，需要额外的光学镀膜来提高其透过率。蓝宝石

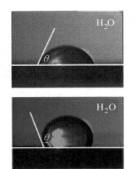

图 4-20　防指纹镀膜对玻璃表面水滴角的影响和防指纹效果

价格昂贵，主要是其工艺成本非常高，比如其为晶体材料，成型时间特别长，能耗高，因为特别硬导致表面加工非常困难。因此，大批量运用于保护盖板还需要一段时间。

本 章 小 结

　　触摸屏技术已经成了继键盘、鼠标、手写板、语音输入后最为普通百姓接受的计算机输入方式。利用该技术，用户只要用手指轻轻地触摸计算机显示屏上的图符或文字就能实现对主机的操作，使人机交互更为直截了当，因此，这种技术极大方便了用户。

　　本章针对市场上现有的电阻式、电容式、红外线式和表面声波式触摸屏分别进行了初步介绍，并重点针对电容式触摸屏的相关算法原理、结构和关键材料进行解析说明。同时对新一代的内嵌式电容触摸屏的产品结构进行了简要分析。通过较短的篇幅，向同学们简要展示了触摸屏技术从技术原理到产业化应用的情况。

　　随着各国对此技术的普遍给予重视和投入大量的研发，新型触摸屏不断涌现。可以预见，随着触摸屏技术的迅速发展，触摸屏将呈现立体化和大屏幕化等趋势。也希望同学们能积极投入这个行业，进一步推动触摸屏产业的发展。

本 章 习 题

4-1　什么是触摸屏？

4-2　简述四线电阻式触摸屏的工作原理。

4-3　电容式触摸屏根据原理分类，分为哪两类？投射电容式触摸屏根据检测原理分类，可以分为哪两类？

4-4　电容式触摸屏，尤其是投射电容式触摸屏，已经成为市场主流技术的原因是什么？

4-5　不导电物体为什么不能实现对电容式触摸屏的操作？

4-6　内嵌式的电容式触摸屏，On – Cell 结构与 In – Cell 结构的区别是什么？

参 考 文 献

［1］韩兵．触摸屏技术及应用［M］．北京：化学工业出版社，2008.

［2］王立凤．触摸屏技术及其应用［J］．电子工业专用设备，2006，35（1）：63 – 66.

［3］吴非．触摸屏的现状及发展趋势［J］．价值工程，2011，30（16）：168．

［4］李海．触摸真实［J］．信息网络，2008，4：56．

［5］刘瑞．触摸屏技术及其性能分析［J］．装备制造技术，2010（3）：69－70．

［6］屈伟平．电容式触摸屏将引领市场潮流［J］．有线电视技术，2010（5）：82－84．

［7］张锋，陈硕．多点触控交互方式的回顾与展望［J］．人类工效学，2010，16（4）：76－78．

［8］詹思维．投射电容式触控芯片的研究与设计［J］．固体电子学研究与进展，2016（1）：63－65．

［9］刘诗雨，李伟欢，等．2014中国平板显示学术会议论文集［C］．［S. l.］，［s. n.］，2014．

［10］张晋芳，陈后金，张利达．投射式电容触摸屏高精度驱动与检测方法［J］．电子科技大学学报，2016
　　（5）：47－49．

［11］曲海波，陈莉．触摸屏技术的原理及应用［J］．中国教育技术装备，2006（11）：49－51．

［12］杨邦朝，张治安．触摸屏技术及应用［J］．电子世界，2003（2）：79－80．

［13］陈悦，邱承彬，等．2010中国平板显示学术会议论文集［C］．［S. l.］，［s. n.］，2010．

［14］王云景，方勇军．OLED显示器件的原理及应用［J］．仪表技术，2007（8）：32－34．

［15］周志敏，纪爱华．触摸屏实用技术与工程应用［M］．北京：人民邮电出版社，2011．

［16］越石健司．触摸屏技术与应用［M］．薛建设，刘翔，鲁成祝，译．北京：机械工业出版社，2014．

［17］张运刚，宋小春．从入门到精通——触摸屏技术与应用［M］．北京：人民邮电出版社，2007．

第5章

液晶显示技术

导读

有没有发现你身边已经有很多液晶显示器了呢？跟你形影不离的手机，上网查资料时用到的笔记本计算机，在家里看球赛时的电视，地铁站台上播报信息的大屏幕电视……液晶显示器是如何被发明出来的？又是如何工作的呢？液晶显示技术又是如何能够打败其他所有的显示技术，傲视群雄，成为现在最主流的显示技术的呢？液晶显示器又有哪些缺点呢？以后我们可能会用到哪些更高技术含量的液晶显示器呢？

这些问题，都可以在本章中找到答案。

5.1 液晶及其物理性质

液晶的发现

1888 年，奥地利植物学家瑞尼泽尔（F. Reintzer）在研究安息香酸胆甾醇酯时发现，加热使其从固体（晶态）变为液体的过程中，熔化状态经历了两个阶段，在 145.5℃时，从晶态变为乳白色浑浊且具有一定黏滞性的液态状态，在 178.5℃时，变为了透明清澈的普通液体，并且在浑浊状态下，可以观察到珍珠样的彩虹色。

1889 年，德国物理学家莱曼（O. Lehmann）使用带有加热装置的偏光显微镜，对瑞尼泽尔发现的物质进行了仔细观察，发现该物质具有"双折射效应"。基于液体的流动性和晶体的光学各向异性，莱曼把这种物质称为液晶（Liquid Crystal）。

1888 年也被称为"液晶元年"。

5.1.1 液晶的基本知识

液晶材料是介于固体（晶态）和液体两种状态之间的一种中间态，如图 5-1 所示。其特点是位置无序，取向有序。液晶不同于一般的物质，它兼具固体和液体的特性，既像液体一样具有流动性，又像固体（晶态）那样具有各向异性的物理性质。

液晶有不同的分类方式。

根据形成液晶相的外部物理条件不同，液晶可分为溶致液晶和热致液晶。如果液晶相的转变是由溶剂浓度变化引起的称为溶致液晶，日常生活中的肥皂水是一种典型的

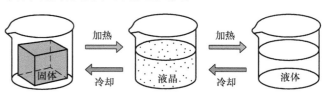

图 5-1 处于液体和晶态中间状态的液晶

溶致液晶；如果液晶相的转变与温度有关，则称为热致液晶，显示器所用的液晶都是热致液晶。本书下面提到的都是热致液晶。

根据分子排列结构的不同，液晶可分为 3 种类型：向列相液晶、近晶相液晶和胆甾相液晶。

（1）向列相（nematic）液晶

向列相是最简单的液晶相。所谓向列（Nematic），在希腊语中有"丝状"的意思，因而向列相液晶又称为丝状液晶。如图 5-2a 所示，向列相液晶的棒状分子呈纵向平行排列，每个棒状分子的上下位置各不相同，在同一平面上也无明显的规则性。一般来说，向列相液晶的黏滞性较小，具有较强的流动性。响应速度快。是最早被应用的液晶，普遍地使用于液晶电视、计算机以及各类型显示组件上。

（2）近晶相（smectic）液晶

近晶相液晶又称为层列状液晶，其每层分子的长轴方向相互平行，分子分层排列，比较接近晶体。长轴方向对于每一层平面，或垂直或有一倾斜角。如图 5-2b 所示，其分子呈纵向平行排列，可以认为它是由向列相进一步按层状规则堆叠而成的。与向列相液晶相比，近晶相液晶排列的有序性更强，黏滞性也更大。响应速度较慢，多用于光记忆材料。

（3）胆甾相（Cholesteric）液晶

在胆甾相液晶中，分子在任一层均沿某一方向平行排列，而下一层排列方向的角度略发生变化，逐层以螺旋方式堆叠而成，从整体上看，分子排列方向呈螺旋状扭曲。完成一个循环的层间距离叫作螺距。胆甾相液晶在液晶显示器中通常作为添加在向列相液晶中调节其螺距或作为液晶补偿膜使用。

a)   b)   c)

图 5-2　液晶的液晶相
a）向列相液晶　b）近晶相液晶　c）胆甾相液晶

根据液晶分子的形状来看，常见的液晶相都是由棒状分子组成的。但是印度科学家 Chandrasekhar 在 1977 年发现，盘状的分子也能形成液晶相，其中垂直于分子平面的轴倾向沿着一特定的方向取向。

根据液晶分子尺寸，可分为小分子、高分子（聚合物）液晶。

5.1.2　液晶的物理性质

1. 有序参数

液晶最重要的特性是其分子排列的取向有序性，所以引入一个参数来描述分子取向有序性的程度是非常必要的。

（1）指向矢（**n**）

如图 5-3 所示，指向矢 **n** 为着眼于全体液晶分子，分子长轴择优取向方向的单位矢量。

θ 为个别液晶分子长轴方向 a 与 n 偏离的角度。

（2）取向有序性

液晶中并非每个分子都取 n 的方向，即存在角度 θ。如果平均此分子团中所有分子相对于指向矢的角度，则此平均值越接近于零，此处分子的取向有序性就越大。对于完全没有取向有序性的材料，此平均值为 57°（由于 a 与指向矢 n 呈 90° 的分子数目远远大于小角度的分子），对于完全整齐的排列，其值为 0°。图 5-4 所示为晶态、液晶和液体的有序性比较。

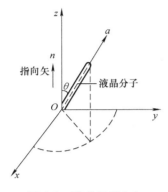

图 5-3　液晶的指向矢

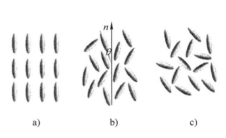

图 5-4　有序性比较
a）晶态　b）液晶　c）液体

（3）有序参数及定义

对于长棒状的液晶分子，相对于分子轴具有柱状对称性，则液晶分子排列的有序程度，由式（6-1）所定义的取向有序参数 S 来描述，即

$$S = \frac{1}{2} <3\cos2\theta - 1 > \qquad (6\text{-}1)$$

式中，符合 < > 为在全空间取平均。

根据这个定义，对于完全有序的分子排列系统，$S=1$；对于完全无序的各向同性系统，$S=0$；对于液晶相，则 $0 < S < 1$。对于给定的材料，有序参数 S 还是温度的函数。温度越高，有序参数的值越小。一般液晶的 S 值为 $0.3 \sim 0.9$。

2. 液晶的双折射（Δn）

在光学上，液晶类似单轴晶体，光在液晶中传播时会发生双折射。双折射是晶体的光学特性之一。当一束光射到晶体中，会变成两束光，这就是双折射现象。满足折射定律的那束光称为寻常光（o 光），不满足折射定律的那束光称为非寻常光（e 光）。并且 o 光和 e 光是偏振方向互相垂直的线偏振光。主折射率 n_o 代表电矢量振动方向与光轴垂直的寻常光的折射率，主折射率 n_e 代表电矢量振动方向与光轴平行的非寻常光的折射率。由于寻常光光波的电场分量垂直于光轴方向，寻常光折射率又可写为 $n_\perp$，非寻常光的电场分量是平行于光轴方向的，故非寻常光折射率又可写为 $n_{//}$。双折射率定义为非寻常光折射率 n_e 与寻常光折射率 n_o 的差值。

$$\Delta n = n_e - n_o = n_{//} - n_\perp \qquad (6\text{-}2)$$

对于向列型和层列型液晶分子而言，其分子长轴方向，分子的排列致密，分子沿平行于光轴的方向振动，非寻常光的光波传播速度慢，折射率大。而垂直于液晶分子的排列方向，分子的排列宽松、密度小，分子沿垂直于光轴的方向振动，寻常光的光波传播速度快，折射率小，$n_e - n_o > 0$，称为光学正性液晶。其分子长轴的指向矢 **n** 就是单轴晶体的光轴。

胆甾相液晶的光轴与螺旋轴平行，与分子长轴垂直，非寻常光的光波传播速度快，折射率小，$n_e - n_o < 0$，称为光学负性液晶。光轴即螺旋轴，与液晶分子长轴取向矢的方向垂直。

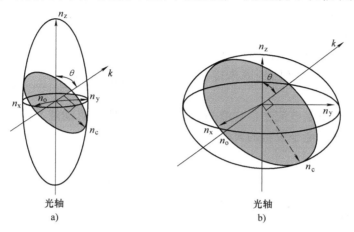

图5-5　光学正液晶和光学负液晶
a）层列液晶和向列液晶（光学正液晶）　b）胆甾相液晶（光学负液晶）

3. 液晶的介电各向异性（$\Delta\varepsilon$）

液晶分子中较刚性的结构，通常都是由 σ 键或 π 键组成的，分子具有较强的电子共轭能力。虽然液晶分子的理论模式是一个对称的椭圆体，但是在液晶分子实际的结构中，末端存在一些比较容易吸引电子的基团，使得液晶分子中的电子云密度主要集中在靠近吸引电子基团一侧，并在这一侧显示出负极性，相反的那一侧就显示出正极性。

液晶分子因正负电荷的中心不重合，相当于一个等效偶极子，称为永久偶极子，偶极子的偶极矩方向定义为从负到正。处于电场中的永久偶极子会受到液晶分子转动的力矩的作用，形成取向极化。

在外加电场的作用下，液晶分子中原子的原子核向电场的阴极一侧偏移，分子轨道上的电子负电荷的中心会向阳极一面靠近。这样，电场中液晶分子的正负电荷中心发生位置偏离，产生点偶极子，称为诱导偶极子。这种基于电子位移的极化称为电子极化。

如图5-6所示，与液晶指向矢平行的电场介电常数用 $\varepsilon_{//}$ 表示，与液晶指向矢垂直的电场介电常数用 $\varepsilon_{\perp}$ 表示，介电各向异性常数为

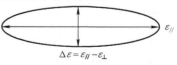

图5-6　液晶分子长轴和
短轴的介电常数

$$\Delta\varepsilon = \varepsilon_{//} - \varepsilon_{\perp} \tag{6-3}$$

液晶的介电常数值 ε 越大，产生的感应偶极矩越大，液晶将沿着电场方向取向。介电各向异性 $\Delta\varepsilon$ 决定电场作用下液晶的转动。

若液晶分子极性基永久偶极矩的方向与分子长轴方向一致，液晶分子长轴方向的电子偏移度最大，这样，与分子长轴平行的方向上具有大的偶极矩，介电各向异性为正，$\Delta\varepsilon > 0$，这样的液晶叫作正性液晶。如图5-7a所示，正性液晶在电场作用下，其分子长轴倾向于平行电场方向排列，电场去掉后又回到原来排列方式。

若液晶分子极性基永久偶极矩的方向与分子长轴垂直，液晶分子短轴方向的电子偏移度最大，这样，与分子长轴垂直的方向上具有小的偶极矩，介电各向异性为负，$\Delta\varepsilon < 0$，这样的液晶叫作负性液晶。如图5-7b所示，负性液晶在电场作用下，其分子长轴倾向于垂直电场方向排列，电场去除后又回到原来排列方式。

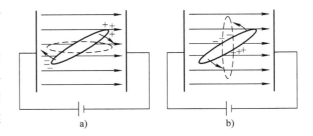

图5-7　液晶介电各向异性的正负情况
a）电学正性液晶（$\Delta\varepsilon > 0$）　　b）电学负性液晶（$\Delta\varepsilon < 0$）

由于是电场，而不是电流在影响液晶的光学性质，所以驱动液晶分子的能量消耗极小，液晶显示器成为低能耗电子设备的典范。

4. 液晶的形变

在由极性分子组成的液晶物质中，可以认为其指向矢处于均匀取向状态。但是考虑到液晶物质受表面的影响，在外加电场作用下，指向矢的方向并不相同，而是在空间中呈连续的分布。由于取向指向矢的存在，当外部施加的压力传递到液晶后，液晶分子的指向矢在空间中会发生形变。撤销外部施加的压力后，液晶分子通过分子间的相互作用，又会弹性地恢复到原来的取向。

某些物质跟液晶相接触时，会迫使液晶的指向矢指向一个特定的方向。在外加电场或磁场作用下，表面效应和电场或磁场的效应相互影响，引起了液晶的形变。在没有形变的液晶中，指向矢在整个液晶中都指向相同的方向。在形变的液晶中，指向矢逐点地改变它的方向。

液晶物质可以按照质量和能量连续分布的连续介质理论（Continum Theory）来处理，认为向列液晶物质满足应变——应力成正比的胡克（Hooke）定律，该比例常数称为弹性常数。弹性常数是描述液晶分子弹性形变的物理量，通常用3个弹性常数，即展曲弹性常数 K_{11}、扭曲弹性常数 K_{22} 和弯曲弹性常数 K_{33} 来描述。如图5-8所示，展曲弹性常数 K_{11} 是描述使平行排列的液晶分子由原指向矢方向向两侧呈扇面状展开的连续弹性曲率形变的弹性常数；扭曲弹性常数 K_{22} 是描述使平行排列的液晶分子各层指向矢逐渐扭转，产生螺旋状的连续弹性曲率形变的弹性常数；弯曲弹性常数 K_{33} 是描述使平行排列的液晶分子由原指向矢方向产生弧形的连续弹性曲率形变的弹性常数。一般情况下，弹性常数 $K_{33} > K_{11} > K_{22}$。

5. 黏度（Viscosity）

黏度是流体内部阻碍其相对流动的一种特性。假设在流动的流体中，平行于流动方向将流体分成不同流动速度的各层，则在任何相邻两层的接触面上就有与面平行而与流动方向相反的阻力，称为黏滞力。

液晶分子的指向矢在电场或磁场中重新取向时，旋转黏滞系数（r）是一个非常重要的参数。在LCD中，响应时间是与 rd^2（d 为液晶盒厚）成正比。向列相液晶旋转黏度的大小为 $0.02 \sim 0.5 Pa \cdot S$。

黏度越小，显示器件的响应速度越快。黏性系数（Viscosity Coefficients）则会影响液晶分子的转动速度与反应时间（Response Time），其值越小越好。但是此特性受温度的影响最大。

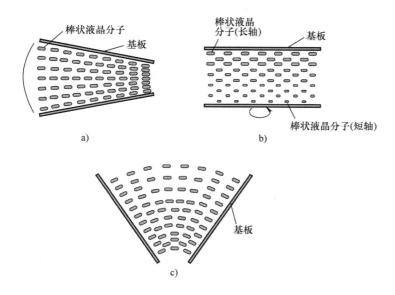

图 5-8　三种弹性状态下的液晶分子排布

a）展曲状态（K_{11}）　　b）扭曲状态（K_{22}）　　c）弯曲状态（K_{33}）

6. 混合液晶技术

为了满足现实对液晶材料各种性能参数的要求，人们需要将多种单体液晶混合在一起，以达到性能最优化，得到满足显示需要的各种性能参数，如工作温度范围、黏度、Δn、$\Delta\varepsilon$ 和电光曲线的陡度等。通过混合多种单质材料，可以得到单质液晶中得不到的功能与性质，如加宽液晶的温度带、降低黏度使响应速度加快、获得合适的光学各向异性等。

液晶能够用于制造显示屏，是源自于液晶这种材料特殊的物理性能，改变外加电场的大小，可以改变液晶分子的取向，光经过液晶材料时会产生双折射，能够利用液晶取向的不同来对光进行调制，就能实现显示的功能了。液晶能被电场和磁场驱动。早期液晶材料的电阻率低，多用磁场研究其特性，现在的液晶电阻率非常高，并且在应用中获得电场比获得磁场容易得多，所以在光电子方面的实际应用中，全部采用电场来驱动液晶。

5.2　液晶显示器件的发展历程

液晶显示主要是利用电光效应，包括动态散射、扭曲效应、相变效应、宾主效应、电控双折射效应等。从技术发展的历程来看，液晶显示器件主要经历了 4 个发展阶段。

1. 动态散射液晶显示器件时代（1968—1970 年）

液晶虽然早在 1888 年就被发现，但由于液晶相存在的温度高达 140℃ 以上，实际很难应用。直到 20 世纪 60 年代，人们合成了常温下具有液晶态的物质，液晶的商品化成为可能。1962 年，美国无线电（RCA）公司工程师 Williams 在实验中发现，对夹在透明电极间的液晶上施加足够大的直流电压或低频电压时，入射光受到强烈的散射。1968 年 RCA 公司的 Heilmeir 基于动态散射模式制造了世界上第一台液晶显示屏幕。1970 年以后，日本 SONY 与 SHARP 两家公司对液晶显示技术全面开发与应用，让液晶显示器成功地融入现代电子产品之中。图 5-9 所示为 RCA 公司研制出的世界上第一片 LCD。

图 5-9　RCA 公司研制出的
世界上第一片 LCD

DS 型 LCD 的工作原理：当不通电时，液晶盒呈透明状态；当通过低频交流电的电压超过阈值电压 U_{th} 时，在液晶层内形成一种因离子运动而产生的"威廉畴（Williams）"，继续增加电压，最终会使液晶层内形成紊流和扰动，并对光产生强烈的散射。

DS 型液晶显示器件是无偏振片结构，电流较大，一般在背面衬以黑色衬底，从而实现黑白显示。由于 DS 型需要在液晶中流过电流，很容易造成液晶的劣化，因此并未实用化。

2. 扭曲向列和超扭曲向列液晶显示器件时代（1971—1984 年）

1971 年，瑞士人 Schadt 发明了扭曲向列液晶显示器件，又称为 TN（Twisted Nematic）型 LCD。TN – LCD 被推广到电子手表和计算器等领域，获得了极大成功。日本厂家使得 TN – LCD 显示技术逐步成熟，制造成本低廉，使其在七八十年代得以大量生产。但是 TN 模式显示的信息容量小，只能用于笔段式数字显示及低路数（16 线以下）驱动的简单字符显示。使得大量显示和视频显示等受到了限制。

3. 超扭曲向列液晶显示器件时代（1985—1990 年）

20 世纪 80 年代初，理论分析和实验发现，将分子的扭曲角增加到 180°～270°时，可大大提高电光特性的响应速度。曲线斜率的提高允许多路驱动，且可获得敏锐的锐度和宽的视角。于是产生了第三代液晶显示器件——超扭曲向列液晶显示器，简称 STN（Supper Twisted Nematic）。STN – LCD 在便携式计算器和液晶电视等新领域得以开发应用，很快在大信息容量显示的笔记本计算机、图形处理机以及其他办公、通信设备中获得广泛应用，并成为主流产品。

4. 薄膜晶体管液晶显示器件时代（1990 至今）

STN – LCD 显示模式会出现非选择状态带色的问题，多色显示比较困难。简单矩阵液晶显示器 TN 型及 STN 型的电光特性，对多路、视频运动图像的显示很难满足要求。于是，人们在每一个像素上设计一个非线性的有源器件，使每个像素可以被独立驱动，也就是薄膜晶体管（Thin Film Transistor，TFT）液晶显示器件。

20 世纪 80 年代末期，TFT – LCD 制备工艺成熟，开始进行大规模生产，形成了巨大的产业。利用 TFT – LCD 制备的笔记本计算机、台式显示器逐渐成为主流。在有源矩阵液晶显示器飞速发展的基础上，LCD 技术开始进入高画质液晶显示阶段。

随着智能手机和大尺寸液晶电视的普及，TFT – LCD 成为了最主流的显示技术。目前，TFT – LCD 面板生产线已经达到十一代线，制备工艺日益成熟。LCD 显示技术也面临着 OLED、激光电视等新型显示技术的挑战。

5.3　LCD 的制备工艺和技术

5.3.1　LCD 的显示原理及其主要构造

根据液晶驱动方式分类，可将目前 LCD 产品分为扭曲向列（TN – LCD）型、超扭曲向列（STN – LCD）型及薄膜晶体管（TFT – LCD）型液晶显示器件，TN 与 STN 型液晶显示器的基本结构大致相同，不同的是液晶分子的配向处理和扭曲角度，其结构如图 5-10 所示。

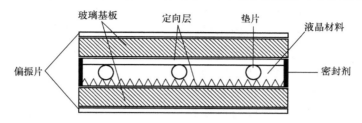

图 5-10　液晶盒结构

液晶盒的间隙约为 5μm，上、下两块玻璃的内表面镀有 ITO 导电层和定向层，两定向层的沿面指向互相垂直。定向层具有锯齿状的沟槽，它的作用是使液晶分子按照一定的顺序呈均匀排列，也称作定向膜或配向膜。在上（下）玻璃基板的上（下）方有一块偏振片，其偏振方向与其中一面定向层一致或垂直。注入的正性向列液晶被诱导，上、下液晶层指向矢之间有 90°的扭转角。不加电压时，液晶的指向矢从上表面均匀扭曲到下表面，入射光经过第一个偏振片后变成偏振光，进入液晶后光的偏振方向随扭曲液晶层旋转，旋转 90°到达下表面，正好平行于第二偏振片的偏振方向，光线通过液晶盒，如图 5-11a 所示。

在液晶层上施加 2～3V 的电压，因为是正性向列液晶，液晶指向矢转向电场方向排列，均匀扭曲结构消失。处于开态（ON）的向列液晶不在旋转入射的平面偏振光，入射光波被第二偏振片阻挡，没有光出射，人眼观察到的是黑色的，如图 5-11b 所示。去掉所加的电压，液晶又恢复扭曲状态，光再次通过液晶盒，通常称这种为常白模式。当上、下两个偏振片的偏振方向互相平

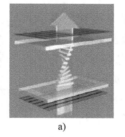

a)　　　　　　　　b)

图 5-11　液晶显示原理示意图

行时，不给液晶施加电压，没有光出射，这种配置称为常黑模式。液晶作为环境光的反射器时，通常采用常白模式，如手表和计算器等便携式低功耗器件。当液晶带着背光源作为透射器工作时，通常采用常黑模式，如手机和计算机等。

不同于 TN 技术，TFT 的显示采用"背透式"照射方式，在液晶的背部设置特殊光管，光源照射时通过下偏光板向上透出。由于上、下夹层的电极改成场效应晶体管（Field Effect Transistor，FET）电极和公共电极，在 FET 电极导通时，液晶分子的排列也会发生改变，可以通过遮光和透光来达到显示的目的，响应时间可提高到 80ms。因其具有比 TN – LCD 更高的对比度和更丰富的色彩，荧屏更新频率也更快，所以 TFT 可实现"真彩"显示。

TFT – LCD 通常也称作有源矩阵驱动液晶显示器（AM – LCD），它的每个像素点都是由集成在自身上的 TFT 来控制的，其结构如图 5-12 所示。像 TN – LCD 一样，TFT – LCD 也是夹层结构，主要由后板模块、液晶层和前板模块 3 部分组成。

1. 后板模块

后板模块是指液晶层后面的部分，主要由后偏光板、后玻璃基板、像素单元（像素电极、TFT）和后定向膜组成。

在后玻璃基板衬底上分布着横竖排列并互相绝缘的格状透明金属膜导线，将后玻璃基板衬底分隔成许多微小的格子，称为像素单元；每个像素单元中又有一片与周围导线绝缘的透明金属膜电极，称为像素电极。像素电极的一角，通过 TFT（薄膜场效应晶体管）分别与两根纵横导线连接，形成矩形结构，如图 5-13a 所示。TFT 的栅极与横线相接，横线称为栅极扫描，因起到 TFT 选通作用，又称为选通线；TFT 的源极与竖线连接，

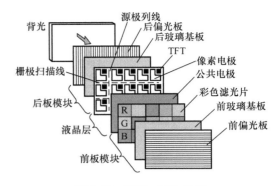

图 5-12 TFT - LCD 结构

竖线称为源极列线；TFT 的漏极与透明像素电极连为一体。TFT 的功能就是一个开关管，利用施加于 TFT 开关管的栅极电压，可控制 TFT 的导通与截止。与前、后两片玻璃基板接触液晶的定向层没有画出，它的作用与 TN - LCD 中的是一致的。

2. 液晶层

液晶显示屏的后玻璃基板上有像素电极和薄膜场效应晶体管（TFT），前玻璃基板则贴有彩色滤光片，前、后两层玻璃中间夹持的就是液晶层。

TFT - LCD 的每个像素单元从结构上可以看作是像素电极和公共电极之间夹一层 TN 液晶，液晶层可以等效为一个液晶电容 C_{LC}，它的大小约为 0.1pF；在实际中，C_{LC} 无法将电压保持到下一次画面更新的时刻，因此所显示的灰度级就会出错。所以一般在设计面板时，会再加一个 0.5pF 的储存电容 C_s，其等效电路如图 5-13b 所示。

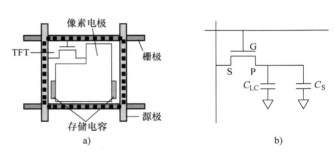

图 5-13 TFT - LCD 单个像素结构及其等效电路

3. 前板模块

在前玻璃基板衬底上，同样划分为许多小格子，每个格子均与后玻璃基板衬底的一个像素电极对应，但它没有独立电极，而是覆盖着一小片 R、G、B 三原色的透明薄膜滤光片，称为彩色滤光膜，用以还原正常的彩色。

目前主流的 TFT 面板有 a - Si（非晶硅薄膜晶体管）TFT 技术和 LTPS（低温多晶硅）TFT 技术。TFT - LCD 是 AM - LCD 的典型代表，在平板显示领域，对其研究最为活跃、发展最快、应用增长也最迅速。在笔记本计算机、摄像机、数字照相机以及监视器等方面的应用独领风骚。另外，它在地理信息系统、飞机座舱、便携式 DVD、台式计算机和多媒体显示器等方面都得到很好的应用。

5.3.2 液晶的彩色显示

最初的液晶彩色显示二色偏振片型，这种显示器响应速度快，为 20～40ms。但作为反射型器件使用时，对比度随观察角度而异，亮度下降也很厉害；其次，这种彩色显示大部分

是单色或限定的几种颜色。1972 年，提出了在显示器基片的外侧制作滤光片的方法，但斜向观察时，像素和彩色单元之间有像差。于是在 1981 年，提出了在液晶盒内侧电极上形成微彩膜的方法，彩色滤光膜有优良的全色显示能力、视角特性及分辨率。故目前市场 LCD 彩色化主要使用的是彩色滤光膜（Color Film，CF），其结构如图 5-14 所示。

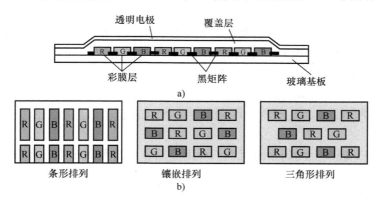

图 5-14　彩色滤色膜的结构
a）截面图　b）平面排列

CF 由玻璃基板、黑矩阵、彩膜、保护膜（即覆盖层）和 ITO 膜组成。黑矩阵沉积在三基色图案之间不透光部分，起防止混色作用，并可作为下基板 TFT 矩阵中非晶硅材料的遮光层。保护膜起平整滤色片的作用，并在后工序中对滤色层起保护作用。

液晶显示器对 CF 的要求可分为光学特性、外观、空间精度及可靠性。

1）光学特性。彩色滤光膜方法用加法混色，彩色层使用 R、G、B 三原色。每个原色都要有高的色纯度和光透射率，其 R、G、B 三原色在 CIE 色图上的色坐标必须与 NTSC（National Television Standards Committee）标准近似时才能达到白色平衡。

2）外观。对彩膜（彩色滤光膜）来说，最重要的特性是表面的平整度，因为它们直接与液晶分子接触。对于 STN 液晶显示，不平整的表面会使对比度降低，因而 STN - LCD 表面的不平整度必须小于 $0.05\mu m$。对于 TFT - LCD 则要求不平整度必须小于 $0.1\mu m$。

3）空间精度。对于 TFT - LCD 显示器，彩膜必须完全与 TFT 矩阵相匹配，0.2 ~ 0.3mm 宽度的彩色像素，空间精度应 $\leqslant \pm 10\mu m$。

4）可靠性。彩膜必须在液晶显示器的制作过程中不受影响，并使成品液晶显示器能正常工作。液晶显示器制作过程包括化学清洗和取向层形成等，彩膜必须有化学和热稳定性，即彩膜要耐酸、耐碱以及各种用于清洗过程中的有机溶剂，且彩膜必须具有光稳定性。另外，要保证彩膜中的不纯物及离子等不会溶于液晶中。

在实际应用中，广泛使用的彩膜制造方法有染色法、颜料分散法、印刷法和电沉积法等。

5.3.3　LCD 的基本制作流程

液晶面板的制作可分为液晶板与背光系统两部分。液晶板从外到里分别是水平偏光片、彩色滤光片、液晶、TFT 玻璃和垂直偏光片，此外，在液晶面板边上还有驱动 IC 与印制电路板，主要用于控制液晶分子的转动与显示信号的传输。液晶板很薄，不通电时呈半透明状态，它的构造就像三明治，下层 TFT 玻璃与上层彩色滤光片中间夹着液晶。背光系统包括背光板、背光源（CCFL 或 LED）、扩散板（用于将光线分布均匀）和扩散片等。要生产出一块液晶面板，需要经过"前段 Array 制程、中段 Cell 制程和后段模组组装"3 个过程。

1. 前段 Array 制程

前段 Array 制程主要是"薄膜、黄光、蚀刻和剥膜"4 大部分。液晶分子的不同排列以及快速运动变化，使得每个像素都能精准显示，这就要求对液晶分子精密控制。液晶分子的运动与排列都需要电子的驱动，因此在液晶的载体——TFT 玻璃上，必须有能够导电的部分——透明导电金属 ITO（Indium Tin Oxide，铟锡氧化物），来控制液晶的运动。ITO 薄膜需要做特殊的处理，就犹如在 PCB 上印制电路一般，在整个液晶板上画出导电电路。本过程步骤如下：

1）在整块 TFT 玻璃上均匀平滑沉积 ITO 薄膜层，然后用离子水，将 ITO 玻璃洗净，涂上光刻胶，形成一层均匀的光阻层。然后烘烤一段时间，将光刻胶的溶剂部分挥发，增加光阻材料与 ITO 玻璃的黏合度。

2）曝光。用紫外光（UV）通过预先制作好的电极图形掩膜版照射光刻胶表面，被照光刻胶层发生反应，实现选择性曝光。

3）显影。用显影剂清洗掉曝光部分的光刻胶，只剩下未曝光的部分，然后用去离子水将溶解的光刻胶冲走。

4）烘烤。让未曝光的光刻胶更加坚固地依附在 ITO 玻璃上。

5）酸洗。ITO 玻璃为 In_2O_3 与 SnO_2 混合的导电玻璃，未被光刻胶覆盖部分易与酸发生反应。用适当的刻蚀液将无光刻胶覆盖的 ITO 膜蚀刻掉，进而得到相应的拉线电极。

6）剥膜。用高浓度的碱液（NaOH 溶液）作脱膜液，将玻璃上余下的光刻胶剥离掉，从而使 ITO 玻璃形成与光刻掩膜版完全一致的 ITO 图形。

7）用有机溶液冲洗玻璃基板，将反应后的光刻胶带走，使玻璃保持洁净。

这样就完成了第一道薄膜导电晶体制程，用相同的方法在玻璃上拉出其他的 ITO 电极，形成复杂精密的电极图形，可以更好地控制液晶分子的运动，一般至少需要 5 道相同的过程。最后一步是检测。流程如图 5-15 所示。

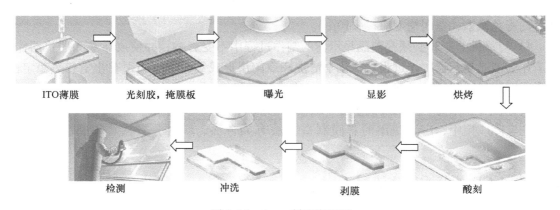

图 5-15　Array 制程流程图

2. 中段 Cell 制程

液晶板的结构就像三明治，下层 TFT 玻璃与上层彩色滤光片中间夹着液晶。中段 Cell 制程（见图 5-16），就是 TFT 玻璃与彩色滤光片的上下贴合，可分为 TFT 与 CF（彩色滤光片）两部分。步骤如下：

1）清洗。将前段 Array 制程的 TFT 玻璃用去离子水洗净，将溶液状态的配向膜涂在 TFT 玻璃基板上表面。

2）配向膜涂覆。采用选择涂覆的方法，在 ITO 玻璃上的适当位置涂一层均匀的配向层，同时对配向层做固化处理。

3）配向摩擦。用绒布类材料以特定的方向摩擦取向层表面，以使液晶分子沿着配向层的摩擦方向排列，保证液晶分子排列的一致性。配向摩擦之后，会有一些绒布线等污染物，需要通过特殊的清洁流程将污染物冲洗掉。

4）密封胶涂布。目的是让 TFT 玻璃基板能与彩色滤光片粘合固定，同时防止液晶外流。

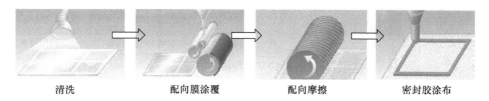

清洗　　　　　　配向膜涂覆　　　　　　配向摩擦　　　　　　密封胶涂布

图 5-16　TFT 玻璃基板的中段 Cell 制程流程图

TFT 玻璃基板的中段 Cell 制程基本完成，下面是彩色滤光片的 Cell 制程，如图 5-17 所示。

与 TFT 玻璃基板配向相同，彩色滤光片也需要涂配向膜，然后在已经固定在滤光片表面的配向膜上进行配向。

在彩色滤光片表面喷洒垫料，让 TFT 玻璃基板与彩色滤光片之间有一定的间隔距离。

涂配向膜　　　　　　配向摩擦　　　　　　垫料喷洒

图 5-17　彩色滤光片的 Cell 制程

接下来，再次进入 TFT 玻璃基板的 Cell 制程（见图 5-18），在已经涂好的密封胶框内注入液晶，在彩色滤光片的玻璃粘合方向上的边框涂上导电胶，以保证外部电子能够进入液晶层，然后，根据 TFT 玻璃基板、彩色滤光片上的粘合标记，将两块玻璃粘合，高温固化。贴合完毕的液晶板就可以根据之前设计好的尺寸进行切割，得到最终尺寸。最后，在每块液晶板的两面都贴上偏光片，其中朝外方向贴水平偏光片，朝内方向贴垂直偏光片，且呈交错方向，在有电场与无电场时，使光线产生相位差而呈现明暗的状态，用于显示字幕或图案。至此，中段 Cell 制程全部完成。

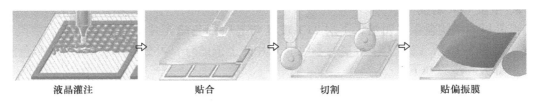

| 液晶灌注 | 贴合 | 切割 | 贴偏振膜 |

图 5-18　TFT 玻璃基板的 Cell 制程

3. 后段模组组装

后段模组（Module）组装主要是液晶板的驱动 IC 压合与印制电路板的整合，如图 5-19 所示。这一部分可以将从主控电路接收到的显示信号传输到驱动 IC 上，驱动液晶分子转动，显示图像。此外，背光部分在此环节会与液晶板整合，完整的液晶面板就形成了。

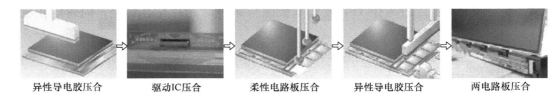

| 异性导电胶压合 | 驱动IC压合 | 柔性电路板压合 | 异性导电胶压合 | 两电路板压合 |

图 5-19　后段模组组装

1）在两个边框上压合异性导电胶，让外部电子可以进入到液晶板层。

2）驱动 IC 的压合，驱动 IC 的主要功能是输出需要的电压至每个像素，控制液晶分子的扭转程度。

3）柔性电路板的压合，可以传输数据信号，充当外部印制电路与液晶板电子传输的桥。在柔性电路板的另一端贴上异性导电胶，并且与印制电路板压合。

液晶板的制造过程还有很多细节以及注意事项，例如离子水清洗、烘干、吹干、风干、超声波清洗、曝光、显影等，都有非常严格的技术细节与要求。

（1）背光系统

液晶（Liquid Crystal，LC）具备固态晶体的透光与折射性质，同时还具有液体的流动性质，但液晶不会自主发光，因此需要另外搭配背光系统。

首先需要一块背板，作为光源的载体。起初，液晶显示常用的光源是 CCFL 冷阴极背光灯管，目前已经开始向 LED 背光转变。为了控制成本，减少 LED 晶粒的数量，LED 都侧置于背板上（见图 5-20b）。而无论是 CCFL 背光还是 LED 背光的各种放置方式，都不是面光源，而是线光源或者点光源，因此需要其他组件将光线均匀到整个面上，这将由扩散板（见图 5-20c）和扩散片来完成。

在透明的扩散板上，点状印制可以遮挡一部分光线，侧置的 LED 背光将光线从扩散板侧面打入，光线在扩散板内来回反射折射，将光线均匀分散到整个面。在扩散板上方，还会有 3~4 片扩散片，不断地将光线均匀到整个面上，提升光线的均匀度。

背光系统还包括背光模组点灯器，位于背板的后方，在 CCFL 背光时代，经常能看到长条状点灯器，每个线圈负责一组灯管。而采用侧置白光 LED 作为背光源的点灯器要简单得多，图 5-20a 中那一小块电路板就是 LED 背光的点灯器，背光系统的大致结构就是如此。

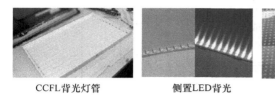

| CCFL背光灯管 a) | 侧置LED背光 b) | 扩散板 c) | IC印制电路板 d) |

图 5-20　背光系统配件

（2）液晶板与背光整合

液晶板与驱动 IC 印制电路板压合完成，背光系统也完毕，只需整合就可以完成液晶面板的制造。由于液晶板与背光系统没有用粘合的方式固定，需要用金属或者胶框加在外层，起到固定液晶板与背光系统的作用。最后是高温老化测试以及装箱出厂，供应给液晶显示器制造商，如图 5-21 所示。

液晶背光粘合　　　　　高温老化测试　　　　　装箱出厂

图 5-21　TFT – LCD 液晶板与背光整合

5.4　LCD 的驱动

众所周知，CRT 显示器的图像是通过行场扫描电路对行场偏转线圈的电流进行调制进而影响电子束的偏转来实现的。液晶显示的原理虽然与 CRT 不同，但在图像形成和驱动上与 CRT 类似，也有行和列之分。

根据液晶的显像原理，即液晶分子的扭转，使背光灯的光被调制从而产生明、暗、变色等。要实现这个目的，首先要有足够的电信号作用于液晶分子，来改变液晶分子的初始排列；其次，每个电信号要在一段时间内作用于一个或多个液晶像素单元，使像素形成人眼所能够接受和认识的视觉效果，这就是液晶屏驱动的基本过程。根据液晶显示器的不同结构，其驱动方式主要有静态驱动、无源矩阵电极驱动和有源矩阵电极驱动。对彩色液晶显示，目前主要采用有源矩阵电极驱动。

5.4.1　静态驱动

静态驱动主要用于段式液晶显示器（Segmented LCDs），通常是单色显示，如简单的计算器、电子手表和简单仪器设备的显示窗口。由于其分辨率低，不适合显示大量信息内容和图片。

段式显示屏是由两块玻璃基板组成的，玻璃表面上有透明的 ITO 电极图案。基板之间充满了液晶材料。电极排列如图 5-22 所示，前板上刻有 7 个弧段电极（上电极），每个电极连有一根引线；背板整块是一个电极（下电极），有一根连线引出。上、下电极交叉形成一个弧段。

为了避免因液晶分子电离而缩短液晶显示器的寿命，施加在弧段上的电信号必须无直流分量，因此，采用脉冲驱动电压。图 5-23 所示为静态驱动的典型波形，其显示了施加在一个弧段上的电压波形，一个占空比为 50% 的方波施加在背板上。为了节能，刷新频率要足够低，但又要避免闪烁。同样特性的方波也施加在

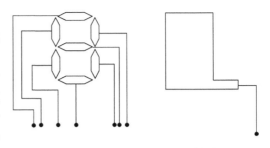

图 5-22　段式 LCD 的电极排列

上电极上。最终，弧段电压是背板电压与上电极电压之差。如图 5-23a 所示，当两波形相反时，施加在弧段上的电压为 $2U$，若 $2U$ 大于饱和电压 U_{sat}，则弧段处于 ON 态。当施加在上电极与背板上的电压同相时，弧段进入 OFF 态。

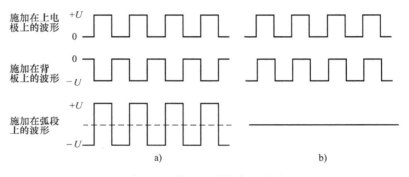

图 5-23　静态驱动的典型波形
a）弧段处于 ON 态　b）弧段处于 OFF 态

弧段 LCD 驱动电路如图 5-24 所示，利用 7 个异或门按照输入位和时钟信号产生施加于弧段上的电压。只要显示的数字有限，即使使用缓变 T/U 曲线的 TN – LCD 也能达到合理的图像对比度。

静态驱动的优点是编程简单、显示亮度高，缺点是每个弧段都要由一个单片机的 I/O 端口进行驱动，或者使用二/十进制译码器进行驱动，占用端口多，如 8 个数码管静态显示，加小数点共需要 $8 \times 8 = 64$ 根

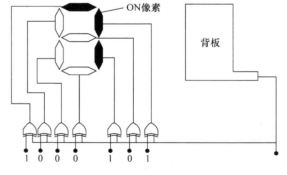

图 5-24　弧段 LCD 驱动电路

I/O 端口来驱动，而一个 89S51 单片机可用的 I/O 端口一共才 32 个，在实际应用时必须增加译码器进行驱动，增加了硬件电路的复杂性。

5.4.2　无源矩阵电极驱动

当需要显示复杂的图像和符号时，弧笔式段显示不再适用。其由两块玻璃基板组成，基板之间充满液晶，一块基板上的 ITO 电极光刻出 N 条行，另一块基板上的 ITO 电极光刻出

M 条列，结果形成具有 $N \times M$ 个可寻址的被称为像素的交叉点，如图 5-25 所示。

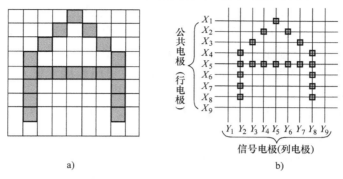

图 5-25　无源矩阵电极驱动
a）字母"A"被分解成像素　b）行、列电极的配置

驱动器的集成电路与显示器边缘的行和列电极引线连接，使电压脉冲可发送到各个像素。为此，行和列信号总线的每个端部都制作有热压焊点，以便于 LCD 驱动器集成电路芯片贴合。最简单的驱动方式是由帧周期为 T、持续时间为 T/N 的选择脉冲依次扫描公共电极（行电极）的每一行，数据电极（列电极、信号电极、视频电极）并行地同时导通。

无源矩阵电极驱动容易产生交叉效应，即在 LCD 显示过程中，介于选择点与非选择点状态之间的半选点电压偏高，导致部分不希望显示的半选点横竖方向对比度偏高，造成显示对比度下降，严重影响图像显示的质量。如图 5-25b 所示，要显示字符"A"，像素（X_1，Y_5）要选通，行电极 X_1、列电极 Y_5 上的其他点也有电压，但比（X_1，Y_5）点低，也会引起透光率的变化。（X_1，Y_5）称为全选点，行电极 X_1、列电极 Y_5 上的其他点称为半选点，没有电压的各点称为非选点。产生交叉效应的根本原因是液晶的电光响应曲线不够陡直。为了有效降低交叉效应，常采用 2:1 和 3:1 电压驱动法。

无源矩阵液晶显示器的驱动电压直接施加于像素电极上，使液晶显示直接对应于所施加的驱动电压信号，也称为直接驱动法。直接驱动有其优点，如驱动电路方式简单、易实现等。直接驱动多应用于条码显示和棒状显示等低端产品中。但是，随着显示矩阵像素的增加，交叉效应愈加明显。因为要提高分辨率，必须增加扫描电极的数量，相应的像素液晶的激励时间变短，导致亮度下降。为提高亮度而提高电压，则会加剧交叉效应，而引起图像对比度下降，严重影响显示质量。在显示精度要求越来越高、屏幕尺寸越来越大型化的显示领域，需要新的驱动方法。

5.4.3　有源矩阵电极驱动

有源矩阵驱动也叫作开关矩阵驱动，是一种在显示面板的各像素设置开关组件和信号存储电容，以实现驱动的方式。下面以 TFT - LCD 为例说明这种驱动方式。

TFT 的结构（底栅型）如图 5-26 所示。最下面是玻璃基板，然后是金属栅极（Gate）、

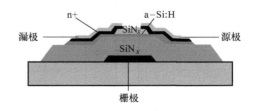

图 5-26　底栅型 TFT 结构

绝缘层、a – Si 半导体、重掺杂的 n^+ Si 层，然后外面是金属的源极（Source）和漏极（Drain）。TFT – LCD 利用 TFT 的栅极电压控制源极和漏极之间的电流，控制 TFT 打开或关闭。这样，驱动信号来源的通断独立可控，每一个显示像素独立运作，不容易受其他显示像素的影响。往往一个 LCD 显示屏幕，由数目众多的像素组成，每个像素又由红（R）、绿（G）、蓝（B）三个子像素组成，每个子像素对应一个 TFT，尺寸更大的 TV 面板或者子像素更小的面板，TFT 数目更多，众多的 TFT 组成了 TFT 阵列。

图 5-26 中源极和漏极之间的电阻满足 $R_{on} < 1.47 \times 10^6 \Omega$、$R_{off} > 3.3 \times 10^{11} \Omega$ 时，液晶层的 R_{LC} 大约等于 $10^6 \Omega$。当 TFT 处于打开状态时，数据线的信号电压便可以加到液晶层的两端基板上。当栅极 G 未被选通的时候，TFT 源、漏极之间的电阻 R 达到 $3.3 \times 10^{11} \Omega$，近似绝缘，这时即便源极 S 已经选通，其上的数据电压也就不能施加到液晶像素上，不能显示。此时的 R 即为 R_{off}。当扫描线栅极 G 被选通，则 R 仅为 $1.47 \times 10^{11} \Omega$，TFT 被打开，当寻址线源极 S 同步选通的时候，数据信号电压可以从信号线通过 TFT 加到液晶像素两端，从而实现显示。输入的信号电压由于存储电容 C_S 和液晶像素本身电容 C_{LC} 的作用，在输入信号撤销后自行保持一段时间，直到下一个信号电压的到来。

图 5-27 所示为 TFT – LCD 驱动时序波形图，其中，U_G 为栅极扫描信号，U_{LD} 为源极数据寻址信号，U_C 为数据信号的中心电位，T_0 为数据信号周期，T_1 为选通时间，T_2 为非选通时间。液晶像素上所加电压，取决于 TFT 的场效

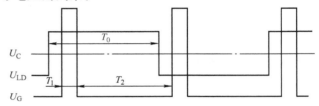

图 5-27　TFT – LCD 驱动时序波形图

应晶体管特性，一般，当开关电阻比达到 10^6 以上时，即可达到开关通断比的要求，TFT 可以实现较好的开启与阻截功能。当 TFT 的扫描栅极 G 被选通时，栅极被加入一个正电脉冲 U_G。此时，源极数据信号电压是一个以 U_C 为中心值，随信号不同而异，但幅值总小于 U_G 的电压 U_{LD}。TFT 的栅极被加上电压 U_G 时，即打开，信号电压 U_{LD} 在选通时间互内，加到液晶层两端。U_G 消失之后，根据电容特性，两极板电压不会立即消失，而是在存储电容 C_S 和液晶电容 C_{LC} 的作用下，保持到下一个选通脉冲来临。

TFT 阵列点像素的连接如图 5-28 所示。

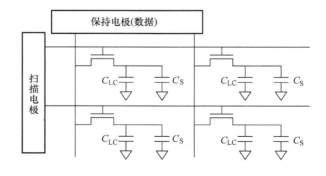

图 5-28　TFT 阵列点像素的连接

在驱动矩阵 TFT - LCD 时，扫描电极将寻址信号供给栅极，信号电极将要显示的数据信号电压供给源极，TFT 单元则放在 TFT 基板的栅极线和数据线的交叉点上。用栅极总线选通一行像素，此时，各条数据线上的信号便加载到此行各个像素的电极上。然后，再选通下一行像素，载入下一次的数据信号，依次执行。

5.5 液晶显示技术的新进展

5.5.1 量子点显示技术

随着人们对显示品质的不断追求，对显示器件的色饱和度及色域提出了新的要求。量子点技术应运而生，它是一种尺寸在纳米级的半导体微晶粒子，其内部的电子和空穴在各个方向上的运动均受到限制，使其具有分立的能级结构，从而具有一些独特的光学性质：

1）发光峰窄。基于量子点的尺寸效应，激发不同尺寸的量子点，可发射出非常窄的光谱。目前 CdSe 量子点的半峰宽仅为 30nm，且随着研究的深入，其半峰值宽度还有变窄的空间。

2）光谱可调。量子点的光谱性能由其自身决定，决定因素主要是材料成分及量子点颗粒大小。不同的半导体材料具有不同的半导体能隙宽，因此，可以选择不同的材料体系来调制量子点光谱。如紫外或蓝光采用能隙宽较大的 ZnS、ZnSe 和 CdS 等材料，而红外的一般选择隙宽较小的 CdTe、InP 和 InAs 等，而应用于显示技术的 CdSe 量子点，发射光的光谱正好落在可见光谱区域。

3）量子产率高。一般，量子点具有很高的量子产率，常用的 CdSe 量子点的量子产率可达 80%。通过包覆宽带隙的无机半导体外壳可以进一步提高量子产率，甚至可达 95% 以上。

4）发光稳定性好。因为量子点包覆了无机半导体外壳来钝化表面缺陷，将激子限制在量子点的核内，同时有限阻止外面的氧扩散到核内，无机半导体外壳起到了一个保护壁垒的作用，大大增强了其发光稳定性。

目前，量子点在显示领域的应用主要包括两部分：一是基于量子点电致发光特性的量子点发光二极管；二是基于量子点光致发光的量子点背光源技术（这里的量子点技术主要是针对液晶显示中背光源部分的改进）。量子点薄膜（QDEF）中的量子点在蓝色 LED 背光源的照射下将生成红光（R）和绿光（G），并同部分透过薄膜的蓝光（B）一起混合得到白光，从而提升整个 LCD 背光源的发光效果。量子点背光源的发光效率更高、更为节能、成本更低，使得 LCD 拥有非常广阔的市场前景。

同时，量子点技术还面临诸多问题，主要有量子点自身的荧光淬灭，相对较低的发光效率，有机电荷层易被水氧侵蚀，低使用寿命和较高的造价以及 Cd 系列有毒量子点对环境的破坏等。

随着技术的发展进步，如果量子点显示技术能够以电致发光二极管作为像素点直接应用到显示面板上，达成 QLED 显示屏幕，量子点技术就真正达到了该有的境界。

5.5.2 低反射液晶显示技术

液晶显示器在明亮环境中使用时，表面的偏光片或玻璃产生反射，导致对比度和色域值下降，显示内容模糊不清。显示器的性能再好，如果反射技术没有处理好，在明亮环境中使用时显示性能都会受到严重影响。低反射液晶显示技术通过对液晶显示器外层偏光片或玻璃进行表面处理，改变反射光的方向或降低反射率，改善显示器的反射效果。

为了降低液晶显示器的反射，通常对偏光片 TAC 层进行表面处理，按照处理效果可分为表面硬化（Hard - Coating）（防眩光），低反射（Low - Reflection，LR）和抗反射（Anti - Reflection，AR）。表 5-1 列举了上述技术的差异。

表 5-1　低反射液晶显示技术比较

	（表面硬化）	（低反射）	（抗反射）
制作方法	涂层	涂层/溅镀	溅镀
层数	1	1	4 ~ 6
品质	良	良	优
反射率/%	4.0 ~ 5.0	1.0 ~ 2.5	<0.5
反射色彩	灰色	灰色	蓝紫色
成本	低	中	高

防眩光技术通过在反射表面形成细小凹凸结构，使光线形成散射，与仅覆盖表面硬化层（Hard - Coating，HC）相比，可以避免光线过度集中产生眩光和视觉疲劳。常用的表面处理方法有以下几种：一是将 SiO_2 等无机微粒或者丙烯酸类树脂等有机微粒分散到粘合剂中，使用喷涂方式在反射表面均匀地涂布一层薄膜，该方法产能大、良率高；二是使用喷砂或打磨等机械方法，使基体材料表面变的凹凸不平，该方法会降低基体材料的强度，且品质不易控制，良率较低；三是使用酸液对基体材料进行腐蚀，该方法需要用到剧毒性的酸液，需要考虑环保问题。

低反射技术在反射表面覆盖一层薄膜，使不同膜面的反射光干涉相消，降低反射，反射率为（1.0 ~ 2.5）%；抗反射技术使用溅镀工艺，在反射表面覆盖 4 ~ 6 层薄膜，反射率下降到 0.5% 以下，低反射层通常使用 SiO_2，高反射层使用 TiO_x、ITO 和 In_2O_3 等，抗反射技术成本较高，且有反射光偏蓝紫色的问题。

除上述技术之外，"蛾眼"结构也可有效降低液晶显示器的反射，蛾眼（Moth - Eye）结构的外形呈圆锥或圆丘状，可在反射表面形成折射率连续变化的渐变层，抑制菲涅尔反射的发生。1967 年，人们发现蛾眼的角膜表面存在大小接近可见光波长的结构，推测该种结构具有降低反射的功能，1973 年，Claphan 和 Hutley 通过实验证明了蛾眼结构的低反射功能，Taguchi 等人使用纳米滚轮压印技术，在偏光片的 TAC 上制作出一种蛾眼结构抗反射薄膜，薄膜的平均反射率为 0.04%，最小反射率可达 0.02%。图 5-29 所示为纳米滚轮压印技术制作的"蛾眼"结构。

图 5-29　纳米滚轮压印技术制作的"蛾眼"结构

5.5.3　曲面液晶显示技术

由视网膜成像原理可知，平面图像在大脑中形成的像是扭曲的。因此，根据视网膜的弧度而采用向内弯曲的显示器，可以让大脑接收更加真实的画面。对于曲面显示器，屏幕弯曲形成的视觉景深令画面层次更真实丰富，提升视觉代入感，模糊虚拟与现实之间的严格边界；另一方面，曲面屏幕可以有效减少屏幕两侧边缘画面到人眼的距离偏差，从而获得更加均衡的图像，实现视野范围的提升。图 5-30 所示为曲面显示对人眼的效果。

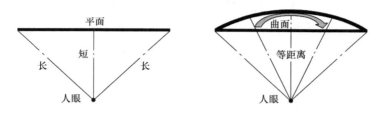

图 5-30　曲面显示对人眼的效果

目前，曲面电视主要是 LCD 和 OLED，但 OLED 成本高、良率低，尚未广泛使用，因此 LCD 仍为主要曲面电视来源。然而，将传统结构的 LCD 弯曲为曲面时，将会出现暗影、串扰、偏色等显示异常问题。

在弯曲 LCD 时，上、下基板弯曲后延展程度不同导致上、下基板相对的位移，而发生错位现象，导致像素开口区域的异常并引起漏光，如图 5-31 所示。假设绿色像素点亮，由于上、下基板的错位，原本绿色像素透光区域将会有部分区域被下基板阻挡，而相邻像素则会进入透光区，宏观上表现为暗影，串扰，偏色等现象。为解决曲面 LCD 上、下基板的错位问题，目前采用的技术主要有 BOA 和 BPS 技术。

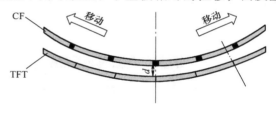

图 5-31　弯曲后的 LCD

（1）BOA 技术

将上基板的 CF（Color Film，彩色滤光膜）和 BM（Black Matrix，黑矩阵）做到下基板上，与阵列同一层，这就是所谓的 BOA（BM On Array）技术。这样，当上、下基板弯曲产生相对位移时，处于 Array 下基板的 BM、CF 与由 ITO、液晶控制的开口区将保持相同的位移，不会产生错位，解决了漏光和错色问题。图 5-32 所示为传统 LCD 结构改为 BOA 结构的示意图。

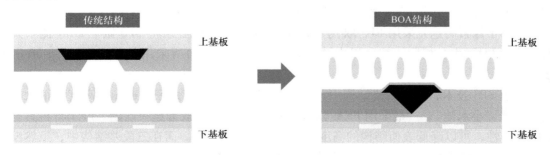

图 5-32　传统 LCD 结构改为 BOA 结构示意图（Data Line 处）

为了进一步将 BOA 设计应用于曲面当中，还可以将 PS（Photo－Spacer，光阻材料，间隔栏）做到下基板中，这样可以保证在对 LCD 进行弯曲时，不会造成 PS 对位的偏移而影响显示效果甚至损坏 LCD 内部结构。

但 BOA 设计也会产生一些新的问题，如上基板没有 BM 层导致 Cell 段制程中没有对位基准点而导致的对位问题。该问题在 POA 设计中变得更加显著，因为上基板只剩了 ITO 膜层。此时，可以增加一道制程制作对位基准点；还可以通过人为打码（如激光打码）或者改变对位方式（如玻璃边对位）等来实现。

（2）BPS 技术

BPS 即 Black Photo－Spacer，黑色光阻材料，这种材料和工艺兼具 PS 功能和 BM（透明导电电极）功能，可以省去 BM 制程。该技术也常被用于曲平共用的技术当中。

BPS 技术有两种架构，两段差和三段差，如图 5-33 所示。两段差是 Main－PS（主膜柱）和 Sub－PS（次膜柱）两个高度，可以通过 HTM（Half－Tone Mask，多透过率掩膜板）实现；而由于在面板 AA 区内没有 BM 功能层，因此采用了 RB（阻值）色阻堆叠技术实现遮光；同时周边则采用 Main－PS 或 Sub－PS 遮光。三段差则有三个高度，对应实现 Main－PS、Sub－PS 和 BM 功能，通过 MTM 获得；其中 BM 段层结构实现了 AA 区（像素区）的遮光，而周边的遮光可以选择 Main－PS、Sub－PS 和 BM 任一段层实现。

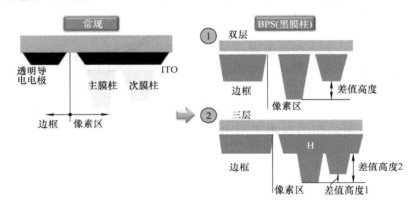

图 5-33　两段差和三段差段层结构

在 BPS 两段差结构中，像素结构遮光通过 RB 色阻堆叠完成，而色阻做在 array（阵列）基板上（搭配 COA），因此不存在面板弯曲后产生的漏光等问题。而对于 Main－PS 与 Sub－PS，与 BOA 技术相同，为了避免 PS 对位的偏移，通常将其做于 array 侧。在 BPS 三段差结构中，由于像素的遮光采用 BPS 取代 BM，在曲面应用中就必须将 BPS 做于 array 侧。其结构设计与 BOA 基本相同。综合以上两段差和三段差，曲面所采用的就是 BPS on array 的技术。

对于 BPS 技术，在两段差结构中，由于色阻堆叠导致遮光区与透光区高度差很大，形成一个个"小水池"，一般采用 PFA（光阻平整层）工艺来改善这一问题。PFA 材料具有很高的流平性，可以降低表面结构的高度差，使表面变得平整。而在三段差结构中，虽然没有色阻堆叠产生的地形问题，但同样采用 PFA 工艺可以改善色阻交界的牛角等地形问题。

与 BOA 技术相同，BPS 技术由于将色阻、BPS 材料做在下基板 array 侧，将导致上基板只有 ITO 薄膜层，产生上、下基板对组时没有对位基准点的问题，解决方法与 BOA 一致。

5.5.4 LCD 的宽视角技术

液晶显示器是非主动发光显示器，主要依靠液晶调节光在液晶显示器中的透过率或者反射率来实现显示，组成液晶显示器的偏振片和液晶自身的特性也限制了可视角度。所以液晶显示器不同于其他主动发光的显示器，会存在独特的视角问题。随着显示模式和补偿膜的发展，目前已经达到了 175°以上的可观看角度。

视角是指观察角度与显示面板法线方向之间的夹角。最常用的向列相（Twisted Nematic，TN）液晶分子是一种棒状的有机分子结构，既有液体的流动性又有晶体双折射的各向异性。对于同一种液晶分子的排列状态，视角不同，液晶分子的可视形貌也不同，所观察到的透射光的发光强度也不同，看到的光学效果也随之变化，表现出光学各向异性现象，如图 5-34 所示。

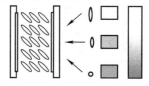

图 5-34　均匀定向液晶的透射光发光强度随观察角而变

视角越小，光学各向异性越小；反之，视角越大，光学异性越大。因此对于同一种液晶分子排列状态，在不同视角下，有效光程差 Δnd 不同。而液晶盒的最佳光程差是按垂直入射光线设计的，这样当视角增大时，最小透过率增加，对比度下降。而且偏离法线越远，对比度下降越严重，甚至可能有暗态透过率大于亮态透过率的现象，发生灰度和彩色反转。

目前，已经提出了很多解决视角问题的方法，主要分为两大类：一类是盒外光学补偿法，在不改变现有液晶盒结构和生产工艺的前提下，采用附加的光学膜片来消除液晶层的双折射效应，从而增大视角；另一类方法是改变现有液晶盒的结构，开发新的液晶分子排列方式，用各种办法来抵消或者降低液晶的双折射效应，从而提高视角。以下介绍几种常见的宽视角技术。

（1）相位补偿膜

补偿膜的补偿原理是将各种显示模式（VA／IPS／OCB）⊖下液晶在各视角产生的相位差做修正，就是让液晶分子的双折射性质得到对称性的补偿。补偿膜能降低液晶显示器暗态时的漏光量，并且在一定视角内能大幅提高影像对比度和色度，同时还可以克服部分灰阶反转问题。

（2）平面电场模式

水平电场模式 IPS&FFS 这两种液晶技术，都是使用水平配向的 PI（Polyimide，聚酰亚胺）材料，因此液晶在配向膜表面都是长轴方向平行于基板表面。在加电压时，液晶都在水平面内旋转，通过旋转获得和偏光片一定的角度，从而获得不同的亮度，如图 5-35 所示。由于液晶只在水平方向选择，因此观察者从不同角度观察时，光线经过的相位差基本相同，可以获得较大的视角。相对于 VA 的液晶模式，水平电场模式有更好的视角。

⊖　VA（Vertical Alignment）垂直取向技术。

　　IPS（In Plane Switching）平面内调控技术。

　　OCB：（Optically Compensated Bend）光学补偿弯曲技术。

（3）多畴液晶模式

在 VA 液晶模式中，液晶为负性液晶，当加电压时，液晶由垂直缓慢向水平方向倾倒。单畴液晶模式在加电压状态时，左边斜视和右边斜视光线经过液晶的相位差不同，导致两边看到的图像有较大差异，如图 5-36 所示。多畴液晶模式就是将一个像素分成多个区域，这种处理方式使液晶在一个像素中有多个排列方向，并且为对称排列，从而使观察者从不同角度观察可以获得光学的互补，实现视角的增大。

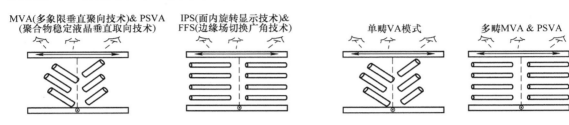

图 5-35　水平电场模式和垂直配向方式视角性能差异　　　图 5-36　多畴液晶模式提高视角的原理

（4）电荷耦合方式

这种方式一般是把一个像素分成两个区域，在给像素同一电压的情况下，通过电荷分配电路，实现两个子像素上驱动电压不同，从而使液晶有不同的倾倒程度，这样在不同的角度观察时，光线经过液晶的相位差不同，二者平均使视角变化时的变化量最小，从而获得较大的视角，如图 5-37 所示。

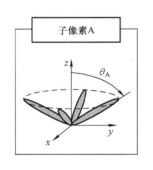 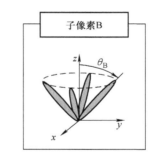 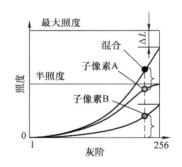

图 5-37　液晶在不同电压下的倾倒状况

5.6　LCD 的发展方向

随着 LCD 的发展以及消费者对面板品质要求越来越高，LCD 有越来越多的新技术和新应用被开发，主要集中在高开口率技术、大视角技术、低功耗及快速响应技术、高解析度技术、光配向技术、柔性及曲面技术。

1. 高开口率技术

（1）COA（Color Filter On Array）

COA 技术（见图 5-38）将 RGB 色阻材料设计在 TFT 侧，用以提高开口率。具体的原因主要是①没有对组偏移的问题；②使用色阻交叠的设计；③ITO 和数据（Data）可以有部分交叠。

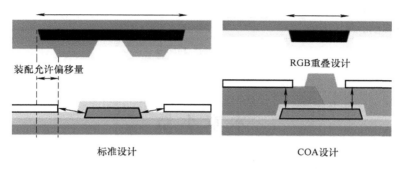

图 5-38 COA 技术示意图

（2）BOA 技术

BOA（Black Matrix On Array）兼具 COA 高开口率的优点，由于 BM 做到 array 侧，无需上、下基板对组，所以 BM 可以做得更窄。同时，BOA 技术在曲面技术中有更大的优势。

（3）DBS 技术

DBS 技术主要用在曲面显示中。原理是将数据线侧的 BM 去掉，设置一层 ITO。ITO 电极的电位和 CF com 电位相同，两个基板间的电压差为零，液晶不能旋转，不能透光，起到了代替 BM 的作用，进而提高了开口率。

（4）Cu 引线技术

使用 Cu 金属材料代替现有使用的 Au 金属，由于 Cu 的片电阻比 Au 小，因此用 Cu 做引线，可以将引线的宽度做窄，提高开口率。

2. 快速响应技术

液晶的响应时间是液晶面板中一个非常重要的规格参数，因此提高液晶响应时间也是大家研究的热点。

（1）液晶材料及模式的开发

在液晶参数中，旋转黏度是影响响应时间的重要参数。当旋转黏度降低时，响应时间可以大幅改善，因此低旋转黏度非常关键。同时，相对于现在液晶显示行业比较常用的向列液晶，其他的液晶模式可以获得较快的响应时间。如蓝相液晶和铁电液晶的响应时间都是亚毫秒级。

（2）过驱动（Over Drive）技术

液晶响应时间正比于液晶感受的电压，因此在液晶盒上施加大于目标灰阶的电压，可以使液晶较快达到所需灰阶，然后将电压再降到所需灰阶的电压，就可以提高液晶的响应速度。

3. 光配向技术

由表 5-2 可见，光配向技术相对现在使用的 Rubbing 技术有很多的优势，也是以后的主流发展方向。

表 5-2　Rubbing VS 光配向

Rubbing 问题点	光配向
摩擦布绒毛、刮伤膜面	非接触，无此问题
摩擦布批次差异及老化	照度可以控制
因基板段差的漏配向	照度均匀受光
静电损伤（TFT）	非接触，无此问题

本 章 小 结

　　本章主要介绍了液晶显示技术的相关知识，包括液晶的发现和发展史，液晶的物理特性（电导各向异性、介电各向异性、折射率各向异性），液晶的显示原理，LCD 的制备工艺和技术，液晶显示器的驱动方式，并介绍了液晶显示技术的优缺点及其最新发展方向。

本 章 习 题

5-1　液晶在电场作用下能够发生偏转，试分析外加电场的方向是否影响液晶的旋转方向？

5-2　简述常白显示模式和常黑显示模式各有什么优缺点。

5-3　画出 TN – LCD 的显示原理图。

5-4　LCD 如何实现彩色显示？

5-5　为什么实现偏离液晶表面法线较大时，TN – LCD 的对比度会下降？

5-6　液晶的两种典型驱动方式分别是什么？试比较其优缺点。

5-7　结合液晶显示的优缺点，简述改进液晶显示效果的主要技术原理。

参 考 文 献

［1］高鸿锦，董友梅．液晶与平板显示技术［M］．北京：北京邮电大学出版社，2007.

［2］申智源．TFT – LCD 技术：结构、原理及制造技术［M］．北京：电子工业出版社，2012.

［3］马群刚．TFT – LCD 原理与设计［M］．北京：电子工业出版社，2011.

［4］田民波，叶锋．TFT 液晶显示原理与技术［M］．北京：科学出版社，2012.

［5］毛学军．液晶显示技术［M］．2 版．北京：电子工业出版社，2014.

［6］廖燕平，宋勇志，邵喜斌．薄膜晶体管液晶显示器显示原理与设计［M］．北京：电子工业出版社，2016.

［7］孙士祥．液晶显示技术［M］．北京：化学工业出版社，2013.

［8］钟建．液晶显示器件技术［M］．北京：国防工业出版社，2014.

［9］黄子强．液晶显示原理［M］．2 版．北京：国防工业出版社，2008.

［10］TOSSHIHISA TSUKADA. TFT/LCD 薄膜晶体管寻址的液晶显示器［M］．薛建设，董友梅，周伟峰，译．北京：机械工业出版社，2012.

［11］董承远．薄膜晶体管原理及应用［M］．北京：清华大学出版社，2016.

［12］WAKAMIYA, MORINOSATO, ATSUGI, et al. A New MVA – LCD by Polymer Sustained Alignment Technology［J］．Sid Symposium Diegst of Technical Papers，2004，35（1）：1200 – 1203.

[13] SANG S K. The World's Largest (82 – in.) TFT – LCD [J]. Sid Symposium Digest of Technical Papers, 2005, 36 (1): 1842 – 1847.

[14] CHIGRINOV G, VLADIMIR M, KOZENKOV. Photoalignment of Liquid Crystalline Materials: Physics and Applications [M]. [S. l.]: Wiley Publishing, 2008.

[15] BERNHARD CG. Structural and functional adaptation in a visual system [J]. Endeavour, 1967, 26: 79 – 84.

[16] Clapham P B, Hultley MC. Reduction of Lens Refluxion by the "Moth Eye" Principle [J]. Nature 1973, 244: 281 – 282.

[17] TAGUCHIT, HAYASHIH, FUJIIA, el at. Ultra – Low – Reflective (60 – in.) LCD with Uniform Moth – Eye Surface for Digital Signage [J]. Sid Symposium Digest of Technical Papers, 2012, 41 (1): 1196 – 1199.

[18] IBUKI S, MATSUMOTO A, ASAHI M, et al. A Novel Moth – Eye – like Surface Film that is Anti – Reflective and Highly Scratch Resistant [J]. Sid Symposium Diegst of Technical Papers, 2016, 47 (1): 761 – 764.

[19] 付如海, 张君恺, 叶成亮, 等. 第四届液晶光子学国际会议论文集 [C]. [S. l.: s. n.], 2015.

[20] YE CL, FU RH, QIU J, et al. The Application of BOA on Curved Panel [J]. Sid Symposium Digest of Technical Papers, 2016, 47 (1): 25 – 27.

第6章

OLED 显示技术

导读

学习要点：

掌握 OLED 的基本结构和发光原理，掌握 OLED 主要关键技术、关键材料与制备工艺，理解和掌握 OLED 显示技术和彩色化技术，了解 OLED 主要应用范围与产业化情况。

发展历程：

有机发光二极管（Organic Light - Emitting Diode，OLED）又称有机电激光显示，产生于 20 世纪中期，由美籍华裔邓青云博士在实验室中发现，发展于 20 世纪 90 年代后期。OLED 显示技术具有自发光的特性，采用非常薄的有机材料涂层和基板，当有电流通过时，有机材料发光。

OLED 发展历经 3 个阶段：

1）实验阶段（1997 ~ 2001 年），OLED 走出实验室，少量应用于汽车和 PDA（掌上计算机），规格少，均为无源驱动单色或区域彩色。

2）成长阶段（2002 ~ 2005 年），开始进入主流产品市场，如车载显示、PDA、手机、数码相机和家电显示，以无源驱动、单色或多色小尺寸显示为主，有源全彩面板开始投入使用。

3）成熟阶段（2005 ~ 至今），全面进入显示领域，全彩有源 OLED 大规模应用于智能手机、虚拟现实（VR）、穿戴设备（如智能手表、手环等）、TV、工业和航天领域。

应用领域：

OLED 作为一种耀眼的有机电致发光技术，主要应用于手机显示、平板和计算机显示、电视显示、汽车、航空、可穿戴式电子产品、工业和专业显示器、微型显示器以及照明等领域。

6.1 OLED 基础知识

6.1.1 概述

近年来，有机发光二极管（OLED）已成为海内外非常热门的新兴平板显示产业，它具有自发光、广视角、响应速度快、对比度高、色域广、能耗低、面板薄、色彩丰富、可实现柔性显示、工作温度范围宽等诸多优异特性，因此被喻为下一代的"明星"平板显示技术。OLED 能够满足当今信息化时代对显示器更高性能和更大信息容量的要求：可用于室内和户外照明；可作为壁纸用于室内装饰；可制成光耦合器件，用于光通信，作为集成电路上芯片与芯片间的单片光源；可制成可折叠的电子报纸；可用于全彩色超薄大屏电视机，也可用于手机、平板计算机和可穿戴式电子产品等便携设备。OLED 的全固态结构适用于航天器数字图像处理设备的显示，图 6-1 所示为 OLED 的多样化用途。近年来，OLED 平板显示已步入实用化进程，产业化势头异常迅猛。

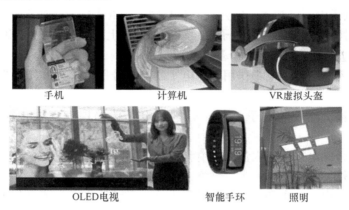

手机　　　计算机　　　VR虚拟头盔

OLED电视　　　智能手环　　　照明

图 6-1　OLED 的多样化用途

6.1.2　OLED 的基本结构和工作原理

OLED 的基本结构是在铟锡氧化物（ITO）玻璃上制作一层几十纳米厚的有机发光材料作发光层，发光层上方有一层低功函数的金属电极，构成如三明治的结构。OLED 的基本结构如图 6-2a 所示，主要包括：

1）基板（透明塑料、玻璃、金属箔）：用来支撑整个 OLED。

2）阳极（透明）：提供空穴（电洞）注入。

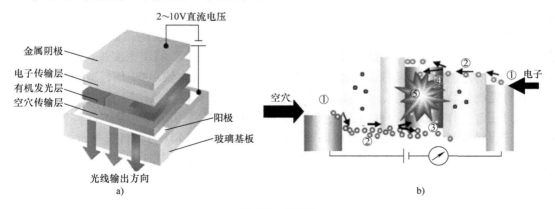

图 6-2　OLED
a）基本结构　b）发光原理

3）空穴传输层：由有机材料分子构成，这些分子传输由阳极而来的"空穴"。

4）有机发光层：由有机材料分子（不同于导电层）构成，发光过程在这一层进行。

5）电子传输层：由有机材料分子构成，这些分子传输由阴极而来的"电子"。

6）金属阴极（可以是透明的，也可以不透明，视 OLED 类型而定）：提供电子注入。

OLED 是双注入型发光器件，在外界电压的驱动下，由电极注入的电子和空穴在有机发光层中复合，形成处于束缚能级的电子空穴对（即激子），激子辐射退激发发出光子，产生可见光。为有效提高电子和空穴的注入并使之平衡，通常在 ITO 与发光层之间增加一层空穴传输层，在有机发光层与金属阴极之间增加一层电子传输层，从而提高发光性能。其中，空穴由阳极注入，电子由阴极注入。空穴在有机材料的最高占据分子轨道（HOMO）上跳跃传输，电子在有机材料的最低未占据分子轨道（LUMO）上跳跃传输。OLED 的发光原理如图 6-2b 所示，发光过程通常有以下 5 个基本阶段：

1）载流子注入。在外加电场作用下，电子和空穴分别从阴极和阳极向夹在电极之间的有机功能层注入。

2）载流子传输。注入的电子和空穴分别从电子传输层和空穴传输层向有机发光层迁移。

3）载流子复合。电子和空穴注入到有机发光层后，由于库伦力的作用束缚在一起形成电子空穴对（即激子）。

4）激子迁移。由于电子和空穴传输的不平衡，激子的主要形成区域通常不会覆盖整个有机发光层，因而会由于浓度梯度产生扩散迁移。

5）激子辐射退激发出光子。激子辐射跃迁，发出光子，释放能量。

OLED 发光的颜色取决于有机发光层有机分子的类型，在同一片 OLED 上放置几种有机薄膜，就构成彩色显示器。光的亮度或发光强度取决于发光材料的性能以及施加电流的大小，对同一 OLED，电流越大，光的亮度就越高。目前 OLED 的发光亮度已超过 $100000cd/m^2$。

6.1.3 OLED 的性能特点

OLED 几乎兼顾了已有显示器的所有优点，同时又具有自己独特的优势。在平板显示行业被称为"梦幻般的显示技术"，主要原因是 OLED 所具有的高亮度、高对比度、高清晰度、宽视角和宽色域等，可实现高品质图像，其超薄、超轻、低功耗和宽温度特性等可满足便携式设备的需求。同时，OLED 具有独特的自发光、高效率、响应速度快、透明和柔性等特点。OLED 响应时间为微秒级，比普通液晶显示器响应时间快 1000 倍，适于播放动态图像；具有宽视角特性，上下、左右的视角接近$180°$；具有宽温度范围特性，在 $-40\sim85℃$ 范围内都可正常工作。作为一种新型发光技术，OLED 主要采用有机半导体材料作为功能材料，由于有机材料的分子设计、性能修饰空间广阔，因而 OLED 的材料选择范围宽；OLED 的另一优势是只需要 $2\sim10V$ 的直流电压驱动；OLED 全固化结构的主动发光使其适用于温差范围大、冲击振动强的特殊应用环境；制备相对简单，尤其是采用卷对卷、喷墨打印等制作工艺技术，使 OLED 显示屏可实现低成本和大面积的商业化生产；OLED 容易与其他产品集成，具备优良的性价比。

OLED 作为极具潜力和竞争力的第三代显示技术，在科研和产业化高速发展的同时也暴露出一些长期存在、亟待解决的问题，如器件稳定性差、性能衰减快而导致 OLED 工作寿命短；目前大尺寸 OLED 的研发和制作还不成熟，有待于开发低成本、高效率、高良品率的器件制备和相应的量产设备等。需要进一步完善 OLED 显示的彩色化、高分辨率、有源驱动技术以及柔性封装和柔性显示，最终实现低成本、高性能的 OLED 显示，使 OLED 产品走入千家万户。

6.1.4　OLED 的分类

根据使用有机功能材料的不同，OLED 器件可以分为两大类：小分子器件和高分子器件。小分子 OLED 技术发展得较早（1987 年），八羟基喹啉铝（Alq$_3$）是常用的发光材料，主要采用真空热蒸发工艺，而且其技术已经达到商业化生产水平。以共轭高分子为发光材料的 OLED 又被称为 PLED，其发展始于 1990 年，典型的高分子发光材料为 PPV（聚苯撑乙烯及其衍生物），由于聚合物可以采用旋涂、喷墨印刷等方法制备薄膜，从而有可能大大降低器件生产成本。小分子材料是当前 OLED 面板量产采用的主流材料。

根据驱动方式的不同，OLED 器件也可以分为无源驱动型（Passive Matrix，PM，被动驱动）和有源驱动型（Active Matrix，AM，主动驱动）两种。无源驱动型不采用薄膜晶体管（TFT）基板，一般适用于中、小尺寸显示；有源驱动型则采用 TFT 基板，适用于中、大尺寸显示，特别是大尺寸全彩色动态图像显示。

从结构和功能上分类，OLED 主要分为底发射 OLED、顶发射 OLED、倒置结构 OLED、级联结构 OLED、透明 OLED、柔性 OLED、微显示 OLED 和白光 OLED。其中，底发射结构是传统的器件结构，而顶发射 OLED 具有不透明或反射性基层，最适于采用主动矩阵设计。透明 OLED 具有透明的组件（基层、阳极、阴极），并且在不发光时的透明度最高，可达基层透明度的 85%；当透明 OLED 显示器通电时，光线可以双向通过；透明 OLED 显示器既可采用被动矩阵，也可采用主动矩阵。在柔性基板上制造的 OLED 显示器已经成功地进入市场，配备于智能手机或智能手表等消费类设备上。相较于传统的玻璃显示器，塑料显示器更轻且薄，能够打造出更纤薄的设备。OLED 除了作为显示器件，另一个重要用途是固态照明。OLED 从传统的底发射结构器件逐步演变到多种结构多种用途[1]。

6.2　OLED 的关键技术

与 LCD 产业链一样，OLED 面板产业链较长，最上游是原材料制造企业，中游是芯片、终端材料等中间部件企业，下游是 OLED 面板应用领域，具有产业链长的特点，OLED 面板产业链如图 6-3 所示。OLED 在材料制备、镀膜、背板选择、彩色显示等方面均存在多元化的技术实现方式。OLED 的快速发展将带动整个 OLED 产业链的快速扩张，包括制造设备、材料、组装等产业链都将孕育巨大的机遇。

6.2.1　OLED 材料

OLED 材料包含 OLED 发光材料和载流子传输材料。

1. OLED 发光材料

OLED 发光材料大致可分为荧光材料及磷光材料两种类别，虽然目前采用荧光材料的厂

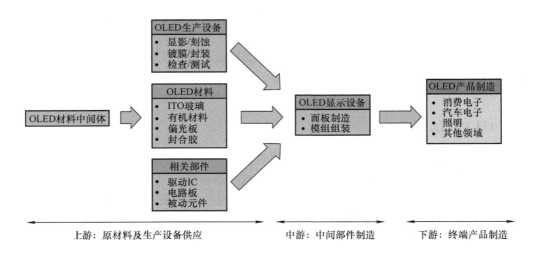

图 6-3　OLED 面板产业链

商较多（主要考虑其寿命较长），但缺点为发光效率较低；磷光材料发光效率高，但缺点是寿命相对荧光材料短，数量较荧光材料少，且蓝色磷光材料尚在开发中[2,3]。为了提升 OLED 面板的性能，需要进一步研发下一代材料和组件技术；利用热活化型延迟荧光（Thermally Activated Delayed Fluorescence，TADF）蓝色材料，可以取代有寿命与发光问题的蓝色磷光材料[4]。目前热活化型延迟荧光蓝色材料，被认为最能有效克服蓝色磷光材料的寿命、效率与颜色问题，是替代材料的热门选项。

（1）主体材料

主体材料掺杂发光材料构建的主客体掺杂系统能有效地避免发光材料（特别是磷光发光材料）的自淬灭效应，提高器件的效率、色纯度以及寿命[5]。一个基本原则是选择合适的主体材料，它能有效地吸收能量并将能量转移给客体，从而引起客体的发光。为有效地避免能量从客体反传给主体，主体材料的带隙（E_g）和三线态能级（E_T）都要高于客体。此外，高玻璃化转变温度（T_g）（即热稳定性和形貌稳定性）及高载流子迁移率是对设计主体材料最主要的两点要求。PVK 是一种传统的聚合物主体材料，其玻璃化转变温度高达 200℃，具备良好的热稳定性和薄膜形貌稳定性，但是，PVK 的电导率较低，导致器件的驱动电压较高。研究人员开发了一些具有咔唑、芴、芳基硅烷等结构的小分子主体材料，以提高主体材料的综合性能，如基于咔唑基团的 CBP 主体材料由于具有良好的空穴传输能力而被广泛应用[6]。

（2）荧光材料

柯达公司的邓青云博士在 1987 年报道了基于绿色荧光材料 Alq_3，其是一种非常经典的绿色荧光材料，作为发光材料或主体材料开启了荧光 OLED 的研究热潮。目前绿色荧光材料体系已趋于成熟，常见的还有香豆素类（C545T）和喹吖啶酮（QA）及其衍生物。目前使用范围最广的红色荧光材料是荧光量子效率较高的 DCM 系列衍生物，DCJTB 是 DCM 系列中效率最高的材料。红色荧光材料通常作为掺杂剂掺杂在主体材料中，荧光掺杂剂的最优掺杂浓度一般不超过 10%。相对于绿光和红光材料，高性能蓝光材料的开发比较滞后，特别是作为蓝光主体存在单载流子传输的缺陷。深蓝色发光材料内在的宽带隙（约 3.0eV）和显示所要求的高色纯度使其很难满足国际电视标准委员会（National Television Standards Committee，NTSC）制定的蓝光色坐标标准 CIE（0.14，0.08）。最先开发的商业化蓝色发光材料 DPVBi 由于具有低玻璃化温度（64℃），长时间工作易于结晶，因而具有较短的器件寿命，并且发光位于蓝绿光波段，限制了其在 OLED 中的应用。另一种著名的蓝色发光材料 MADN 虽具有较高的玻璃化温度、较长的器件寿命和较好的色坐标，但是发光效率较低。至今已报道的蓝光材料，主要包括蒽类、二苯乙烯类、芘类、低聚芴类、四苯基硅类和低聚喹啉类材料等。

（3）磷光材料

相对于荧光材料只能利用单线态激子（占 25%），贵金属配合物作为磷光材料可以同时利用单线态和三线态激子，使得基于磷光材料的器件（PhOLED）实现了 100% 的内量子效率。近年来，磷光材料逐渐取代了传统的荧光材料，成为发光材料的研究热点。相对于蓝色磷光材料，红色和绿色磷光材料取得了长足的进步。红色磷光材料早在 2003 年已经被用于手机屏幕的产业化生产，以 Ir（ppy）$_3$ 为代表的绿色磷光材料也已经突破了 20% 的外量子效率并用于产业化。但是蓝色磷光材料的不稳定性导致 PhOLED 的寿命还无法达到市场要求。铱（Ir）配合物始终是贵金属配合物磷光材料的研究热点和性能最好的发光材料之一，铂（Pt）配合物经过不断改进逐渐超越铱配合物。1998 年，首次报道了通过红色磷光材料 PtOEP 提高 PhOLED 的内量子效率。在 PtOEP 之后，另一个新的以铱为中心原子的红色磷光材料 Btp$_2$Ir（acac）也随之闻名。作为最高效的绿色磷光材料之一，Ir（ppy）$_3$ 是应用范围最广的"明星"磷光材料。相比红色和绿色磷光材料，宽带隙、高发光量子效率和良好稳定性的蓝色磷光材料更难获得。FIrpic 和 FIr6 分别是性能优良的天蓝色和蓝色磷光材料，CIE 色坐标分别为（0.17，0.34）和（0.16，0.26），但是它们的色坐标与 NTSC 规定的蓝光标准相去甚远。

（4）延迟荧光材料

延迟荧光材料被誉为继荧光材料和磷光材料之后的第三代发光材料。2012 年，日本科学家 Adachi 等首先报道了一类含咔唑基的间苯二腈芳香族化合物的热活化型延迟荧光材料，包括 2CzPN、4CzPN、4CzIPN、4CzTPN 等，基于该材料的器件外量子效率超过 19%，堪比高效磷光器件[4]。TADF 是针对单重激发态和三重激发态能隙较小（$\Delta_{ST} \leqslant 100\mathrm{meV}$）的材料，通过热激发产生充足的从三重激发态到单重激发态的反向系间窜越，将三线态激子转化成单线态激子。延迟荧光材料能充分利用三线态激子能量，打破了之前只有磷光材料才能够有效利用三线态激子的僵局，大大地降低了发光材料的成本，同时避免了磷光材料（特别是蓝光材料）在工作状态下的不稳定性。

2. 载流子传输材料

根据所运输载流子种类的不同，载流子传输材料可分为空穴注入材料、空穴传输材料、电子注入材料和电子传输材料。理想的载流子传输材料要能有效地调控载流子的迁移，促进发光层中电子和空穴达到平衡；同时将电子和空穴限制在发光层中，提高电子和空穴复合形成激子的效率，从而实现高性能 OLED。由于载流子传输材料与发光材料相邻，所以空穴传输材料与电子传输材料更加重要。例如，空穴传输材料要具备高的空穴迁移率，为发光层提供充足的空穴，从而有利于降低器件的驱动电压，提高功率效率；同时要具备合适的 HOMO 和 LUMO 能级，有利于空穴的注入以及有效阻挡电子穿过发光层产生漏电流。另外，玻璃化转变温度越高，载流子传输材料的热稳定性越好，一般来讲，理想的材料设计要求玻璃化转变温度高于100℃。

（1）空穴注入材料

目前常用的 OLED 阳极材料 ITO 的功函数约为4.8eV，与多数空穴传输材料的 HOMO 能级（5.4eV）存在较高的空穴注入势垒，在 ITO 与空穴传输材料之间加入一层空穴注入材料，将有利于增加界面间的电荷注入，从而改进器件的效率和寿命。常见的空穴注入材料如过渡金属氧化物 MoO_3、WO_3、V_2O_5，具有良好的透光率和导电性能；小分子空穴传输材料如酞菁铜 CuPc 和芳胺类有机材料，通常通过真空蒸镀设备沉积成膜；导电聚合物如 PEDOT：PSS，通过旋涂成膜，可增强 ITO 表面平整化，减小器件短路的概率，降低器件启动电压，并延长器件的工作寿命。

（2）空穴传输材料

三芳胺类材料 TPD 和 NPB 是两种传统的空穴传输材料，具有相对较高的空穴迁移率。NPB 的玻璃化转变温度（98℃）高于 TPD（T_g = 60℃），目前被广泛应用。此外，具有咔唑类结构的有机材料 TCTA 和 TAPC 也被用作空穴传输材料，TCTA 具有高玻璃化转变温度（151℃），但是载流子迁移率（空穴）较低；TAPC 具有很高的载流子（空穴）迁移率，但是玻璃化转变温度较低（78℃）。因此，需要进一步开发具有高载流子（空穴）迁移率、高热稳定性和性能良好的电子阻挡能力的空穴传输材料。

（3）电子注入材料

通过采用电子注入材料，便能使用抗腐蚀的高功函数金属（如最常用的 Al 和 Ag）作为阴极。此外，电子注入材料还能阻挡水氧的侵蚀，提高器件在空气中的稳定性。活泼金属 Li、Cs 以及化合物 LiF、Cs_2O_3、Al_2O_3、TiO_x、MnO 等，都被尝试用于电子注入材料以改善器件的性能，最佳厚度为 0.3～1.0nm 制成的器件能有效降低驱动电压，并能提高器件效率。

（4）电子传输材料

传统的电子传输材料如 Alq_3、TPBi、BCP。Alq_3 的玻璃化转变温度高达172℃，因而具有良好的热稳定性和形貌稳定性，是目前性能较好的电子传输材料。具有杂原子结构的吡啶类、喹啉类、三唑类材料能有效提高电子传输材料的载流子（电子）迁移率。

6.2.2　OLED 的制备工艺

OLED 因其构造简单，所以生产流程不像 LCD 制造程序那样繁复。但由于现今 OLED 制备设备还在不断改良的阶段，并没有统一标准的量产技术，而主动与被动驱动以及全彩化方法的不同都会影响 OLED 的制备和机组的设计。但是，整个生产过程需要洁净的环境和配套的工艺和设备。改善器件的性能不仅要从构成器件的基础（即材料的化学结构）入手，提高材料性能和丰富材料的种类；还要深入了解器件的物理过程和内部的物理机制，有针对性地改进器件的结构以提高器件的性能。两者相辅相成，不断推进 OLED 技术的发展。

1. ITO 基板预处理工艺

首先需要准备导电性能好和透射率高的导电玻璃，通常使用 ITO 玻璃。高性能的 ITO 玻璃加工工艺比较复杂，市面上可以直接买到。ITO 作为电极，需要特定的形状、尺寸和图案来满足器件设计的要求，可委托厂家按要求进行切割和通过光刻形成图案，也可在实验室自已进行 ITO 玻璃的刻蚀，得到所需的基片和电极图形。基片表面的平整度、清洁度都会影响有机薄膜材料的生长情况和 OLED 性能，必须对 ITO 表面进行严格清洗。ITO 玻璃的预处理有利于除去 ITO 表面可能的污染物，提高 ITO 表面的功函数，减小 ITO 电极到有机功能材料的空穴注入势垒。

2. 成膜技术

制备 OLED 材料包括有机小分子、高分子聚合物、金属及合金等。大部分有机小分子薄膜通过真空热蒸镀来制备，可溶性有机小分子和聚合物薄膜通过更为简单、快速和低成本的溶液法制备，依次开发出了旋涂法、喷涂法、丝网印刷、激光转印等方法。金属及合金薄膜通常采用真空热蒸镀来制备，为了实现全溶液法制备 OLED，也开发了基于液态金属（如导电银浆刷涂）的溶液制备方法。

3. 阴极工艺

传统的阴极制备方法是将固体块状、条状或丝状银、镁、铝等金属通过真空热蒸镀搭配金属掩膜板得到所需薄膜图形。近年来，由于制备工艺简单和设备成本低，快速发展的湿法制备技术正不断向产业化方向的大规模生产迈进。要实现全湿法制备 OLED，阴极的湿法制备工艺需要紧跟有机功能层湿法制备的发展步伐。经过配置墨水、成膜和后处理得到的阴极的电导率正逐步逼近真空蒸镀阴极的水平。其中，银纳米颗粒是湿法制备电极的研究热点。

4. 封装技术

提高 OLED 的寿命达到商业化水平是实现 OLED 产业化发展的关键问题之一，而水氧和灰尘接触电极甚至有机层会导致 OLED 的电极出现气泡，工作状态下发光区域出现黑斑，加速器件老化，降低 OLED 的稳定性。通过器件封装隔绝水氧和灰尘是提高 OLED 寿命的有效途径。目前，常用的封装技术有玻璃或金属盖板封装、薄膜封装、铟封接和熔块熔接密封等。

传统的盖板封装是在充满惰性气体的手套箱内，用环氧树脂紫外固化胶将玻璃基板和玻璃或金属盖板粘接，从而将夹在盖板、基板间的有机层和电极密封，隔绝外界大气中的氧气、水汽和灰尘。为了防止密封环境中仍残留少量水氧，可提前加入干燥剂。

薄膜封装是采用一定的薄膜沉积技术制备保护层来替代盖板加密封胶的组合。目前薄膜封装包括无机薄膜封装、有机薄膜封装以及有机/无机交替的复合薄膜封装等。

铟封装是电真空器件工业中常用的一种软金属真空封接方法，目前铟封接应用于 OLED 的封装还处于探索阶段。

熔块熔接密封在 OLED 的封装中得到越来越广泛的应用，是在底层基板上制作 OLED 像素阵列，在顶层基板上制作面积相当的不透明熔块层，随后将顶层基板和底层基板面对面放置，中间留有空隙，最后用激光或红外射线通过掩膜板定点照射熔块密封部件，使其熔融连接熔块层和底层基板，同时，环状包围电致发光阵列。熔块密封部件在固化后与熔块层以及底层基板形成密封区域，将其中的发光阵列保护。

6.2.3 OLED 的驱动技术

除了在制备工艺、设备、原材料及器件结构设计上进行优化改进以外，最重要的措施是需要在驱动方式及驱动电路设计上进行改善。OLED 的驱动技术主要有无源驱动（PMOLED）和有源驱动（AMOLED）两种。

1. PMOLED 驱动技术

无源驱动矩阵的像素由阴极和阳极单纯基板构成，阳极和阴极的交叉部分可以发光，驱动用 IC 需要由 TCP 或 COG 等连接方式进行外装。显示基板上的显示区域仅仅是发光像素（电极，各功能层），所有的驱动和控制功能由 IC 完成（IC 可以置于基板外或者基板上非显示区域），PMOLED 面板电路如图 6-4a 所示。无源驱动分为静态驱动和动态驱动。

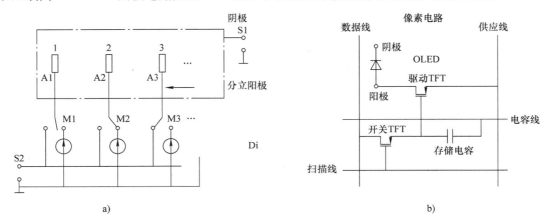

图 6-4　面板电路

a）PMOLED 面板电路　b）AMOLED 面板电路

（1）静态驱动

各有机电致发光像素的相同电极（比如阴极）是连在一起引出的，各像素的另一电极（比如阳极）是分立引出的；分立电极上施加的电压决定对应像素是否发光。在一幅图像的显示周期中，像素发光与否的状态是不变的。若恒流源的电压与阴极的电压之差大于像素发光值，像素将在恒流源的驱动下发光，若要一个像素不发光，可将它的阳极接在一个负电压上（可将它反向截止）。但是在图像变化比较多时可能出现交叉效应，为了避免交叉效应，我们必须采用交流的形式。静态驱动电路一般用于段式显示屏的驱动上。

（2）动态驱动

显示屏上像素的两个电极做成了矩阵型结构，即水平一组显示像素同一性质的电极是共用的，纵向一组显示像素相同性质的另一电极是公用的。如果像素可分为 N 行和 M 列，就可有 N 个行电极和 M 个列电极，我们分别把它们称为行电极和列电极。为了点亮整屏像素，将采取逐行点亮或者逐列点亮、点亮整屏像素时间小于人眼视觉暂留极限（20ms）的方法，该方法对应的驱动方式就叫作动态驱动法。在实际电路驱动的过程中，要逐行点亮或者逐列点亮像素，通常采用逐行扫描的方式（行扫描），列电极为数据电极。实现方式是循环地给每行电极施加脉冲，同时所有列电极给出该行像素的驱动电流脉冲，从而实现一行所有像素的显示。该行不再同一行或同一列的像素就加上反向电压使其不显示，以避免交叉效应，这种扫描是逐行顺序进行的，扫描所有行所需时间叫作帧周期。

在一帧中每一行的选择时间是均等的。假设 1 帧的扫描行数为 N，扫描时间为 1，那么一行所占有的选择时间为 1 帧时间的 $1/N$，该值被称为占空比系数。在同等电流下，扫描行数增多将使占空比下降，从而引起有机电致发光像素上的电流注入在 1 帧中的有效值下降，降低了显示质量。因此随着显示像素的增多，为了保证显示质量，就需要适度地提高驱动电流或采用双屏电极结构以提高占空比系数。

除了由于电极的公用形成交叉效应外，基于 OLED 显示屏中正、负电荷载流子复合形成发光的机理使两个发光像素，只要组成它们结构的任何一种功能膜是直接连接在一起的，那两个发光像素之间就可能有相互串扰的现象，即一个像素发光，另一个像素也可能发出微弱的光。这种现象主要是由有机功能薄膜厚度均匀性差，薄膜的横向绝缘性差造成的。从驱动的角度来，为了减缓这种不利的串扰，采取反向截止法也是一行之有效的方法。

带灰度控制的显示：显示器的灰度等级是指黑白图像由黑色到白色之间的亮度层次。灰度等级越多，图像从黑到白的层次就越丰富，细节也就越清晰。灰度对于图像显示和彩色化都是一个非常重要的指标。一般用于有灰度显示的屏多为点阵显示屏，其驱动也多为动态驱动，实现灰度控制的方法有控制法、空间灰度调制法和时间灰度调制法。

2. AMOLED 驱动技术

与 PMOLED 不同，AMOLED 在每一个像素单元布置了 2 个晶体管及 1 个电容（即2T1C），这是 AMOLED 最基本的像素驱动电路方式，如图 6-4b 所示，考虑到亮度均匀性等性能补偿，也可以设计更多的晶体管和电容。

有源驱动属于静态驱动方式，具有存储效应，可进行 100% 负载驱动，这种驱动不受扫描电极数的限制，可以对各像素独立进行选择性调节。有源驱动无占空比问题，易于实现高亮度和高分辨率。有源驱动由于可以对亮度的红色和蓝色像素独立进行灰度调节驱动，这更有利于 OLED 彩色化实现。有源矩阵的驱动电路藏于显示屏内，更易于实现集成度和小型化。另外，由于解决了外围驱动电路与屏的连接问题，这在一定程度上提高了成品率和可靠性。有源驱动的突出特点是恒流驱动电路集成在显示屏上，而且每一个发光像素对应其矩阵寻址用薄膜晶体管，驱动发光用薄膜晶体管、电和存储电容等 OLED 显示器件具有二极管特性，因此原则上为单向直流驱动。但是由于有机发光薄膜的厚度为纳米量级，发光面积尺寸一般大于 $100\mu m$，器件具有很明显的电容特性，为了提高显示器的刷新频率，对不发光像素对应的电容进行快速放电。目前，很多驱动电路采用正向恒流、反向恒压的驱动模式。

在实际产品中，影响 AMOLED 图像质量的因素更复杂，有的是某一种因素起主导作用，有的可能是多种因素共同作用的结果。针对导致 AMOLED 图像质量劣化的因素，业界研究了各种驱动补偿技术及相应的补偿电路，可大致分为电压补偿法、电流补偿法、数字驱动补偿法和外部补偿法等。相对于工艺技术和设备技术改进 AMOLED 图像质量劣化，采用电路改进的手段更为快捷。驱动补偿技术是 AMOLED 驱动的关键和难点，也是 AMOLED 驱动相比 TFT – LCD 驱动的特别之处。

3. 两种驱动技术的比较

有源驱动可以实现高亮度和高分辨率。无源驱动由于有占空比的问题，非选择时显示很快消失，为了达到显示屏一定的亮度，扫描时每列的亮度应为屏的平均亮度乘以列数。如64 列时，平均亮度为 $100cd/m^2$，则 1 列的亮度应为 $6400cd/m^2$。随着列数的增加，每列的亮度必须相应增加，相应地必须提高驱动电流密度。由此可以看出，无源驱动难以实现高亮度和高分辨率。有源驱动无占空比问题，驱动不受扫描电极数的限制，易于实现高亮度和高分辨率。有源驱动可以实现高效率、低功耗，易于实现彩色化，易于提高器件的集成度和小型化，易于实现大面积显示。无源驱动由简单矩阵构成，基板制造工艺简单；有源驱动的低温多晶硅 TFT 工艺复杂，设备投资巨大。对一般 OLED 器件，有源驱动的成本较高。但无源驱动需要外接驱动电路，目前，这种电路芯片的价格还很高，而有源驱动内藏有驱动电路，不需外接，对较高分辨率和彩色化的 OLED 器件，无源驱动不一定成本低。

6.3　OLED 显示

6.3.1　OLED 显示技术的发展历史

早在 20 世纪 60 年代，有机 EL 现象的发现及相关研究的开展就已经开始了。1963 年，美国 New York 大学的 Pope 等首先发现有机材料单晶蒽的电致发光现象，当时的单晶蒽厚度达到 20μm，驱动电压更高达 400V，因而未引起人们的关注。1987 年，Kodak 公司的邓青云博士等报道了基于荧光效率高、电子传输性能良好的 8 - 羟基喹啉铝和空穴传输性能良好的芳香族二胺两种有机半导体材料，通过真空热蒸镀制备了器件结构为三明治型的 OLED。这种高亮度、高量子效率的器件引起了科研人员的广泛关注和产业界的极大兴趣，促使有机电致发光材料的研究开发进入一个崭新的时代。1990 年，英国学者 Friend 教授等报道了在低电压下高分子聚合物材料电致发光现象，开启了基于聚合物材料的平板显示新领域。1992 年，诺贝尔化学奖得主 Heeger 等率先发明了基于塑料衬底的柔性器件，展现出了 OLED 平板显示器独一无二的魅力。1997 年，美国学者 Forrest 教授等发现磷光电致发光现象，三线态激子的有效利用将 OLED 内量子效率从荧光材料 25% 的极限提高到 100%。1998 年，日本学者 Kido 教授等实现了白光电致发光，使 OLED 可用于普通的白光照明光源。1998 年，Hebner 等发明了喷墨打印法制备 OLED 技术，将 OLED 从科学研究的小批量制备逐渐引领到商业化大规模生产。目前，基于红、绿、蓝三原色磷光染料的 OLED 外量子效率均超过 20%，磷光 OLED 全彩色平板显示和白光照明光源技术已经实现。目前，中国的多所高校和研究所也开展了相关学术研究工作，清华大学、吉林大学、华南理工大学、电子科技大学、北京大学、北京交通大学、香港大学、香港科技大学、南京工业大学、太原理工大学、中科院长春应化所、中科院化学所等结合各自所长，各有侧重地取得了一些有标志性的研究成果，培养了一批研究和开发人才，为我国在 OLED 领域与世界发达国家的同台竞争打下了坚实的基础。

6.3.2　OLED 与 LCD 显示技术对比

1. AMOLED 与 TFT - LCD 的显示差异

对于平板显示屏技术而言，两种显示面板类型之间的战争依然持续着，那就是 LCD 和 OLED。前者是目前最为普及的显示面板类型，我们常见的 LED 电视实际上使用的就是附带 LED 背光的 LCD 面板。而 OLED 是一种完全不同的面板类型，它目前主要被使用在部分手机和电视当中[7,8]。

（1）对比度

OLED 面板在显示纯黑时是不会发出任何光线的，因此它的对比度可以达到无限大，而一块品质不错的 LCD 面板的对比度可能只有 1000:1。而 LCD 电视所标出的"动态"对比度一般会大幅高于这个数值，这是因为它所指的是电视根据屏幕内容调节背光水平的能力，并非实际的对比度。

有的 LED–LCD 面板实际上也能达到接近 OLED 的对比度，比如直下式 LED。这种面板的 LED 背光被直接放置在了 LCD 的背面，从而实现了更加精确的亮度控制。这类面板一般只有高端电视才会采用，但效果有好有坏。值得注意的是，直下式 LED 电视只能控制某个 LED "区域" 或群组，依然无法实现 OLED 那样的像素级控制。当在 16：9 电视上观看 21：9 电影时，直下式 LED 可以很好地处理画面的黑边，但在处理那些更为复杂的任务时，它的表现就没那么好了，比如在纯黑的背景下显示明亮物体时，会看到一种光晕效果，这是因为背光区域和屏幕内容不完全匹配。

（2）显示效果

就总体表现而言，OLED 和 LCD 都有能力呈现出绝佳的画质。由于对比度绝佳，OLED 显示屏是在黑暗房间中观看内容的最佳选择。考虑到等离子电视已经退出历史舞台，这一点显得尤为重要。而对于追踪极限画质来说，OLED 显示屏也是绝佳的选择。

（3）普及程度

既然 OLED 的品质如此出色，那为什么 OLED 电视目前仍未普及呢？这主要是因为这种面板的生产难度非常高。截至目前，只有 3 家公司有能力制作出全尺寸的市售 OLED 电视，它们分别是三星、LG 和松下，不过这个阵营在今后应该会进一步扩大。OLED 电视目前依然不是主流消费者所能承受的。虽然 OLED 电视的价格依然相对较高，但技术厂商的持续投入将会大幅拉低成本。我们或许很快就可以看到足够便宜的 4K OLED 电视在市场上出现了。

（4）LCD 的优势

LCD 面板的主要优势之一就是成本更低。当然，LCD 的低成本也很快就拉低了 4K 电视的售价。在相同的分辨率下，LCD 屏幕看上去经常会比 OLED 更清晰，这主要是因为显示屏生产商在应对 OLED 面板所存在的问题时采取的策略。对于 OLED 面板而言，不同颜色的 OLED 不仅寿命不同，亮度水平也不一样。相比使用常规红绿蓝像素模式的 LCD 面板，OLED 通常需要变得更加 "动态"。

（5）可视角度

OLED 面板的可视角度接近完美，尽管它们从侧面看经常会出现略微不同的色调。而 LCD 面板的可视角度主要取决于它们所使用的显示技术。比如说，大量低端显示器、笔记本和手机所使用的扭曲向列屏的可视角度就很糟糕，但平面转换型面板在色彩还原和可视角度方面都拥有大幅度的提升，因此它也成为绝大多数智能手机、大部分显示器和部分电视所选择的面板。

（6）色彩还原

最新的 LCD 面板可呈现出极为自然的色彩。OLED 面板的色彩表现潜力要比最佳的 LCD 面板更高，但问题在于如何驾驭这种能力。这类面板有能力还原出比电影/软件生产标准更多的自然色谱，但如果没有正确校准的话，看上去就会显得过于浓艳。

（7）未来发展

面板厂商正在想尽办法突破 LCD 的能力限制。OLED 在未来几年里要做的是降低成本，而 LCD 则偏重于技术发展。量子点可以说是近期最吸引人的一种 LCD 显示技术。它并不会使用白色 LED，而是使用蓝色 LED 和不同大小的 "量子点"，后者可通过改变光线的波长把它们转换成不同的颜色。

OLED 和 TFT – LCD 显示器的参数比较见表 6-1。

表 6-1　OLED 和 TFT – LCD 显示器的参数比较

参　数	OLED	TFT – LCD
发光方式	自发光	需要背光源
响应时间	几微秒	40ms
发光效率/lm/W	15	4 ~ 8
视角/°	170	120
能耗	可低至 1mW	使用背光源，能耗大
厚度/mm	1 ~ 1.5	5
工作温度/℃	– 40 ~ 85	0 ~ 50
抗振性能	全固态，无真空和液态物质，适于振动环境	液晶材料抗振和抗冲击性能差
柔性设计	可采用柔性塑料基板实现柔性显示	不能实现柔性显示
彩色方式	独立材料发光，彩色滤光薄膜发光，色转换或微共振腔调色	彩色滤光片
制造工艺	简单，结构优异简化	复杂，涉及背光源等多种材料与组件
制造成本	大规模量产后比 LCD 低 40% 左右	复杂工艺与多种材料使成本偏高
显示尺寸	具有达到 500in 的潜能，已实现 55in	已经商业化普及
质量/g	手机屏幕小于 1	手机屏幕约为 9

2. AMOLED 与 TFT – LCD 的技术差异

相比在 TFT 技术方面的共性，AMOLED 与 TFT – LCD 的区别更显著，从其发光原理到关键技术、器件结构、制备工艺再到所用关键材料和关键制备设备，均是自身特有的，与 LCD 面板技术（CF 制作、液晶灌封、配向、前后板粘合等）没有任何相关性。比如 AMOLED 不需要背光源、CF、偏光片，没有液体材料，而必需自发光的有机材料却是 LCD 等其他显示技术所不涉及的，真空蒸镀等有机成膜技术也是 AMOLED 所独特的。我们也不能因为 AMOLED 与 TFT – LCD 都要采用"TFT"的这一核心技术而认为 AMOLED 只是 TFT – LCD 的技术延伸。简而言之，二者的异同点在于，虽然都涉及 TFT 背板制作工艺的无机半导体技术，但是，AMOLED 还包括其"三明治"结构中的有机半导体技术。

（1）AMOLED 与 TFT – LCD 的发光原理不同

简单地说，LCD 是以 CCFL 或 LED 等白色发光器件为背光源（Backlight），以液晶材料分子为光开光，通过彩色滤镜过滤出 RGB 三原色，其中的液晶材料本身是不发光的。另一方面，OLED 是以薄而透明的 ITO 作为阳极、金属组合物作为阴极、其间包夹有机功能材料层（包括空穴传输层、发光层和电子传输层等）形成一个"三明治"结构，接通电流，阳极的空穴与阴极的电子在发光层结合而产生光亮，并根据有机材料发光特性的不同，发出 RGB 三种不同颜色的光。由此可见，LCD 属于被动发光器件，而 OLED 属于主动发光器件，二者的发光原理有着本质的差异，这直接导致二者的响应速度相差 3 个数量级。

（2）AMOLED 与 TFT – LCD 的器件结构不同

AMOLED 与 TFT – LCD 的器件结构不同，TFT – LCD 的器件结构依次包括背光源、垂直偏光片、TFT 基板、液晶盒、CF 和水平偏光片等，而 AMOLED 的器件结构相比 TFT – LCD

要简单很多，依次包括 TFT 基板和"三明治"结构的 OLED 发光体，没有背光源、偏光片和 CF 等结构（对采用"白光＋滤光片"结构的 AMOLED 器件，也将用到 CF），相似之处只有 TFT 基板。也正是因为二者结构上的迥异，AMOLED 比 TFT－LCD 更轻、更薄，一般而言，AMOLED 约为 TFT－LCD 厚度的一半。顺便说一下，市场上将采用 LED 作为背光源的 LCD 电视宣称为"LED 电视"，这在概念上是不正确的，它并非是真正的 LED 显示屏，本质上仍是 LCD 显示屏。

（3）AMOLED 与 TFT－LCD 的关键原材料和关键制备设备不同

AMOLED 与 TFT－LCD 相比，它们的关键原材料和关键制备设备是大不相同的。TFT－LCD 的关键原材料包括背光源、偏光片、液晶材料和 CF 等，而 AMOLED 所需的原材料比 TFT－LCD 要少，其中的关键原材料就是有机发光材料。TFT－LCD 所需的关键制备设备包括 TFT 设备、液晶灌封设备两大类，而 AMOLED 所需的关键制备设备包括 TFT 设备和制备有机薄膜的真空蒸镀设备两大类。可以说，最能代表 TFT－LCD 的特征性关键原材料是背光源、液晶材料和 CF，特征性关键设备是液晶灌封设备；而最能代表 AMOLED 的特征性关键原材料是有机发光材料，特征性关键设备则是真空蒸镀设备。当然，除了以上关键原材料和关键设备，AMOLED 与 TFT－LCD 也有部分原材料和设备是相同的，主要就是在 TFT 制备工序上，其中相同的原材料包括部分光刻胶、显影液、蚀刻液、脱膜液和清洗剂等光刻工艺用的湿化学品，硅烷、一氧化二氮、氩气和氮氢混合气体等高纯气体，以及铝、银、镁钨合金等金属靶材，相同的设备包括涂布机、曝光机、显影机和湿法刻蚀机等刻蚀设备。

（4）AMOLED 与 TFT－LCD 的生产工艺流程不同

TFT－LCD 与 AMOLED 的生产工艺流程对比如图 6-5 所示。

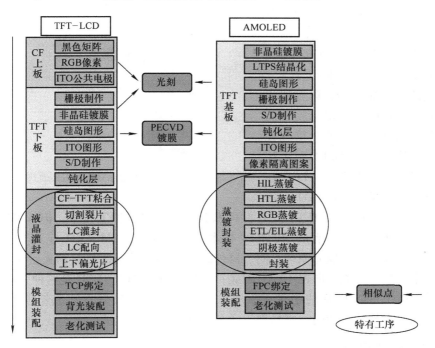

图 6-5　TFT－LCD 与 AMOLED 的生产工艺流程对比

二者仅在 TFT 制备工序上有较大的相似之处，都要多次重复采用光刻技术和 PECVD 及溅射镀膜技术等关键工艺技术。但是，二者在具体的 TFT 工艺流程上不尽相同。最关键的是，液晶灌封和 OLED 蒸镀封装分别是 TFT – LCD 和 AMOLED 各自特有的工序，在这两大工序上没有任何相似性或借鉴性。尤其对 AMOLED 而言，蒸镀封装是其所有制备工序中最关键、技术难度最大的工序之一，对 AMOLED 的性能和良品率有至关重要的影响。此外，TFT – LCD 还有一个称之为"上板"的 CF 制作工序，以及 CF 上板与 TFT 下板分别制作完成后将二者粘贴在一起的贴合工序，这些都是 AMOLED 不需要的。AMOLED 的 TFT 基板与 OLED 发光器件只能采用串行制作流程，即制作完成 TFT 基板后再在其上制作 OLED 发光器件。

（5）AMOLED 与 TFT – LCD 的技术发展方向不同

纵观 TFT – LCD 的技术发展史，无论是其 TFT 技术（从 a – Si 发展到 LTPS），还是液晶面板技术（从 TN 型发展到 STN 型、IPS 技术），还是背光技术（从 CCFL 背光发展到 LED 背光），可以说 TFT – LCD 已取得了全面的技术进步，已经非常成熟了[9]。所有这些技术进步所追求的目标，均是围绕提高 LCD 的响应速度、改善视角、改进色域、降低功耗、使其更轻薄、实现 GSOP 或 SOP（System On Pannel）集成等。但是，TFT – LCD 所追求的这些性能目标，无一不是 AMOLED 固有的优点。虽然 AMOLED 技术还处于产业化的成长期，尚存在诸多的技术瓶颈有待突破，性能还有待改进，但其在响应速度、视角、色域等上述多项性能方面都优于 TFT – LCD。更重要的是，AMOLED 未来的技术发展方向，除进一步逼近自身理想的性能指标外，将向轻薄和可弯曲折叠的柔性显示发展，且在制备工艺和设备上取得突破，实现 R2R 的印刷式生产。从整个显示技术的发展轨迹（见图 6-6）来看，第一代显示技术是以 CRT 为代表的真空显示器，第二代是以 TFT – LCD 为代表的平板显示器，第三代将是 OLED（包括 FOLED）显示器，而具备柔性显示的特点，能成为第三代显示技术代表的正是 AMOLED 显示技术。因此，AMOLED 和 TFT – LCD 在技术发展方向上也是完全不同的。

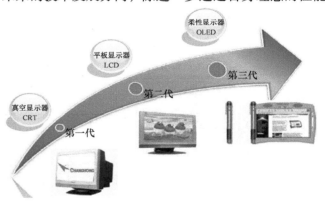

图 6-6　显示技术的发展轨迹

总而言之，AMOLED 与 TFT – LCD 在技术上的关联在于 TFT 技术，但 AMOLED 比 LCD 对 TFT 的技术要求更高，二者所用的 TFT 技术并不能等同；AMOLED 与 TFT – LCD 的技术差异性显著，不仅二者的发光原理不同、器件结构不同、关键原材料和关键制备设备不同，而且关键技术和技术发展方向也不同。因此，AMOLED 与 TFT – LCD 是两种完全不同的显示技术。但是，由于目前 LCD 的绝对主流地位，且 AMOLED 的爆发式成长也不是一蹴而就的，因此，在相当长的时期内，将呈现二者和平共存的局面。

6.3.3　OLED 的彩色化

平板显示器件要实现彩色显示，必须有能够发出 RGB 三原色的像素阵列，像素密集程度决定显示器件的分辨率，也就是术语中的多少个 ppi。传统的 RGB 三原色发光像素制备是制约 OLED 实现高产能、低成本生产的瓶颈。实现全彩 OLED 有两条途径：其一是制作 RGB 三原色发光像素的方法；其二是制作单发光层然后进行色转换的方法。

1. 制作 RGB 三原色发光像素

目前，OLED 量产化中采用较多的是制作 RGB 三原色发光像素的方法，该技术对设备及对位精度误差等的要求十分严格，因此制造成本较高。此外，由于 RGB 三种发光材料的不同，衰减周期不同，导致了 RGB 三原色寿命长短不一、三原色色彩饱和度间的差异和解像度高低的不同。然而，虽然工艺复杂，但器件亮度高、色域广，可以充分发挥 OLED 在显示方面的优异性能，是当前 OLED 彩色化研究的主要方向。

（1）真空热蒸镀法

其是三原色发光像素图形制作的常规方法，目前几乎所有的商用 OLED 显示产品都是采用该方法制造的。但真空热蒸镀法在大尺寸基板制造和高分辨率显示方面存在困难，而且图形精度较低，为 $\pm 15\mu m$，难以达到 200ppi 以上的分辨率。随着 AMOLED 向大尺寸和高分辨率的方向发展，真空掩膜蒸镀已难以适应这方面的要求。有机电致发光材料包括小分子材料和高分子（聚合物）材料。小分子材料呈粉末状，因此基本上通过蒸镀法进行沉积。要实现全彩化，只能物理切断蒸镀面然后有选择地进行堆积。因此，要在贴紧 "FMM（Fine Metal Mask）" 遮罩的同时逐色蒸镀，二次错开遮罩，共用 3 次蒸镀工序，形成 R、G、B 发光层。遮罩采用金属材料，定位精度为 $\pm 15\mu m$，采用这种方法，精细度最高为 240ppi。遮罩蒸镀法是目前技术最为成熟并且已实现商业化生产的一种方法，现在量产的 OLED 大部分采用这种方法生产，量产的 FMM 最大尺寸为第四代玻璃底板尺寸（730mm×920mm）。

（2）喷墨打印法

喷墨打印技术是一种非接触式彩色化技术，可避免对功能溶液的接触性污染，按需喷墨材料耗费少、易于在大面积基板上制作，但该方法需要使用可溶性发光材料，因此主要应用于高分子有机电致发光（PLED）领域。喷墨打印法可以达到的分辨率与金属掩膜蒸镀法相当，在器件效率和寿命方面相对较差。高分子材料和小分子材料都可以做成溶液，利用旋涂、刮涂或者打印的方法进行涂布。如果将高分子或小分子有机材料做成墨水后，利用喷墨打印的方法，就能够直接形成图案。基于喷墨打印的图案形成技术作为液晶面板用 CF 制造技术已经量产，定位精度良好，高达 $\pm 10\mu m$，分辨率可以做到 200ppi，并且直到第八代玻璃基板尺寸都有应用。因此，如果能开发出适于有机电致发光显示器的高分子材料或者墨水，很有可能成为大尺寸 AMOLED 制造的首选技术。从降低成本的角度来看，涂布技术大大提高了材料的利用率，有效提高了生产效率。但是，现在的高分子发光材料（尤其蓝光材料）的色纯度和可靠性远远低于小分子材料，成膜均匀性难以控制。目前，精工爱普生和杜邦在运用该工艺，日本印刷 DNS 也在积极开发相关涂布工艺的设备。

（3）激光热转印法

比起其他方法，激光热转印法的优势在于分辨率高，成膜均匀，能够一次转印多层膜，且容易实现大尺寸。但是，用该方法制作的器件寿命远低于真空掩膜蒸镀法制作的器件。其中，原因有以下几个方面：转印过程一般在真空系统中完成，该真空腔体与一般蒸镀腔体相同，但在有机材料从供体转移给受体基板的时候，有机材料的特性会变差；真空环境造成转印的有机材料与受体上有机膜的结合力差等。通过改进，利用激光热转印法制作 OLED 器件结构与常规的 OLED 结构相同，效率和色纯度完全可以和真空掩膜蒸镀的器件媲美。激光热转印法的技术工艺对 OLED 材料的载流子（电子）迁移率、陷阱态密度和本征载流子密度有一定影响，需要按照常规热蒸镀器件的标准对激光热转印 OLED 的制作条件进行优化，包括器件结构、转移薄膜材料和激光扫描条件等多个方面。另外，研究人员发现，在 N_2 或惰性气体保护氛围下，利用激光热转印法制作的 OLED 器件的可靠性有所提高。采用优化后的实验条件，研究人员制作出了高可靠性的激光热转印技术 AM OLED 显示器。5 次加速老化寿命试验表明，2.0inQVGA 的 AM OLED 显示器，在白光亮度为 150cd/m² 时，工作寿命可以达到 20000h 以上。

（4）照射升华转印法

照射升华转印法所采用的施主衬底是聚合物薄膜，在激光照射下，聚合物薄膜会释放出气体（O_2 和 H_2O 等），对发光材料造成损害。另外，在没有粘结剂的情况下，将柔性薄膜与大面积玻璃基板精细贴合在一起难度很高，而对位不准又会影响像素转移的质量。

（5）激光诱导图形升华法

为了弥补激光热转印法和照射升华转印法的缺陷，SONY 公司发明了激光诱导图形升华转印法，以玻璃基板作为施主衬底，通过激光光束的扫描将发光材料从施主衬底升华转印到显示基板上，形成高精度的 RGB 发光像素图形。采用激光热转印法，SONY 公司成功研制出了 27.3in 的 AM OLED 高清电视样机。从生产的角度看，激光转移可以在大气环境下进行，使制造系统得以简化并有利于加工精度的提高。增加激光头的数量可以提高产率，即使是大尺寸基板也可以获得很高的制造速度。施主基板可以重复使用，节约了生产成本。

2. 制作单发光层然后进行色转换

（1）白光 + 彩色滤光膜（CF）法

白光 + 彩色滤光膜（CF）法制造工艺相对 RGB 三原色排列发光技术较为简单，其将白光 OLED 技术和在 LCD 上已非常成熟的 CF 技术结合起来[7]，被认为是较简单经济的 OLED 彩色化方法。由于采用单一白色光源，因此理论上 RGB 三原色的亮度寿命相同，没有色彩失真。同时，在制备上不需要掩膜对位，极大地简化了蒸镀过程，降低了生产成本，提高了画面精度，可用于制备大尺寸、高分辨率的 OLED。作为基于液晶全彩化的方式，白光 + 彩色滤色膜（CF）法已经投入了大量的研究开发，并实现了部分商品化。

OLED 器件除了 ITO 阳极，有机材料层等和金属阴极厚度仅有 200 ~ 300nm，而白光 + CF 工艺要把 RGB 像素阵列、OC 层、ITO 膜、金属辅助电极膜依次旋涂和磁控溅射沉积到玻璃基板上，这比在玻璃基板上直接沉积 ITO 膜和金属辅助电极膜的难度大得多，表面粗糙度更是难以降低。一般来说，液晶 CF 工艺的 BM 层为（1.6 ±0.3）μm，RGB 层为（2.3 ± 0.3）μm，OC 层为（2 ±0.3）μm，其厚度已经有了近 300nm 的误差，由于一般液晶层厚 10μm 左右，基片表面的不平整相对于液晶层厚度对整个液晶显示器的质量没有太大的影响。但是，OLED 器件薄膜厚度约为 200nm，即使最后溅射的 ITO 能够对其表面起到一定程度的修饰作用，并进行抛光处理，整个 CF 表面仍有一定程度的不均匀性，很难满足 OLED 对表面平整度的苛刻要求。另一方面，OLED 器件对潮气特别敏感，如果有水汽聚集在电极附近，电流驱动的有机层和金属电极都将会发生电化学反应而产生剧烈变化，使器件迅速老化，因此需要特别注意 OLED 的防潮问题。对于 CF 来说，其 RGB BM 层使用的就是有机物结构，所以必须采取相应措施阻隔来自 ITO 下面有机层脱出的水汽，这对应用于 OLED 的

CF 技术又是一个新的难题。

研究表明，将 CF 中的子像素由原来的红绿蓝变为红绿蓝白，可提高显示屏的发光效率与寿命，能耗也降低了近 50%。但是，子像素由 3 个变为 4 个，一般会降低显示屏的开口率。在设计像素结构时，适当减少红蓝子像素的频率可以增加开口率，而且对红绿蓝三原色而言，由于红光和蓝光对发光亮度的贡献相对较少，人眼对绿光更为敏感，因此，其不会影响显示屏图像的质量。

（2）蓝光＋色转换有机膜（CCF）法

蓝光＋色变换层（CCF）法是以制备蓝光为发光主体，再加色变换层阵列使部分光转换成红色和绿色，从而获得全彩色的方法。该方法在材料的选择上较容易，但是需要发光效率和色彩度都好的蓝光，现在有很多企业和科研机构都在研究激光热转移像素图形制造技术，原理大致相同，但在细节上有一些区别，命名上也不统一。

光色转换技术是通过蓝光激发红绿光材料使其发光而得到红绿蓝三原色的，是光致发光与电致发光相结合的过程。由于这种技术不需要掩膜对位，因而蒸镀过程较为简单，可制备大尺寸器件。蓝光材料是制约这种技术的瓶颈，现阶段一般只能用于制备小分子 OLED。传统的光色转换材料一般只有机荧光染料与光致抗蚀剂聚合物共混溶液，由于光致抗蚀剂聚合物中的不饱和键及光诱发剂与荧光染料反应而产生浓度淬灭，导致转换效率较低。为了提高转换效率，一般采取降低溶液浓度并增厚光色转换层的办法，但厚至 $10\mu m$ 的光色转换层增加了光刻的难度，所以这种技术一直未受到关注。现在，光色转换材料采用主客体共混材料，主体材料吸收蓝光后将能量转移给客体材料。在这种体系中，光色转换材料的光致发光性能主要依赖于客体的荧光量子效率及主客体的能量转换效率，这样膜层厚度可降至 $0.7\mu m$。

6.4　OLED 产业化

6.4.1　OLED 的产业现状及发展趋势

1. PMOLED

相对于 AMOLED 技术，PMOLED 由于制作成本及技术门槛较低，率先在产业上获得了应用。目前，PMOLED 在汽车、消费类电子（手机、MP3）、医疗仪器、工控仪表、安全设施、智能监控和穿戴设备等行业有着广泛的应用，特别是汽车车载显示应用领域以及穿戴设备领域。但受制于 PMOLED 的驱动方式，其分辨率很难提高，相应的产品尺寸也大都局限在 5in 以内。换言之，PMOLED 只适合在低分辨率的小尺寸市场上进行大规模的应用，当显示尺寸变大时，PMOLED 将会出现功耗增大、寿命降低的问题。因此，目前 PMOLED 在一些主流的显示产品（如手机、电视、计算机等）的应用较少。

我国大陆从 20 世纪 90 年代开始进行 OLED 技术的研发，经过十余年的发展，目前与国外的差距正在逐步减少。特别是维信诺公司，在 PMOLED 技术方面已经达到了世界先进水平，其 PMOLED 产品更是做到了世界第一的规模。国内 OLED 产业的这些发展，都在为未来中国发展 AMOLED 奠定了良好的基础。

2. AMOLED

相对 PMOLED 技术，AMOLED 技术具有柔性、轻薄、可大面积生产和低功耗等特点，被视为显示产业的未来。随着 OLED 的技术成熟和成本下降，OLED 在未来有望取代现有的 LCD 技术，成为下一代显示技术升级的主导技术。AMOLED 根据显示屏形态可分为刚性显示屏和柔性显示屏。刚性显示屏一般采用玻璃衬底，而柔性显示屏一般采用塑料衬底。柔性显示屏的轻薄、可弯曲以及卷曲特性，将大大拓展显示的空间形态，可创造出巨大的新增需求，带来显示形态的革命，它将是 OLED 显示发展的最终形态。同时，柔性显示也是 AMOLED 的杀手锏，因为 LCD 的液晶形态决定了其做成柔性的可能性很小。2013 年 8 月，华南理工大学研制成功了国内首块基于塑料衬底的柔性全彩 AMOLED 显示屏（见图 6-7）。

图 6-7　华南理工大学研制的国内首块柔性全彩 AMOLED 显示屏⊖

现在，AMOLED 技术在传统显示器（特别是移动显示器）上的发展和应用优势已十分明显。同样，在柔性显示和可穿戴设备等领域，AMOLED 同样有着十分广阔的发展前景，这为未来的电子显示产品提供了更多的可能及开发空间，更能让用户享受到前所未有的、更高分辨率的视频显示体验。

6.4.2　OLED 照明

由于 OLED 具备平面发光、发光柔和、全固态、超薄、形状任意、可大面积、无需散热、加工简单以及发光光谱与太阳光最相近等诸多优点，被认为是最理想的光源。因此，OLED 照明是 OLED 技术的又一重要应用领域[10]。

与传统的白炽灯、荧光灯、无机 LED 等照明方式相比，OLED 具备了以下优势：

1）属于面光源，光线柔和不刺眼。面光源其散热较快，不需要另外添加冷却装置，成本较低。

2）OLED 为直流驱动器件，没有频闪现象。

3）光谱与太阳光较接近，色温范围宽，单个 OLED 的色温可以有效覆盖太阳光色温（2500～8000K），从而模拟太阳光，而其他光源则很难满足此要求。

4）包含蓝光成分少，可避免蓝光有害的问题。OLED 的色温可以低至 1900 K，从而可以模拟烛光，是一种理想的健康护眼光源，能最大程度地保护广大用户，特别是青少年的眼睛，造福千万家庭。

5）不含 Hg 等元素，从而绿色环保。

6）效率高、能耗低，绿光 OLED 的效率已经可以高达 290lm/W。

另外，OLED 照明器件可采用柔性基板实现超轻薄、柔性照明，结合衬底的柔软性和延展性的特点，柔性 OLED 照明器件灵巧的构造可以让我们设计附加值更高的灯具，形成一种全新的柔性照明技术，这将赋予未来居室照明全新的设计理念。得益于此，未来的居室照明

⊖　http：//www.chinanews.com/edu/2013/08－09/5146750.shtml

将不再局限于单个灯具，甚至可以实现无照明器具感的整体照明效果，与传统的照明方式形成鲜明的对比。OLED 光源这些全新的特点，将带动和拓展照明设计与照明工程等相关领域的创新和发展。

6.4.3　OLED 综合应用

1. 透明显示

在 OLED 顶发射器件中，发光层复合产生的光最终将从器件的顶部电极（通常为阴极）出射；底发射器件的光最终将从器件的底部（通常为阳极）对外出射；而透明显示器件集合了前两者的优点，在器件工作时，光将可以从器件的底部和顶部同时出射，实现双面发光。由于 OLED 有机材料大多数为透明材料，因此，当器件的电极与相应的 TFT 透明度合适时，若透明显示面板处于关闭状态，整块显示面板将呈现一种透明的状态，仿佛一块透明的玻璃；而当它工作时，光会从器件两边的电极分别出射，使观察者不仅能够看到显示在面板上的相关内容，还能透过面板看到其背后的物品。因此，透明显示器件由于其双面可以发光的特性，为显示领域开辟了一个全新的特殊应用方向，自诞生以来就备受科研界与产业界关注。2012 年，国内的华南理工大学科研团队展示了 4.8in，分辨率为 240×320，透光性超过 30% 的全彩 AMOLED 显示屏（见图 6-8）。

图 6-8　2012 年华南理工大学展出的全彩 AMOLED 显示屏⊖

与传统的显示方式相比，透明显示丰富多彩且炫幻的工作模式无疑使其具备了独特的优势，特别是在 AR 眼镜、透明头盔、车载风窗玻璃与航天透光玻璃的应用上。但是，OLED 透明显示作为一项崭新的技术，同样存在着一些技术壁垒需要攻克：

1）透明显示器件的效率偏低。相比于顶发射器件已高达 170lm/W 的功率效率，透明器件的效率普遍偏低，极大地制约了其产业化发展。

2）透明显示器的透明度较低。虽然相比液晶透明显示器 10% 左右的透明度，OLED 透明器件 45% 左右的透明度已经有了大幅提升，但相对于白玻璃高达 95% 以上的透明度而言，透明 OLED 显示器件的透明度还是需要继续提升以增加其应用价值。

3）透明金属电极与透明 TFT 的开发。透明 OLED 显示器件不单要求有机发光材料的透明度要高，还对器件的双透明电极及相应的驱动 TFT 器件的透明度与电学特性有着更为严苛的要求，而这两方面的研究又恰恰是最为困难的，亟待提高。

2. 硅基 OLED 微显示

近几十年来，显示方式从平面显示发展到三维（3D）显示，这带给人们的视觉更为生动和具有高度临场感。随着科技发展与人类对显示的要求，显示又进一步迫切需要发展高清晰度、低功耗且小体积的显示终端来实现信息的实时、高临场感的场景显示。此时，微显示技术应运而生，并且在短短十几年内有了突飞猛进的发展。微显示器件的最大特点就是小至可以放入掌心或嵌入眼镜，恰好满足当代显示器件微型化的要求。

⊖　http：//www.scut.edu.cn

目前，在微显示器市场上，硅基 OLED 和 LCoS 是两种主流微显技术。与 LCoS 微显示技术相比，硅基 OLED 微显示技术亦具有不少优点：

1）响应速度快。OLED 像素更新所需时间小于 $1\mu s$，而 LCD 的更新时间通常为 $10 \sim 15ms$，相差了 $1000 \sim 1500$ 倍，OLED 的显示画面更流畅，从而减小视疲劳，防眩晕。

2）低功耗。比 LCD 功耗小 20%，电池重量可以更轻。

3）硅基 OLED 为全固态薄膜型器件，工作时无需增加其他额外元件，显示器的重量轻、体积小。

4）高对比度。LCD 使用内置背光源，其对比度为 60:1，而 OLED 微显示器的对比度可以达到 10000:1。

硅基 OLED 显示器适合应用于头盔显示器、立体显示镜以及眼睛式显示器等虚拟现实显示场景。在军事领域，如与移动通信网络和卫星定位等系统连在一起则可不受时间地点限制而获得精确的图像信息，在国防、航空航天乃至单兵作战等军事应用上具有非常重要的军事价值。在民用消费电子领域，硅基 OLED 微显示器能够为娱乐、教育培训和设计等领域提供高画质的视频显示以及提供了一个极佳的近眼应用（如头盔显示）。这些军事以及民用方面的近眼显示新应用，为用户带来前所未有的视觉体验，将掀起硅基 OLED 微显示研究的新浪潮，带动硅基 OLED 微显示产业发展。

本 章 小 结

由于 OLED 具有一些独特的特性，故其在显示、照明、虚拟现实以及光电传感领域有着广泛的应用，OLED 市场前景良好。本章首先简单介绍了 OLED 的基本结构和工作原理，接着介绍了 OLED 主要的关键技术、关键材料与制备工艺，以及 OLED 显示技术和彩色化技术，最后简要介绍了 OLED 主要应用范围与产业化情况。用较短的篇幅，向读者简要展示了 OLED 技术从基础到产业化应用的情况。然而，国内在 OLED 这方面在科研和产业化发展还比较薄弱，还有一些长期存在、亟待解决的问题，希望读者能积极投身这个行业，来进一步推动 OLED 产业的发展。

本 章 习 题

6-1 OLED 的基本结构和工作原理是什么？

6-2 OLED 主要的关键技术有哪些？与 PMOLED 相比，AMOLED 有哪些优势？

6-3 与 LCD 相比，OLED 有哪些优势？

6-4 OLED 的 TFT 驱动和 LCD 的 TFT 驱动的比较。

6-5 OLED 彩色化的方法有哪几种？

6-6 OLED 与 LCD 相比，哪个分辨率比较高？为什么？

6-7 与 LED 照明相比，OLED 照明的优势是什么？

6-8 硅基 OLED 微显技术与 LCoS 微显技术相比的优势有哪些？

6-9 分析一下 LCD、OLED 和量子点显示未来的发展趋势。

参 考 文 献

［1］于军胜，田朝勇．OLED 显示基础及产业化［M］．成都：电子科技大学出版社，2015．

［2］黄春辉，李富友，黄维．有机电致发光材料与器件导论［M］．上海：复旦大学出版社，2005．

［3］陈金鑫，黄孝文．OLED 有机电致发光材料与器件［M］．北京：清华大学出版社，2007．

［4］Uoyama H, Goushi K, Shizu K, et al. Highly efficient organic light – emitting diodes from delayed fluorescence ［J］. Nature, 2012, 492（7428）：234 – 238.

［5］Tang C W, VanSlyke S A, Chen C H. Electroluminescence of doped organic thin films ［J］. Journal of Applied Physics, 1989, 65（9）：3610 – 3616.

［6］陈金鑫，黄孝文．OLED 梦幻显示器——材料与器件［M］．北京：人民邮电出版社，2011．

［7］应根裕，胡文波，邱勇，等．平板显示技术［M］．北京：人民邮电出版社，2002．

［8］于军胜，蒋泉，张磊．显示器件技术［M］. 2 版．北京：国防工业出版社，2014．

［9］谷至华．薄膜晶体管（TFT）阵列制造技术［M］．上海：复旦大学出版社，2007．

［10］陈金鑫，陈锦地，吴忠帜，等．白光 OLED 照明［M］．上海：上海交通大学出版社，2011．

第7章

激光显示技术

导读

激光显示技术是继黑白显示、彩色显示和数字显示之后的第四代显示技术。在众多不断发展的显示技术中，激光显示技术代表显示技术的发展趋势和主流方向之一，是显示领域竞争的焦点。激光显示技术能实现更大色域的图像再现，是显示器件向更高性能发展的必然产物。激光显示的产业链包括半导体、人工晶体、激光、光学机械、光学冷加工、图像引擎、数字信号处理和整机集成技术等方面[1]。

7.1 激光显示相关技术基础

激光显示系统主要由激光光源、光调制器、光偏转器、二维扫描器、光学合色系统和屏幕等几部分构成。图像信号加到光调制器上，控制激光束的强度；行、场同步信号加到光偏转器上，使激光束按一定规律在屏幕上扫描形成图像。该类显示系统的主要特点是显示亮度高、分辨率高、颜色饱和度改善和色彩鲜艳等，擅长显示大尺寸、质量高的图像[2]。

7.1.1 激光显示系统中的激光器

激光显示系统中使用的激光器的特点是可见光区的激光大功率连续输出、光束发散角小和方向好等。在出现半导体泵浦的固态激光器之前，激光器的输出波长完全由激光增益介质的能带结构决定，激光波长的可选择度非常有限，只能选择与红、绿、蓝波段相关的激光用于显示。早期常采用传统的大功率气体激光器作为光源（如 He－Ne 激光器作为红光光源，氩离子激光器作为绿光光源，He－Cd 激光器作为蓝光光源），用于激光显示的激光波长和再现色域见表 7-1[3]。激光器是窄带光源，激光器光束功率与投影显示光通量之间的换算关系为

$$\varphi = 638\nu(\lambda)P \tag{7-1}$$

式中，$\nu(\lambda)$ 为人眼的视见函数；P 为激光束的功率。

表 7-1 用于激光显示的激光波长和再现色域

单　　位	红光波长/nm	绿光波长/nm	蓝光波长/nm	色域（%）（NTSC）	再现率（%）
中国科学院	669	515	440	253.4	79.2
日本 SONY 公司	642	532	457	214.4	67.0
德国 LDT 公司	628	532	446	209.4	65.4
美国 LPC 公司	656	532	457	221.7	69.3
美国 Q－peak 公司	628	524	449	215.5	67.3
瑞士 ETH 公司	603	515	450	169.0	54.8

红、绿、蓝三色激光的功率匹配可基本依据激光波长所对应的人眼视见函数来配备。基于半导体激光器泵浦的全固态激光器（DPL）技术带动了新一代激光投影显示技术的发展，可满足激光波长设计和应用的需求，使激光投影显示的再现色域有了较大提高；激光器的固体化使激光器体积和功率均大大降低，性能得到显著改善，寿命大大延长，激光光源已成为显示领域常用光源应用之一。此外，三原色半导体技术和全半导体激光器显示系统的研发也取得了快速进展[4]。

7.1.2 激光显示系统中的光调制器

激光显示系统中的光调制器用于调制光束强度。光调制器一般采用电光调制与声光调制两种方式[5]。电光调制是利用光学晶体的折射率电光效应并配合偏振系统来实现的，典型的电光晶体包括 ADP、KDP、KDP 等。电光晶体调制的输出发光强度与外加电压之间的关系为

$$I = I_0 \sin^2\left(\frac{\pi U}{2 U_{1/2}}\right) \tag{7-2}$$

式中，I_0 为入射发光强度；$U_{1/2}$ 为半波电压（使晶体产生半波位相延迟时晶体上所需加的电压）。

由式（7-2）可以看出，输出发光强度是外加电压的函数，研究人员正在研究具有较好线性电光系数的晶体以获得较低的驱动电压。电光调制通过电光晶体结合偏振片实现，效率较低；在需要强光的投影显示应用中，一般不能采用吸光型偏振器件，而采用分光型偏振器件。电光调制的速率很快，一般为 $10^6 \sim 10^9 \mathrm{Hz}$ 量级。

另外一种主要激光调制器为声光调制器，其工作原理是利用声光晶体的声光效应产生的布拉格衍射进行调制如图 7-1 所示。当激光束射到这种超声媒质中时，激光束即产生衍射，衍射光的发光强度及方向会随超声波的频率及强度而变化，此即为声光效应。

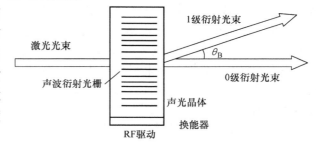

图 7-1 声光调制器工作原理

根据波干涉的加强条件，入射光和衍射光的方向满足布拉格方程：

$$\theta_i = \theta_d = \theta_B \tag{7-3}$$

$$\sin\theta_B = \frac{\lambda}{2A} = \frac{\lambda f}{2\nu} \quad （其中，\nu = fA） \tag{7-4}$$

式中，θ_i 为入射光与超声波面的夹角；λ 为光在介质中的波长；θ_d 为衍射光与超声波面的夹角；A 为超声波长；θ_B 为布拉格角；f 为超声波频率。

当 θ_B 很小时，$\sin\theta_B \approx \theta_d$，则方程可简化为

$$\theta_i = \theta_d = \theta_B = \frac{\lambda f}{2\nu} \tag{7-5}$$

当衍射光和入射光的夹角为 α 时，则

$$\alpha = \theta_i + \theta_d = 2\theta_B = \frac{\lambda f}{\nu} \tag{7-6}$$

式中，α 为偏转角，它与超声波频率成正比。

改变超声波频率 f 可以改变偏转角 α，从而达到控制激光束方向的目的。其中，各级次的光束强度由声光调制器折射率光栅的调制深度所决定，因此只要用电信号控制声光调制器的调制深度，就可以控制经过声光调制器的激光束的发光强度。

7.1.3 激光显示系统中的二维扫描器和光偏转器

激光经声光调制器和光学合色系统后合成一束光束，进入二维扫描器。二维扫描器可采用转镜与小角度的振镜组合来实现，也可采用双转镜系统或双振镜系统来实现；快速扫描一般采用转镜，慢速扫描适合于振镜系统。

激光显示系统对光偏转器的要求是扫描运动与信息发送端同步，扫描角应满足视场要求，转镜镜面的光反射损耗尽量小，扫描角度应与光束波长无关等。光偏转器可采用转镜或振镜模式来实现

转镜实际上是一个多面体棱镜系统（工作原理见图 7-2），多面体棱镜绕着棱镜转轴高速旋转，每一圈扫描的线数由多面体的面数决定，面数越多，扫描的线数越多，显示图像的分辨率主要取决于图像的线数和刷新率。转镜扫描系统一般由行转镜与场转镜构成，行转镜与场转镜均为多面体棱镜，行转镜的转动速度要远高于场转镜，以保证当场转镜转过一个面时，行转镜正好转过图像的行数目镜面（行转镜每转过一个镜面，屏幕上就出现一条水平亮线；场转镜每转过一个镜面，屏幕上的光点轨迹就完成一次从上至下的垂直扫描）。

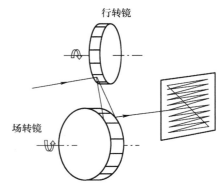

图 7-2　转镜（行转镜和场转镜）工作原理

以 PAL 制电视信号为例，每帧图像具有 625 条电视线，采用隔行扫描方式，即场转镜每转过一个镜面，行转镜要转过 312.5 个镜面，当场转镜转过两个镜面时，完成两场扫描，形成一幅完整图像的显示。

设激光显示系统的投影距离为 L，屏幕宽为 B，高为 H，则水平扫描视角为

$$\varphi = \arctan \frac{B}{L} \tag{7-7}$$

垂直扫描视场角为

$$\beta = \arctan \frac{H}{L} \tag{7-8}$$

行转镜的镜面数为

$$N_{\mathrm{L}} = \frac{720°}{\varphi} \tag{7-9}$$

场转镜的镜面数为

$$N_{\mathrm{F}} = \frac{720°}{\beta} \tag{7-10}$$

PAL 制电视信号要求每秒扫描 50 场，每场 312.5 行，得出行转镜的转速应为

$$n_{\mathrm{L}} = \frac{50 \times 312.5}{N_{\mathrm{L}}} \tag{7-11}$$

场转镜的转速为

$$n_F = \frac{50}{N_F} \tag{7-12}$$

PAL 制电视信号的图像垂直分辨率为 625 线，图像的宽高比为 4:3，因此图像水平分辨率为 $625 \times \frac{4}{3} \approx 833$ 个像素。

另一种光偏转器采用振镜系统（工作原理见图 7-3），振镜系统是将一个小镜子固定在一个由磁场线圈驱动的转动轴上，从而实现小角度范围的来回绕轴转动。振镜的来回振动频率一般可以达到 25 kHz，一般用于场扫描。一个用于行扫描的多面转镜和一个场扫描的振镜就构成了激光投影显示系统。

也可利用声光调制器的光束偏转效应进行行扫描。图 7-4 所示为由声光调制器与振镜构成的激光彩色电视系统。

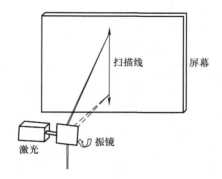

图 7-3　振镜系统工作原理

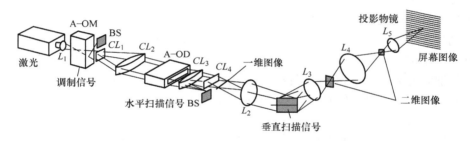

图 7-4　由声光调制器与振镜构成的激光彩色电视系统

激光显示研究的主要方向是将激光作为新型光源进行大屏幕、高亮度、高清晰度和宽色域投影，一般采用 LCD、LCoS 或 DMD 芯片作为光调制器。

7.2　激光显示的分类和特点

7.2.1　激光显示的分类

激光显示主要包括以下几种方式[7]：①采用 GLV 光栅光阀的逐行扫描方式；②采用 LCoS 光学引擎或 DLP 数字光处理系统直接进行投影的激光投影显示方式[8]；③采用光束偏转系统将光束逐点扫描成像的逐点扫描方式等。

1. 逐行扫描方式

GLV（Grating – Light – Valve）光栅光阀成像系统是一种高精度光电调制器[9]，应用于高清晰度电视显示。该技术最先是由美国斯坦福大学戴维·布鲁姆教授和其学生发明并获得专利的，1994 年交由美国 CLM（Silicon Light Machines，硅光机公司）开发，2000 年日本索尼公司与其签约获得技术转让，继续研制并取得成功。GLV 栅状光阀（见图 7-5）是一个线阵式硅芯片器件，依靠静电驱动微型机械部件对入射光的发光强度和反射方向进行控制，只能产生一条竖直的线阵式像素，完成平面图像还需依靠光学扫描方法。

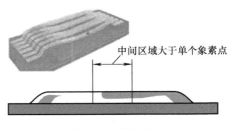

中间区域大于单个象素点

图 7-5　栅状光阀

GLV 器件的结构是长条形的，其表面是一排微小的、并排排列的细条状氮化硅金属陶瓷晶片，组成条栅状结构；每 6 条氮化硅金属陶瓷晶片组成一组三原色像素，每个基色使用 2 条，分别用于红、蓝、绿三原色像素的显示，每 2 条镜片代表一种基色的像素（其中一条用于显示，另一条接地用于隔离基色之间的影响）。每个长条形金属陶瓷片的表面镀铝，因而像镜子一样光滑，可以反射入射的激光。由于每一个金属栅条非常薄，当镜片与底部晶片之间加上电场时，在外加电场的作用下，金属栅条发生弯曲，使激光发生衍射而使反射角改变；当所加电压强度不同时，激光的反射强度也会不同，使得投射到屏幕上的光产生明暗不同的像素显示。当激光束依次照射到这样一长排并排排列的金属晶片条栅组上、同时又在每一条镜片与底部晶片间加上受图像信号调制的电压时，就可以使反射光按照图像的规律产生变化；如果再利用旋转棱镜使反射光产生横向扫描，一组像素就可在投射屏幕上产生一行图像，而一条器件则可产生一幅图像；图像中垂直像素的多少由 GLV 线阵器件的像素数决定。

这种显示结构具有激光显示所固有的色彩范围广的特点，由于采用了折射方式，与使用投射光和反射光的数字微镜和液晶光阀调制器相比，光效更高，图像亮度高，对比度具有优势（可高达 3000∶1）。GLV 的制作工艺相对简单，成品率高，成本较低。

2. 激光投影显示方式

激光投影显示方式主要有两种：采用 LCoS 光学引擎的投影显示方式和采用 DLP 数字光处理系统的投影显示方式。普通投影显示的光源主要包括超高压水银灯、金属卤化物灯、氙灯和卤素灯等，这几种灯发出的白光经分光镜分解为 R、G、B 三原色，分别被 3 个光阀调制，再经合色实现彩色投影。而激光投影显示是用白色激光或三色激光取代普通光源，实现激光投影。激光束的能量呈高斯函数分布，为使光束能量分布均匀，必须使用微透镜阵列或光棒；在显示系统中使用线偏振的激光作为光源，可满足对光偏振态的控制要求，提高光量利用率；此外，激光具有高相干性，合色之后的激光投影会在屏幕上产生相干现象，消除方法是在每种色光传输路径中加装随机位相片。

3. 逐点扫描方式

逐点扫描方式的激光显示原理与阴极射线管显示相似，只不过用激光束代替了电子束。逐点扫描式激光显示的核心是光束偏转器设计，包括声光系统和光机扫描系统。声光系统利用超声波使光束发生偏转来实现扫描，具有控制简便、扫描速度快和结构简单等特点，缺点是激光光束扫描角较小；光机扫描系统通过机械装置带动反射系统旋转实现激光光束二维扫描，其原理简单、扫描角度大、分辨率高，但对机械系统精度和稳定性要求非常高。随着技术发展，曾困扰激光显示的机械扫描部件稳定性和精度有了长足进步。光机扫描系统主要有机械转镜系统[10]、机械转镜－振镜系统[11-13]和双振镜系统[14-15]等。研究信息表明，天津大学研制的基于双振镜系统的激光显示系统曾取得很好效果[16]。目前光机扫描系统研究的热点主要集中在机械转镜 – 振镜系统方面。

7.2.2　激光显示的特点

　　激光显示技术是以激光作为光源的图像信息终端显示技术，具有单色性好、方向性好、亮度高、色彩丰富、色饱和度好、对比度强以及与各种图像信号匹配性好等特点，使用激光三原色作为显示光源所表示的颜色色域比传统显示有很大提升，画面质量高，是大尺寸显示的发展趋势之一，对激光显示器件[17]的研究也是当前显示技术领域的重点方向之一。从系统运营成本角度分析，激光器的 100% 功率寿命在理论上可达到 $2 \times 10^5 \mathrm{h}$，灯泡的 50% 功率寿命约为 2000h，即使是经济模式也只有 8000h；激光显示系统的功耗可大幅降低，在节能环保方面具有很大优势。表 7-2 是激光显示器件与其他显示方式的对比情况。

表 7-2　激光显示器件与其他显示方式的对比情况

参数　种类	显示效果	体积	显示尺寸	功耗	工艺复杂度	制造成本	价格
CRT	好	庞大	较小	大	较简单	较高	一般
等离子	较差	轻薄	大	大	复杂	高	昂贵
液晶	较差	轻薄	大	小	复杂	高	昂贵
激光显示器件	好	很小	大	小	简单	较低	一般

7.3　激光显示原理

7.3.1　基本原理

　　彩色视觉是人眼的一种明视觉，其基本参数包括明亮度、色调和色饱和度。明亮度是光作用于人眼时引起的明亮程度的感觉，彩色光量大则显得亮，反之则暗。色调反映颜色的类别（如红色、绿色、蓝色等），彩色的色调取决于在光照下的反射光的光谱成分，例如某物体在日光下呈现绿色是因为它反射的光中绿色成分占有优势，而其他成分被吸收掉了；对于透射光，其色调则由透射光的波长分布或光谱所决定。饱和度是指彩色光所呈现颜色的深浅或纯洁程度，对于同一色调的彩色光，其饱和度越高，颜色就越深或越纯；而饱和度越低，颜色就越浅或纯度越低；高饱和度色光可因掺入白光而降低纯度或变浅，变成低饱和度色光；饱和度是色光纯度的反映，100% 饱和度的色光就表示纯色光。色调与饱和度又合称为色度，它表示彩色光的颜色类别和深浅程度。

　　虽然不同波长的色光会带来不同的彩色感觉，但相同的彩色感觉却可来自不同的光谱成分组合，例如适当比例的红光和绿光混合后，可产生与单色黄光相同的彩色视觉效果。自然界中任何一种颜色的光，不论其光谱分布如何，都可由红、绿、蓝 3 种颜色的光按一定比例混合，得出视觉感觉与之相同的颜色光，此即为光的三原色原理。

　　传统显示技术只能再现人眼所见颜色的一部分（约30%），而激光显示技术在色度学方面实现了突破[18]。根据色度学原理[19]，在 xy 色坐标系统中，颜色信息全部包含在由光谱色坐标连接的马蹄形区域的光谱轨迹内，区域外的颜色在物理上是不能实现的。位于光谱轨迹上的单色光饱和度为100%，沿等色调波长线越往中心，饱和度越低。选取任意3点对应的颜色作为基色，则由此三原色所能合成的所有颜色都包含在以这3点为顶点的三角形内。三角形的面积大，表示可以显示的颜色多，显示颜色饱和度高，色彩表现力强。激光的光谱是线谱，本身显现的颜色为光谱色。因此其色饱和度高，色彩鲜艳；激光谱线丰富，可以选择实现大色域显示。如图7-6所示，用红、绿、蓝激光器作为光源所构成的色域空间更大，大约是传统CRT电视色域空间的2.3倍，激光显示技术可显示超过CRT、LCD、PDP和OLED两倍以上的色彩，可覆盖约90%的色域，获得更高的饱和度、更丰富的颜色和更逼真的效果。

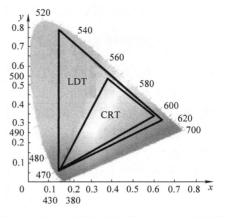

图7-6 激光显示色域与传统CRT色域比较

激光显示系统主要由激光光源、光学引擎和屏幕等部分组成。光学引擎主要由红绿蓝三色光阀、合束X棱镜、投影镜头和驱动光阀组成，充当光阀及驱动源的可以是各种微型显示系统（如LCD、LCoS、DMD、GLV等），光阀驱动生成红、绿、蓝三色对应的信号，引入三色激光照明，投影到屏幕上，即产生全色显示图像。实现三原色激光显示的方案有多种，如每个激光显示器件采用3种波长的激光二极管发出红、绿、蓝波长的激光；采用基于非线性频率变换技术的全固态激光器通过腔内倍频、腔外倍频或自倍频等方案获

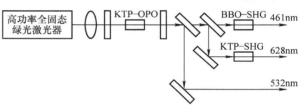

图7-7 实现红、绿、蓝激光输出的激光显示系统

得红、绿、蓝激光（见图7-7）；绿光泵浦光参量振荡器通过选择适当的泵浦方向，可输出两种红外光，再分别用晶体对红外光倍频，即可获得红光和蓝光输出。

从二极管泵浦固体激光器发出的红、绿、蓝三原色激光，分别经过扩束、匀场、消相干后再经反射镜反射，入射到相对应的光阀上，光阀上加有图像调制信号，经调制后的三色激光由X棱镜合色后入射到投影透镜，最后经投影物镜投射到屏幕上，得到激光显示图像（见7-8）。[20]

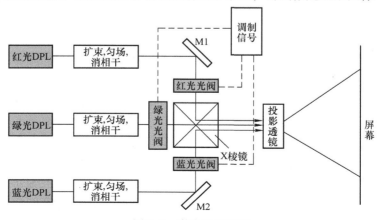

图7-8 激光显示原理

7.3.2　背投式激光显示技术

背投式激光显示技术[17]的原理（见图7-9）与CRT显示相似。激光束从上到下、从左到右进行扫描，水平偏转通过多面旋转镜实现，垂直偏转通过倾斜镜实现。首先对图像信号进行放大，之后对激光发生器和激光阀门控制器的信号进行调制，激光阀门按照输入图像信号的变化控制激光束的水平和垂直偏转，最后投射到屏幕上。三色激光系统同步工作实现彩色显示；提高激光阀门的控制速度可提高刷新率，避免闪烁。

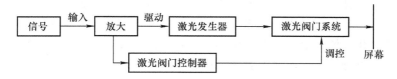

图7-9　背投式激光显示技术的原理

7.3.3　前投式激光显示技术

前投式激光显示技术[17]可应用于激光放映机/投影机等领域，其显示原理如图7-10所示。采用激光光源替代传统灯泡，原理简单，投影画面细腻，亮度高。

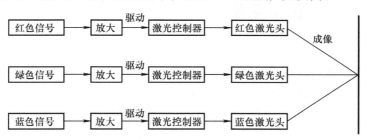

图7-10　激光放映机/投影机显示原理

激光空间成像投影是前投式激光显示技术的另一个主要应用，激光空间成像投影融合了激光技术、计算机技术和图像处理技术，具有现场感强、纵深效果好和真实感强等特点（见图7.11）。

激光空间成像投影机（见图7-12）由激光器（包括光学系统、激光电源、声光电源、制冷系统）和扫描系统（包括控制计算机、图形输入设备、数据转换卡、振镜驱动电源、

图7-11　激光空间成像投影的显示效果

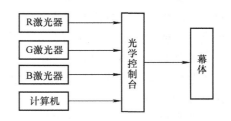

图7-12　激光空间成像投影机结构

透镜）组成，采用高功率红、绿、蓝激光器为光源，混合成全色彩；采用高速扫描器件实现行/场扫描，临界闪烁频率不低于 50Hz。

激光光源亮度高、方向性好、色调丰富、色饱和度好、对比度高、无余辉磷光等特点，使空间成像投影所需的远距离超大屏幕显示成为可能，投影表面既可以是平面也可以是曲面，也可以营造雾幕、布幕、水帘和墙面等效果。

7.3.4　激光全息显示技术

激光显示与全息技术相结合，形成了激光全息技术。应用激光全息技术，从物体发出的衍射光能够被重现，其位置和大小同之前一模一样；从不同的位置观测此物体，其显示的三维图像也会发生变化。激光显示具有色域空间大、光源寿命长和节能环保等独特优势，其呈现出来的画面颜色鲜艳、色彩丰富，具备与虚拟现实（VR）、全息等前沿技术融合应用的巨大空间。

不同于平面银幕投影仅仅在二维表面通过透视、阴影等效果实现立体感，激光全息技术可以在任何角度观看影像的不同侧面，真正呈现立体影像，实现具有立体层次感、真实逼真的"真三维"显示；观看激光全息投影时，无需配戴眼镜就可以看到立体的虚拟人物。目前这项技术在博物馆、舞台等场景的应用较多。

7.4　激光显示的现状和发展

激光器发明不久，激光显示的研究就迅速兴起，其技术研究与发展可分为 4 个阶段：概念阶段、研发阶段、产业化前期阶段和规模产业化阶段[21]。激光显示概念于 20 世纪 60 年代提出后，世界各国都尝试开展激光显示光源和显示技术的研究，1965 年，美国德州仪器公司（TI）研制出了第一台激光电视。早期的气体激光器虽然实现了扫描式激光全色显示，但其寿命短、效率低、体积庞大，产业化进程缓慢。20 世纪 80 年代，半导体激光显示和全固态激光显示技术快速发展，使激光显示技术开始向实用化、产业化发展，世界各国均投入大量人力物力进行全固态激光显示技术的研究，如 SONY、三菱电气、精工、爱普生、三星、德州仪器、欧士朗等，曾在 LCD、PDP 及数字电视的开端占尽先机的日本产业界将激光显示技术称为人类视觉史上的革命。激光显示目前仍处于大规模产业化前的技术和产品研发竞争阶段，尚未形成垄断性国际分工和技术标准，未来 3 ~5 年将是激光显示技术产业化发展的关键期和黄金机遇期，核心关键技术的产业化、配套产业的培育和应用示范等成为发展重点。

中国工程院院士许祖彦首先在国内提出了激光显示概念，并展开初步研究。通过国家 863 计划等科技规划和项目的艰苦努力，我国已经建立了包括核心光学材料和器件、半导体与全固态激光器、激光系统整机集成在内的完整技术链，在激光显示技术的研究方面具备了坚实的基础，拥有和掌握了部分自主创新的核心技术和知识产权，已具备自主发展、逐步实现产业化、建立激光显示民族产业的条件；在激光显示技术相关专利方面，我国约占世界专利总数的 30% 。

激光显示技术目前存在的问题[22]如下：激光器（特别是绿色激光器）的成本仍然很高，固态激光光源发光效率低，功率输出受限；激光频率是固定的，但反射的光线会改变相位，可能造成射入与射出光线之间的干扰，导致可见亮点或暗点；激光的强干涉将引起散斑，严重影响成像质量；传统的激光背光源装置由于受限于导光板匀光技术，使激光光束进入到导光板之后得不到充分的扩散，在导光板输出面上形成亮度不均匀的面光源。

目前，激光显示技术的研发重点：研究红、绿、蓝一体化光源，降低成本，提高系统集成度；利用一种旋转散射体方法对激光显示中的散斑和干涉条纹进行抑制[23]；研究光学模组、消散斑模组等集成化系统，为产业化扫清障碍等。激光显示将成为未来显示系统的主流之一，在公共信息显示、数字影院、家庭影院、模拟训练、天文观测、大屏幕指挥显示、成像表演、虚拟现实显示等领域具有广阔的市场应用前景和发展空间。

本 章 小 结

本章从激光显示结构、系统和显示方式种类等方面，介绍了激光显示的相关知识，通过与其他显示方式的比较，介绍了激光显示的特点和优势。重点介绍了三类激光显示扫描方式：采用 GLV 光栅光阀的逐行扫描方式，采用 LCoS 光学引擎或 DLP 数字光处理系统直接进行投影的方式和采用光束偏转系统将光束逐点扫描成像的逐点扫描方式。此外，还介绍了背投式激光显示技术、前投式激光显示技术、全息式激光显示技术等显示技术。本章还对激光显示的发展现状进行了介绍，特别提出激光显示将在公共信息显示、数字影院、家庭影院、模拟训练、天文观测、大屏幕指挥显示、成像表演、虚拟现实显示等领域具有广阔的市场应用前景和发展空间。

本 章 习 题

7-1 简述并画图说明激光显示原理。

7-2 画图说明实现三原色激光显示的方案。

7-3 背投式和前投式显示技术的特点及优缺点对比。

7-4 什么是颜色视觉理论的三色学说？它的优缺点各是什么？

7-5 什么是 CIE 标准照明体？它们与标准光源有何不同？

7-6 测量三色 LED 光谱，计算它们的色度坐标及其在色品图上的位置。

7-7 激光显示技术与传统显示技术相比有哪些优势？

7-8 举例说明激光显示技术在现实生活中的应用。

参 考 文 献

[1] 屈伟平. 激光显示技术掀起色彩革命 [J]. 有线电视技术，2010，17（2）：11 – 14.

[2] 刘旭，李海峰. 现代投影显示技术 [M]. 杭州：浙江大学出版社，2009.

[3] 田民波. 电子显示 [M]. 北京：清华大学出版社，2001.

[4] 许祖彦. 激光显示——新一代显示技术 [J]. 激光与红外，2006，36（S1）：737 – 741.

[5] MOHANNAD KARM，Electro – Optical Display [M]. New York：Marcel Dekker Press，1992.

[6] 赵新亮. 扫描式激光大屏幕显示技术研究 [D]. 成都：四川大学，2005.

[7] LARRY J H. A Digital Light Processing Update – status and Future APPlications [J]. SPIE，1999，3634：

158 – 170.

［8］刘伟奇，魏忠伦，康玉恩，等．全固态激光彩色视频显示技术［J］．液晶与显示，2004，19（5）：325 – 328.

［9］KRANERT J，DETER C，GESSNER T，et al. Laser Display Technology［J］．IEEE，1998，5（12）：99 – 104.

［10］Teklas Perry. Tomorrow's TV［J］. IEEE Spectrum，2004，41（4）：38 – 41.

［11］尚秋平．视频激光扫描演示技术的研究［D］．西安：中国科学院西安光学精密机械研究所，1996.

［12］赵振明，李永大，郎百和，等．激光电视同步技术的研究［J］．长春光学精密机械学院学报（自然科学版），2001，24（3）：5 – 8.

［13］刘文学，王涛，姚建铨．激光电视高速扫描系统的设计研究［J］．激光杂志，2003，24（5）：75 – 77.

［14］LEE J H，KO YC. Laser TV for home theater［J］. SPIE，2002，4657：138 – 145.

［15］朱林泉，朱苏磊，洪志刚．大屏幕全彩色激光投影技术［J］．应用基础与工程科学学报，2004，12（4）：429 – 434.

［16］曹旭松．微机群控激光显示系统的研发与开发［D］．南京：河海大学，2003.

［17］李文峰．光电显示技术［M］．北京：清华大学出版社，2009.

［18］张岳．激光显示的原理和实现［J］．光学精密工程，2006，14（3）：402 – 405.

［19］荆其诚．色度学［M］．北京：科学出版社，1989.

［20］林海音. 3D 显示技术与器件［M］．南宁：广西美术出版社，2011.

［21］赵富宝，武怀玉，杨延宁．浅议激光显示技术及其进展［J］．现代显示，2013，24（1）：27 – 30.

［22］张玉平，王官俊，王开安，等．激光背光显示应用中的技术挑战［J］．激光杂志，2015，36（12）：14 – 21.

［23］孟祥翔，刘伟奇，魏忠伦，等．激光投影显示中新型散射体的散斑抑制［J］．红外与激光工程，2015，44（2）：503 – 507.

第8章

投影显示技术

导读

投影显示有别于前面章节所描述的那些直视型显示，属于一种微显示（MD）。直视型显示器件的几何尺寸与所显示的图像尺寸基本一致，而投影型显示器件是将所显示的图像经光学系统（通称光引擎）放大，在投影屏幕上获得放大的显示。

投影显示已经是现代社会中不可缺少的工具。科技商务、公安国防、交通控制、动力监控、网络管理、政府部门、会议场所、教学环境等都必须装备投影显示系统。

早期的三枪 CRT 投影机由于显示亮度不足、体积笨重，已经退出历史舞台。液晶投影机由于技术成熟、图像质量好，仍是重要的机型。数字光处理（Digital Light Processing，DLP）投影显示是近年来发展起来的新技术，它带来了数字显示革命性的新方法。众所周知，数字化已经成为信息系统的主流技术，然而在它的最终环节（显示）上往往还必须进行 D-A 转换（模－数转换），将数字量变回模拟量，再在 CRT、LCD、PDP 等上显示。这就遗憾地损失了数字优势，引入了新的噪声。数字光处理（DLP）投影显示实现了在最终显示环节的完全数字化，带来了令人惊喜的显示功能。美国 Texas 仪器公司开发的数字微反射镜器件（Digital Micromirror Device，DMD）是其核心装置。本章将着重介绍 DLP 投影显示技术。

8.1 投影显示技术的分类

投影显示技术按照所使用的显示器件来划分，目前可大致分为以下 4 类：阴极射线管（Cathode Ray Tube，CRT），液晶显示器件（Liquid Crystal Display，LCD），硅基液晶（Liquid Crystal on Silicon，LCoS）以及数字光处理（Digital Light Processing，DLP）。

8.1.1 CRT 投影显示

阴极射线管（Cathode Ray Tube，CRT）投影显示技术是出现最早，曾经应用最广的一种技术，可以说是投影机的鼻祖。CRT 投影机又叫作三枪投影机，如图 8-1 所示，其工作原理与 CRT 显示器类似，发光源和成像器件均为 CRT，即由阴极射线电子束击射在成像面的荧光粉上发光形成图像，然后再通过镜头投射到屏幕上面。CRT 投影机具有 CRT 技术中成像的所有优点和缺点，即分辨率高、对比度好、色彩饱和度佳、对信号的兼容性强，且技术十分成熟[1-2]。特别是 CRT 投影机在采用当前技术先进的 CRT 新型荫罩后，亮度也有了较大提高。但 CRT 投影机毕竟是由成像面上荧光粉发光后再投影到屏幕上的，当有效扫描电子数增加到饱和状态时，再增加有效电子数，荧光粉发光量也增加不多。因此，与其他类型的投影机相比，在亮度方面，CRT 投影机要低得多，这一直是困绕 CRT 投影机的主要因素。除此之外，CRT 投影机的缺点还有亮度均匀性差、体积大、笨重、调整复杂、长时间显示静止画面会使 CRT 产生灼伤等。因此，CRT 投影在投影机中已经被淘汰。

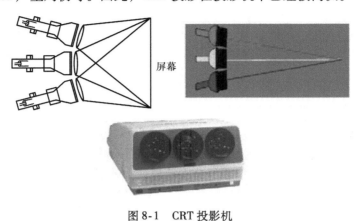

图 8-1　CRT 投影机

8.1.2　LCD 投影显示

液晶显示器件（Liquid Crystal Display，LCD）投影机是液晶显示技术和投影技术相结合的产物。其工作原理是利用液晶的光电效应（即液晶分子的排列在电场作用下发生变化，影响其液晶单元的透光率或反射率，从而影响其光学性质），产生具有不同灰度层次及颜色的图像。LCD 投影机可分为液晶光阀投影机和液晶板投影机两类[3-4]。

1. 液晶光阀投影机

它采用 CRT 和液晶光阀作为成像器件，是 CRT 投影机与液晶、光阀相结合的产物。为了解决图像分辨率与亮度间的矛盾，它采用外光源，也叫作被动式投影方式。一般的光阀主要由 3 部分组成：光电转换器、镜片和光调制器。它是一种可控开关，通过 CRT 输出的光信号照射到光电转换器上，将光信号转换为持续变化的电信号；外光源产生一束强光，投射到光阀上，由内部的镜子反射，通过光调制器，改变其光学特性，紧随光阀的偏振滤光片，将滤去其他方向的光，而只允许与其光学缝隙方向一致的光通过，这束光与 CRT 信号相复合，投射到屏幕上。它的亮度和分辨率都可以做到很高，亮度可达 6000lm，分辨率高达 2500×2000，适用于环境光较强，观众较多的场合，如超大规模的指挥中心、会议中心及大型娱乐场所。但是，由于光阀不易维修，而且该类投影机价格高昂、体积超大，在市场上比较少见。

2. 液晶板投影机

液晶板投影机采用液晶板作为成像器件，也是一种被动式投影方式，利用的外光源为金属卤素灯或冷光源（UHP）等。薄膜晶体管（Thin Film Transistor，TFT）活性矩阵液晶板是目前使用最广的液晶板。按照使用的液晶板片数分类，LCD 投影机可分为单片式以及三片式。三片式 LCD 投影机是用红、绿、蓝三块液晶板分别作为红、绿、蓝三色光的控制层。光源发射出来的白色光经过镜头组会聚到达分色镜组，红色光首先被分离出来，投射到红色液晶板上，液晶板上相应的像素接收到来自信号源的电子信号，呈现为不同的透明度，以透明度表示的图像信息被投射，生成了图像中的红色光信息。绿色光被投射到绿色液晶板上，形成图像中的绿色光信息。同样，蓝色光经蓝色液晶板生成图像中的蓝色光信息。3 种单独颜色的光在棱镜中会聚，由投影镜头投射到投影幕上形成一幅全彩色图像。至于单片式 LCD 投影机，如图 8-2 所示，它是在一片液晶板上集成出红、绿、蓝三原色，然后在屏幕上进行空间混色，这种单片式 LCD 投影机具有体积小、重量轻、操作和携带极其方便、价格低廉等优点，但因其存在液晶单色开孔率低、混色原理为空间混色和颗粒感较明显等缺点，目前已经基本被淘汰，仅在低档投影机中使用。

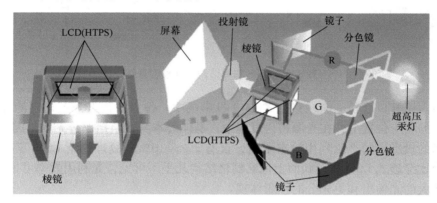

图 8-2 单片式 LCD 投影机

近几年，液晶板技术有了长足的进步，主要体现在以下几个方面：

1）微透镜技术的使用。在液晶板的每一个像素点上都设计了一个微透镜，它的优点是提高了液晶的开孔率，提高了 LCD 投影机的亮度，也使投影图像的颗粒感有所减弱。

2）随着 0.5in 液晶板的推出，LCD 投影机相比较于数字光处理（DLP）投影机在小型化方面的缺陷，目前也有了很大改善，小尺寸液晶板的推出也为 LCD 投影机大量工业化生产、降低价格铺平道路。

8.1.3 LCoS（硅基液晶）投影显示

硅基液晶（Liquid Crystal on Silicon，LCoS）投影显示技术，其实质就是反射式液晶技术，相对于玻璃基板的透射式液晶技术 LCD，LCoS 的基板为半导体材料硅。图 8-3 所示为 LCoS 芯片结构及其投影系统，其工作原理是通过微电路控制电压，令液晶发生扭转，通过液晶对偏振光的控制，实现色阶与灰阶的变化产生图像[5-6]。采用 LCoS 技术的投影机通常都采用三片 LCoS 面板。LCoS 面板是以 CMOS 芯片为电路基板，无法让光线直接穿过，因此在 LCoS 投影机系统中，LCoS 面板前均多加了偏极化分光镜（Polarization Beam Spliter，PBS），将入射 LCoS 面板的光束与反射后的光束分开。除了 PBS 以外，LCoS 投影机的主要结构在导光、分光及合光部分的设计与 LCD 投影机大同小异。

LCoS 投影技术是 2000 年以后发展起来的最新投影技术，LCoS 投影机在高分辨率投影方面非常具有潜力。目前市场上的 LCoS 投影机通常都是 SXGA（1365×1024）或更高。由于 LCoS 的晶体管及驱动电路都制作于硅基板内，位于反射面之下，不占表面面积，所以仅

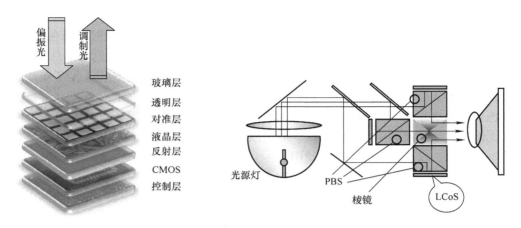

图 8-3　LCoS 芯片结构及其投影系统

有像素间隙占用开口面积。而在穿透式 LCD 投影机中，作为像素点开关控制的晶体管被做在液晶板上的相应位置上，在光源透射过程中，晶体管本身将阻挡部分光线，因此采用透射式液晶技术的投影机的光源利用效率不高，仅有 3% ~ 10%。故理论上 LCoS 不论分辨率或开口率都会比穿透式 LCD 高，画面上像素栅格结构几乎不可见，光利用效率可达 40% 以上，从而达到更大的光输出和更充分的色彩体现。

　　LCoS 投影机的制造技术分为前道的半导体 CMOS 制造及后道的液晶面板贴合封装制造。前道的半导体 CMOS 制造已有成熟的设计、仿真、制作及测试技术，所以目前良品率已达 90% 以上，成本极为低廉。后道的液晶面板贴合封装制造，目前的良品率较低，只有 30% 左右。在目前看来，LCoS 投影机受其价格影响，销量远不及 LCD 和 DLP 投影机，但 LCoS 毕竟是技术成本最低的投影技术，液晶面板制造的成熟为 LCoS 的良品率提供了提升的空间，产品的制造成本有望进一步降低。

8.1.4　DLP（数字光处理）投影显示

　　DLP 投影技术的核心是 DMD 数字微镜装置，如图 8-4 所示。DLP 投影技术的优势如下：以反射式器件 DMD 为基础，不需要偏振光，是一种纯数字的显示方式，图像中的每一个像素点都是由数字式控制的三原色生成的，每种颜色有 8 ~10 位的灰度等级，DLP 投影技术的这种数字特性可以获得精确数字灰度等级以及颜色再现；与透射式液晶显示 LCD 技术相比，其投射出来的画面更加细腻；在光效率的应用上，由于 DLP 投影技术基于反射原理，光量损失较小，光利用率较高；此外，DLP 投影产品投影影像的像素间距很小，形成几乎可以无缝的画面图像，因此，DLP 投影机一般对比度都比较高、黑白图像清晰锐利、暗部层次丰富、细节表现丰富；在表现计算机信号黑白文本时画面精确、色彩纯正、边缘轮廓清晰[7-9]。

　　目前，DLP 投影技术正在沿着低成本、高画质的方向发展。DMD 元件的芯片尺寸在不断缩小，DMD 微镜面积从 16.7μm² 减小至 13.7μm²，微镜间隔从 1μm 减小至 0.8μm，DMD 芯片微镜的偏转角度已经从原来的 10° 提高到 12°，提供了更好的对比度；在降低成本方面，加大硅晶基底口径和改良封装工艺等都是有效的措施。

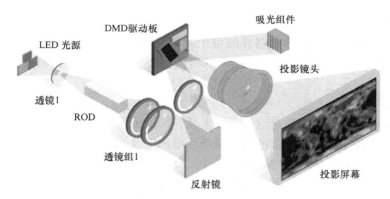

图 8-4　数字光处理（DLP）投影显示系统

DLP 投影显示具有如下特点：

1）完全的数字化显示，这是独有的特色。

2）反射显示，光量利用率高。而 LCD 是透射式，又用偏振片，至少损失 1/2 光能。

3）优秀的图像质量。DMD 上小方镜面积为 $16\mu m^2$，方镜间隔为 $1\mu m$，填充因子大于 90%，称为"无缝图像"；而 LCD 最多只有 70% 的填充因子。

4）DLP 投影系统成功地完成了一系列规定的、环境的及操作的测试，证明它的可靠性很高，系统寿命长。这方面远远胜过了液晶显示器。

DLP 投影显示技术方兴未艾，已是投影显示的主流产品。下文将全面介绍 DLP 投影显示技术。

8.2　DLP 投影显示系统的结构

DLP 投影机内部大致可以划分为 3 大部分：电路系统、光机模组和散热系统。其中以光机模组最为核心，因为它直接决定着投影机所能达到的画面质量。如图 8-5 所示，电路系统包括电源及电子组件；光机模组包括灯、色轮、积分柱、照明光学元器件、DMD、TIR 棱镜和投影透镜；散热系统包括风扇和底板封装。

（1）电路系统

电路系统包括 DMD 驱动和控制电路、电源模块、光源驱动电路、扩展电路等。DMD 驱动和控制电路用来提供 DMD 的工作信号和使光源协同工作的同步信号，控制电路中包含的器件包括 DMD 控制芯片、快闪存储器（SD–RAM）和微控制芯片等。电源模块用来提供系统工作所需要的直流电压电源。如果光源采用 LED，则需要 LED 驱动电路为红、绿、蓝 LED 光源正常工作提供电压。而扩展电路则负责处理外接输入视频信号，主要器件为视频解码器。

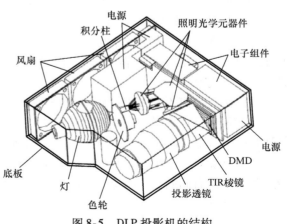

图 8-5　DLP 投影机的结构

（2）光机模组

光机模组是指包含全部光学元器件的整个光学系统，包括照明系统、DMD以及成像系统。照明系统包括光源、ROD、整形镜组、反射镜和全反射棱镜等，而成像系统即指投影镜头。

（3）散热系统

散热系统对于投影机能否稳定运行至关重要，同时也可有效延长投影机部件的寿命。投影机的热量主要来源于投影机内部的光学系统、电源以及光源这3部分。由于投影机输出的亮度越高越好，但亮度越高的同时，各种光学元器件的发热量也会迅速攀升。如果不及时把这些热量从投影机中迅速排除，那么就会使得投影机内部产生高温，在高温情况下，投影机的工作效率就会降低，而且长时间工作下去的话，投影机的使用寿命也会大大缩短。

不同来源的热量对投影机造成伤害的位置和程度都是不一样的。由投影机光学系统散发出来的大量热量会导致投影机内部温度迅速升高，而采用超高压汞灯作为光源的投影机灯泡内壁的石英在高温下会发生失透现象，产生白色的斑点，由于失透处大量阻挡光线，使该局部区域温度异常升高，进而引起失透区域进一步扩大，从而使亮度迅速衰减，并且很可能导致灯泡爆炸。此外，投影机内部显示芯片自身的物理特性决定了它的工作温度也不允许太高，其他光学元器件一旦温度超过其承受范围也会造成元器件的损坏。

还有一点就是散热系统的长时间工作将直接导致投影机光路的灰尘污染。由于散热系统中风扇的持续工作，导致灰尘在光学元器件上的积累，使投影机投射出的画面出现小范围内的黑斑，影响清晰度；而投影机电源部分所散发出来的热量会导致电源部分温度过高，这样会导致投影机内部电源部分等的电解电容干涸，造成这些电解电容容量下降，甚至消失，从而导致投影机出现无法消除的干扰、信噪比降低及严重的电源开关管烧毁事故。

8.3 DLP 投影机的关键部位

8.3.1 核心器件 DMD 的结构和工作原理

数字微反射镜设备（Digital Micromirror Device，DMD）简称数字微镜，是美国科学家L. J. Hornbeck 于1982年发明设计且属于德州仪器（Texas Instruments，TI）公司的专利产品。自从DMD商业化后，其主要应用在显示领域中（如DLP投影显示和高清电视的应用），因其具有分辨率高、光学效率高、对比度高和灰阶显示功能，迅速成为工业以及科技领域炙手可热的数字化显示核心部件，从而被广泛应用于印刷产业、光信息处理和全息成像等装备中。现在主流DLP投影显示领域（如低端的微投，中、高端的家庭娱乐影院，高端的大屏幕投影拼接）都离不开DMD技术。图8-6所示为0.7XGA DMD芯片外观图，它是由1024 × 768（即786 432）块微小铝制反射镜组成的，外面封装材质为玻璃，从图8-7微反射镜与蝇蚊脚对比图可知，DMD上微反射镜的尺寸非常细小，为十几微米。

微反射镜的工作状态有 ON 和 OFF 两种状态，当金属和镜片之间产生静电力时，镜片就会因静电引力而倾斜（即偏转），静电力消失以后，加上复原力微反射镜又回到原来的位置，现在 DMD 的主流偏转角度有10°和12°，0.7XGA 微反射镜的偏转角度为 ±12°，如图8-8所示，当 CMOS 数字控制信号为 1 状态时，微反射镜就会在静电力的牵引下偏转 +12°（即

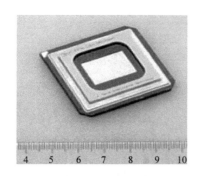

图 8-6　0.7XGA DMD 芯片外观图

图 8-7　微反射镜与蝇蚊脚对比图

ON 状态），让光束达到指定的接收屏上形成一个亮像素点；当控制信号为 2 状态时，微反射镜在反向静电力作用下反向偏转 −12°（即 OFF 状态），使反射光射向装置黑壁上被吸收，从而在接收屏上是一个暗像素点[10]。

以上已经清晰地体现了 DMD 这样一个高技术集成的微电子机械光调制器的作用原理。数字图像信号控制微镜的"开"与"关"，调制入射光在屏幕上形成精确的数字影像。

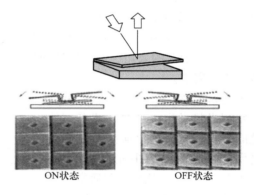

ON状态　　　　　OFF状态

图 8-8　DMD 的工作原理

8.3.2　照明部件

1. 光源

光源是为 DLP 投影显示系统提供光输出的重要部件，它的寿命、光谱、发光效率以及环保性能都决定着整个系统的品质。因此，光源是推动投影显示技术发展的关键部件，DLP 投影机经历过超高压气体放电灯，到如今广泛应用的高亮 LED 和荧光粉激发式激光，还有高端 DLP 投影显示领域中的纯三色激光。

高压气体放电灯有金属卤化物灯、氙灯、超高压汞灯等。金属卤化物灯是利用电极之间通过电流形成的电子束与气体碰撞激发而发光的，要匹配 DLP 投影系统的话，金属卤化物灯必须缩小电极间距（即成为短弧灯），寿命为 1000 ~ 2000h，发光效率为 60 ~ 80lm/W，色温为 6500K ~ 8000K。短弧氙灯是在耐高温、透明且性能稳定的石英玻璃中充入 500 ~ 800kPa 的氙气，当电流通过电极之间时，大量电子轰击而产生接近自然光的连续光谱，显色性较好，但发光效率低、成本高、使用寿命为 2000h 左右。超高压汞灯（Ultra High Pressure，UHP）由放电管和反光碗组成，放电管起到发光作用，反光碗主要起到聚焦或者产生平行光的作用。飞利浦公司研发的 UHP，汞蒸气工作电压为 20 ~ 25MPa，光效和色彩均有一定提高。如图 8-9 所示，DLP 投影机可以用 UHP 光源作为照明方案，用于前投 UHP 的功率为 200 ~ 350W，寿命为 2000 ~ 4000h；用于背投 UHP 的功率为 100 ~ 120W，寿命可达 10000h。

与传统的高压气体放电灯相比，LED 既绿色环保，寿命又长，而且即开即用无需等待（如 UHP 有约 2min 的预热时间）。自从世界上第一台 LED 光源投影机在 2003 年问世以来，LED 慢慢被人们所喜爱，因为它有着诸多优良品质：其一，色彩表现好，LED 的光谱半宽度为 25nm 左右，光

图 8-9　UHP 灯泡及其 DLP 投影机

谱较窄，因此色域可以做得很大，可达 120% NTSC；其二，如图 8-10 所示，DLP 投影机光源可由红、绿、蓝三色 LED 充当基色，无需再从白光中提取基色，从而也少了紫外、红外光对 DLP 投影系统的损伤，按照 LED 8 位灰度驱动的话，三原色各产生 256 级灰阶，组合起来可产生 $256^3 = 16\ 777\ 216$ 种颜色，能满足所有视频图像颜色的再现；其三，LED 的发光效率很高，目前有的公司已经可以做到 220lm/W，极大地满足了数字光处理（DLP）投影机节能减排的需求。

荧光粉激发式激光是指以蓝色激光激发荧光粉发出红、绿、黄等其他颜色的光，激光在这里面并不完全是发光源，在光源模组中充当能量源，如图 8-11 所示，蓝色激光器通常是许多蓝色半导体激光器阵列，由 DLP 投影机总光通量决定阵列中激光器的个

图 8-10　LED 灯板及其 DLP 投影机

数，然后通过激发高速旋转的荧光粉色轮，产生其他两种基色光（即绿、红光）。如图 8-12 所示，现在 3000 ～ 10000lm 的投影机最好的解决方案就是激光荧光粉光源，它的寿命大约为 20000h，主要的缺陷是荧光色轮的性能不是很稳定，会有色偏现象，而且用在单片 DMD 上会有彩虹效应。

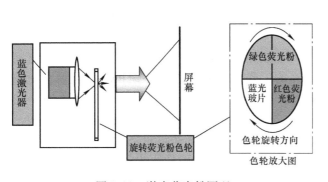

图 8-11　激光荧光粉原理

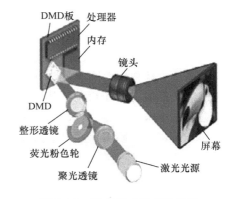

图 8-12　激光荧光粉式数字光处理（DLP）投影机

三色激光 DLP 投影机是以高饱和度的红、绿、蓝三色激光为光源，充分利用了激光波长的可选择性和高光谱亮度的优点，让输出图像具有超级大的色域表现空间，色域可达

170% NTSC，而且光量利用率进一步超过 LED，且亮度超过荧光粉激发式激光，寿命基本上是所有光源的领跑者，这些优势加在一起，让三色激光终将成为 DLP 投影显示领域光源的终极解决方案。图 8-13 所示的 DLP 投影机就用到了三色激光。但目前因其成本太高，而且蓝光对人眼的伤害得不到有力的控制，加上散斑问题无法完全消除等不足，所以只能应用在宽荧幕、高亮度需求的高端领域中。

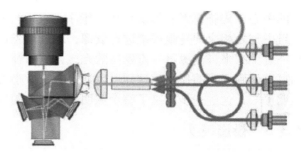

图 8-13　三色激光 DLP 投影机的显示原理

2. 匀光器件

光源是照明系统中光的能量源泉，但它具有一定的发散角、复色光、形状较小且能量分布不均匀等初始状态，需要经过色轮、照明光学元器件、匀光器件（如积分光棒、复眼透镜）来达到分光、准直、匀光、整形等目的。当光源为三色 LED 或者三色激光时，就不需要色轮这个装置了。照明光学元器件、匀光器件和 TIR 棱镜都可称作中继光路，它起到把光传输到物面 DMD 的作用，其中最重要的元器件是匀光器件。

DLP 投影机领域中均匀照明的应用无非两种，一种是光学积分器的匀光，另一种为复眼透镜的匀光。如图 8-14 所示，红、绿、蓝 LED 的光经过聚光透镜后进入光学积分器（即匀光器件），在完成光线的均匀分布的同时，也完成光斑形状的塑造（即形成与 DMD 相似的矩形光斑）。图 8-14 中的积分器是由四片相同的内壁为平面反射镜组成，如图 8-15 所示，它能让入射光经过多次反射后到达出射面，这样入射面每一点的光线到达出射面上各点的概率一样，因而出射面上每一点都是各光线叠加而来的，就能形成高度均匀化的光斑。

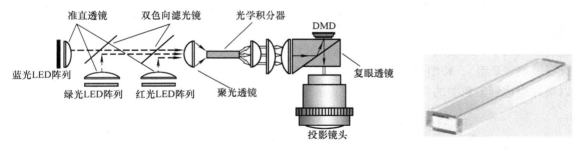

图 8-14　DLP 投影机光学引擎

图 8-15　光棒实物

复眼透镜匀光技术是利用两组复眼透镜阵列来分割和重组光通道，以达到光线高度均匀的效果。如图 8-16 所示，两组复眼透镜阵列相互平行，第一组每个微小透镜的焦点和第二组所对应的微小透镜的中心点重合，且光轴保持平行，把聚光透镜放置在第二组后边，同时让照明接收屏置于第二组的焦平面上。入射平行光束经第一组透镜阵列后成像于第二组微小透

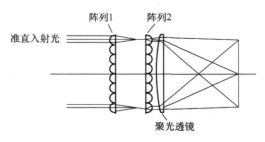

图 8-16　复眼透镜光路图

镜的中心（即把光源打散成许多个细小光束进行照明），第二组阵列中的每个微小透镜对第一组中与之相应的复眼透镜进行成像，经过聚光透镜后照射在接收屏上形成均匀光斑，其上每一点都有来自光源每一点发出的光线，从而补偿了光源的不均匀性。加上第二组微透镜阵列可以起到场镜的作用，这样可以让第一组微小透镜的像全部成在物镜的出瞳处，依据柯拉照明可知，这进一步提高了整个照明系统的均匀性，能很好地满足 DLP 投影显示的要求。

8.3.3 投影镜头

1. 镜头像差

投影镜头决定输出图形的清晰度、对比度和锐度等重要品质，对于投影镜头来说，矫正像差非常关键，一般在 DLP 投影显示镜头中需要消除其中 6 种像差（球差、彗差、像散、场曲、畸变和色差）。像差与视场（物高）、光束孔径、玻璃材质和透镜结构有很大的关联，那么校正这 6 种基本像差也是从这几个方面着手。

球差是一种旋转对称式像差，它只存在于轴上视场，由于球差的存在，球面透镜对物点的成像不再完善，而是呈现出圆形弥散斑。在实际应用中，校正球差有两种方法：正、负透镜结合补偿法和非球面透镜校正法。正透镜始终产生正球差，负透镜产生负球差，需要在系统中增加正、负透镜，使正、负球差相消以达到消球差的目的，当无法用该方法来降低球差时，可以考虑用二次曲面（即 Conic 非球面）来校正球差。

彗差、像散、场曲和畸变是单色像差中的轴外像差，都与视场紧密相关，校正它们共同的方法是在系统中引入对称结构（如双高斯、库克三片物镜等），这些对称结构对该 4 种像差的校正具有非常大的作用，另外还可以通过调整视场光阑与镜头之间的相对位置来校正像差。当系统中存在大场曲时，应用匹兹万镜头可以很好地校正场曲，就是把最后的透镜设计成负透镜。

因为色差的存在，当照明光源为复色光时，会在成像面上看到彩色晕圈和彩虹边带现象，校正色差最好的办法是在系统中使用双胶合消色差透镜和三胶合复消色差透镜。这两种透镜都采用不同的玻璃材质制成，依据色散特性可以把玻璃材料分为冕牌玻璃（K 型）和火石玻璃（F 型），K 型色散能力比较弱、F 型色散能力比较强，通过这两种材料的组合可以很好地达到消色差的目的，图 8-17 所示为 Zemax 模拟很好消除 6 种像差的光线追击图。

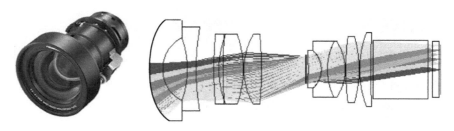

图 8-17　消色差的投影镜头及其光学设计图

2. 镜头投射比

投射比是数字光处理（DLP）投影机一个至关重要的应用参数，前投安装距离以及背投箱体都需按照该项参数来严格设计。如图 8-18 所示，投射比的定义为投射距离、镜头出瞳之和与显示画面宽度之比。

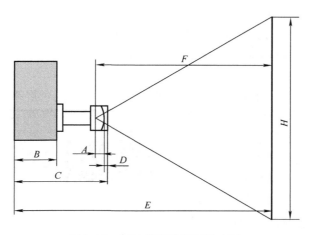

图 8-18 DLP 投影机投射尺寸图

投射比的计算公式为

$$\gamma = \frac{F}{H} \tag{8-1}$$

式中，F 为镜头出瞳距离与镜头最后一面到屏幕中心的距离（投射距离）之和；H 为输出画面的水平宽度。

由式（8-1）可知，投射比 γ 越小，相同投射距离下就投射出更大的画面，这就表现为短焦显示。普通投影机投射比范围为 $1.5 \sim 1.9$，当投射比小于 1 时称为短焦镜头，当投射比在 0.6 以下时称为超短焦镜头。如今，家庭数字光处理（DLP）投影影院和超薄背投设计需要这种超短焦镜头。

8.4 DLP 投影显示技术指标及其测试方法

DLP 投影显示的重点是输出高质量水平的图像，而图像的好坏受主观因素影响较大，因此技术指标显得异常重要，用统一的测试条件和测试方法，进行一套数字显示系统的评判是最客观公平的途径。其中，技术指标有电学指标和光学指标，国际上制订了一系列统一的方法和标准，最为常见的有国际照明学会的光色度标准（CIE）、电子工业协会标准（EIA）、美国国家标准局制订的美国标准（ANSI）和美国国家信息显示实验室的标准（NIDL）。视频显示屏系统工程测量技术规范（GB/T 50525—2010）是如今我国投影机的常用国家标准，以及大屏幕拼接显示墙技术规范及测量方法（CVIALP ILSD01—2008）、公路工程质量检验评定标准（JTG F80/1—2017）等我国的行业标准。数字光处理（DLP）投影显示的基本测试环节包括以下几个重要指标：DLP 投影机的光输出、照度均匀性、色度不均匀性、对比度、镜头清晰度、色差、图像失真和色域覆盖率、屏前亮度、屏前亮度均匀性、屏前色度不均匀性、视角、拼缝。

8.4.1 测试的环境和条件要求

环境温度为 25℃ ±3℃，相对湿度为 25% ~75%，大气压为 86 ~106kPa，对于唯一额定电压的光机，输入电压应等于额定电压；对于额定电压是在一定范围内可变的数字光处理（DLP）投影机，应记录所使用的输入电压，测试时电源电压的波动范围不超过额定电压的 ±5%，当采用交流电网供电时，电源频率的波动不应超过 ±0.5Hz，电压谐波分量不应超过 5%。

测试应在暗室中进行，环境光照度小于或等于 0.1 lx，黑色屏幕的反射率应低于 2%，白色屏幕的反射率应不低于 80%，黑色屏幕与白色屏幕之间的距离刚好为照度计厚度，移开白色屏幕在黑色屏幕上进行，且满足测量仪器的探头覆盖 5×5 个像素，白色屏幕只用于各画面的检测，如果暗室没有白色屏幕，应将所有照度测试结果扣除照度计的厚度（即乘以一个系数 0.92~0.95）。最后投影机应调至亮度和对比度值达到最优，但必须满足白色屏幕能分辨出极限 8 灰阶，如图 8-19 所示，这 8 级灰阶分别为 0%、5%、10%、15%、85%、90%、95%、100%。

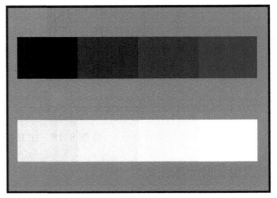

图 8-19　极限 8 灰阶

8.4.2　光输出

光输出是衡量 DLP 投影机画面明暗程度的重要指标，即测量投影机在正常工作状态下能被人的视觉所感受到的最大光辐射效果，首先检查画面边缘，应均匀完整，不应有阴影、彩边等不良现象。分别在黑色屏幕上（见图 8-20）上把画面平均分成 9 份，P_1~P_9 分别为各小画面的中心点，边角点 P_{10}~P_{13} 的位置确定为到顶点的距离是到中心点距离的 1/10，在 P_1~P_9 这 9 个点上测量各自的照度值 L_1~L_9，单位用勒克斯 Lx 表示。L_1~L_9 的 9 个读数的平均值 L_a 再乘以投影图像的面积 S（m^2），就是该投影机的光输出 L。

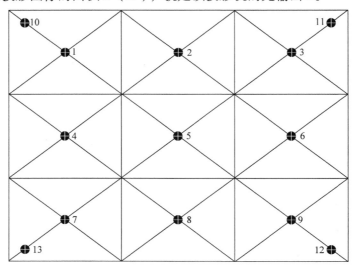

图 8-20　13 点测试图

计算公式为

$$L_a = \frac{L_1 + L_2 + L_3 + L_4 + L_5 + L_6 + L_7 + L_8 + L_9}{9} \tag{8-2}$$

$$L = L_a S \tag{8-3}$$

应选择较慢的测量方式或照度计仪器的 Multi 档位，测量结果：以流明（lm）表示。

8.4.3 照度均匀性

照度均匀性是衡量 DLP 投影机的画面明暗程度均匀性的重要指标，投影机在正常工作状态下，如图 8-20 所示，在黑色屏幕上测量 $P_1 \sim P_{13}$ 各点的照度（$L_1 \sim L_{13}$）与 $P_1 \sim P_9$ 各点的照度值，先求中心 9 点平均值 L_0，然后找出与 L_0 偏差值最大的亮度值 L_1，照度均匀性 A 的计算公式为

$$A = \left(1 - \frac{|L_1 - L_0|}{L_0} \right) \times 100\% \tag{8-4}$$

计算结果以百分数表示，一般该项指标不能低于 85%。均匀性是指满屏时亮度的一致性，中心与四周亮度值在规定的范围内；如图 8-21 所示，明显中间亮四周暗，说明此时均匀性一定很差；中间与四周亮度基本一致，或者说人眼无法判断时，说明此时均匀性相对较好（但不一定就符合规格要求，需要用照度计测试计算才可以得出最终结论）。

均匀性差

均匀性好

图 8-21　白画面均匀性差异

8.4.4 色度不均匀性

色度不均匀性是对白画面要求很高的设备（如拼墙背投 DLP 投影机）必须考虑的指标，在测量时，投影机打出图 8-20 的测试图，分别测量 $P_1 - P_{13}$ 点处的色坐标值（x，y），然后取各点的色坐标最大值与最小值之差作为不均匀性，用 Δx，Δy 表示，一般值的范围为 ≤ 0.015 时，全屏颜色基本一致，无明显串色现象。

8.4.5 对比度

对比度是反映 DLP 投影机细腻和层次感画质的关键指标，测量投影机在正常工作状态下，输入全白场图像与输入全黑场图像的中心点照度之比即 DLP 投影机的峰值对比度 C_s。先输入全白场测试图，测量屏幕中心点的照度 L_w，再输入全黑场测试图，测量中心点的照度 L_b。

$$C_s = \frac{L_w}{L_b} \tag{8-5}$$

式中，C_s 取整数，测量结果以 $C_s : 1$ 的形式表示。

本 章 小 结

本章介绍了投影技术的分类及其基本原理，阐述了各显示技术在实际应用中的优缺点，突出了 DLP 技术在投影技术革新之路上的重要位置。重点介绍了 DLP 投影机的结构和重要部件：DMD、光源、照明部件和投影物镜，讨论了投影物镜的像差种类和消除像差的基本方法，最后介绍了评估投影显示的重要评价指标和测试方法。

本 章 习 题

8-1 投影显示技术分为哪 4 类？了解各显示技术的基本原理。

8-2 了解目前应用于 DLP 投影机的主流光源和匀光器件的种类及其优缺点。

8-3 DLP 投影镜头的像差有哪几种？分别可以通过什么方法来消除？

8-4 DLP 投影画面尺寸与哪个重要参数有关？理解投影画面尺寸与该参数的比例关系。

8-5 DLP 投影显示画面的重要指标有几项？掌握各项指标的的测试方法。

参 考 文 献

[1] WANG Q, CHENG J, LIN Z, et al. High – luminance and high – resolution CRT for projection HDTV display [J]. Journal of the Society for Information Display, 1999, 7 (3): 183 – 186.

[2] XIONG J Y, YIN – BAO H E, ZENG G J, et al. Technology and application of LCD projection display [J]. Optical Instruments, 2001.

[3] ZHOU P, LU W, ZHENG Z, et al. LCD Projection Display System with High Brightness [J]. 光学学报, 2003, 23 (S1): 831 – 832.

[4] ZOU H, SCHLEICHER A, DEAN J. Single – Panel LCoS Color Projector with LED Light Sources [J]. Advanced Display, 2006, 36 (1): 1698 – 1701.

[5] ROBINSON M G, CHEN J, SHARP G D. Three – panel LCoS projection systems [J]. Journal of the Society for Information Display, 2012, 14 (3): 303 – 310.

[6] HORNBECK L J. Digital Light ProcessingTM for high – brightness, high – resolution applications [J]. Proceedings of the SPIE – The International Society for Optical Engineering, 1997: 27 – 40.

[7] HORNBECK L J. Digital Light Processing and MEMS: reflecting the digital display needs of the networked society [J]. Proceedings of SPIE – The International Society for Optical Engineering, 1996: 2 – 13.

[8] MARKANDEY V, GOVE R J. Digital Display Systems Based on the Digital Micromirror Device [J]. Smpte Motion Imaging Journal, 1995, 104 (10): 680 – 685.

[9] VAN K P F, HORNBECK L J, MEIER R E, et al. A MEMS – based projection display [J]. Proceedings of the IEEE, 1998, 86 (8): 1687 – 1704.

[10] SAMPSELL J B. Digital micromirror device and its application to projection displays [J]. Journal of Vacuum Science & Technology B Microelectronics & Nanometer Structures, 1994, 12 (6): 3242 – 3246.

第 9 章

电影显示技术

导读

本章从技术发展、系统设备升级优化、标准和规范要求、检测认证等角度，介绍了电影显示技术及相关技术系统，着重对数字影院、数字电影放映机、数字巨幕等关键系统设备及新技术进行了说明，介绍了相关标准制定实施和修订情况，对电影显示技术的发展和演进提出了展望。

9.1　数字影院

9.1.1　数字影院的定义和技术演进

数字影院是符合 DCI（数字电影倡导组织）数字电影系统规范（Digital Cinema System Specification，DCSS）、ISO（国际标准化组织）数字电影技术标准和 SMPTE（电影电视工程师协会）数字电影技术标准，采用数字放映系统实现电影放映的影院。数字影院技术体系涵盖数字电影发行母版（DCDM）、压缩、打包、数字电影数据包（DCP）、传输、影院系统、放映和安全等方面。

我国电影从胶片放映向数字放映的转换与全球同步；从 2001 年开始研究制定了数字电影发展方案和补贴政策，提出了电影数字化的发展方向，开展了数字影院的研究、试验、示范和推广应用工作。至 2002 年，我国拥有了第一批数字影院，开始放映数字电影，这拉开了我国数字影院发展的序幕。经过科学研究、试验论证、积极准备和认真实施，我国影院逐渐完成了从胶片放映向数字放映的整体转换，迎来了数字影院的高速发展，为我国电影产业健康可持续发展奠定了基础。

经过十余年的努力，我国电影在产业化、数字化和信息化的驱动下，持续稳步健康增长，实现了跨越式发展，取得了举世瞩目的成就，实现了拍摄、制作、发行、放映、运营和管理全产业链的数字化，全面步入数字电影时代。数字放映、3D 立体、4K、巨幕、多声道立体声、高帧率（HFR）、高动态范围（HDR）和宽色域（WCG）等技术在数字影院建设中得到迅速应用，显著提升了数字影院的视听质量和观影体验。截至 2016 年 6 月，我国数字影院已发展到拥有超过 7000 家影院，近 3.7 万个影厅，其中超过 80% 的影厅可以放映 3D 影片，巨幕影厅数量超过 400 个；数字影院管理的自动化和信息化快速推进，影院管理系统（TMS）和网络运营中心（NOC）技术得到应用，影院接入范围不断扩大，探索实现了对影院设备的智能化高效管理、远程监测、故障诊断和系统升级等功能，提高了影院运营管理效率和水平。

9.1.2 数字影院技术标准体系

数字影院的发展与 DCI 数字电影系统规范的研究、制定、演进和实施密切相关。DCI 是由美国好莱坞主要制片公司于 2002 年 3 月联合建立的机构，负责制定数字电影系统规范并进行相关评估测量。虽然 DCI 不是国际标准化组织，但由于好莱坞制片公司在全球电影制片领域的垄断地位和巨大影响，DCI 制定的数字电影系统规范对全球数字影院的发展具有重要的影响力，也是 SMPTE 和 ISO 等标准化组织制定数字影院技术标准的重要参考文件。DCI 数字电影系统规范的制定工作于 2002 年开始，2005 年发布了 V1.0，之后根据技术发展和运营需要不断进行修订完善。

2007 年，我国根据 DCI 数字电影系统规范 V1.1 和 SMPTE 已颁布的相关标准，制定并发布实施了 GD/J 017—2007《数字影院暂行技术要求》，对数字影院相关环节的技术指标、数字电影的发行母版（DCDM）、数字电影数据包（DCP）的发行传输、数字影院的存储和放映、数字影院放映系统图像主要参数的测量方法等进行了规定；2011 年，发布实施了 GY/T 251—2011《数字电影流动放映系统技术要求和测量方法》，规定了数字电影流动放映系统母版制作、发行版制作、放映系统的技术要求和测量方法；2012 年，发布实施了 GY/T 256—2012《数字电影中档放映系统技术要求和测量方法》，对数字电影中档放映系统的技术要求和测量方法进行了规定；2013 年，发布实施了 GD/J 047—2013《数字影院立体放映技术要求和测量方法》，规定了数字影院立体放映的技术指标和测量方法，是全球首个数字影院立体放映技术规范。

在数字影院技术体系中，采用 2K（2048 × 1080）或 4K（4096 × 2160）的图像格式、$X'Y'Z'$ 色彩空间、12bit 深度的色彩分量来制作数字电影发行母版（DCDM），典型的帧速率为 24fps（帧/s），并逐渐向 48fps、60fps、72fps、96fps、120fps 演进。通过对数字电影发行母版（DCDM）进行 JPEG2000 图像压缩、AES 内容加密和 MXF/XML 封装打包，形成用于数字影院发行的数字电影数据包（DCP），同时制作产生密钥传送消息（KDM）。数字影院通过物理媒介、虚拟专用网（VPN）、卫星信道或其他网络通道安全接收到数字电影数据包（DCP）和密钥传送消息（KDM）后，由数字电影播放服务器或数字电影播映一体机进行 MXF/XML 解包、解封装、密钥提取、AES 内容解密、JPEG2000 图像解压缩等处理，采用不低于 2K 物理分辨率的数字电影放映机实现数字放映。根据 GD/J 017—2007《数字影院暂行技术要求》和 GD/J 047—2013《数字影院立体放映技术要求和测量方法》的规定，数字影院 2D 和 3D 光学放映系统应分别符合的技术要求见表 9-1 和表 9-2。

表 9-1　数字影院 2D 光学放映系统的技术要求

项　　目	技术要求
银幕中心亮度	（48 ± 10.2）cd/m^2
银幕边缘亮度	银幕中心亮度的 75% ~ 90%
顺序对比度	≥ 1200:1
帧内对比度	≥ 100:1
色度（白点）	$X = 0.3140$，$Y = 0.3510$（容差为 ± 0.006）

表9-2　数字影院3D光学放映系统的技术要求

项　　目	技术要求
银幕中心亮度	(16 ± 3) cd/m²
串扰度	≤2.5%
帧内对比度	≥50:1
双眼亮度差	左、右眼的银幕中心亮度差应不大于银幕中心亮度的10%
色彩还原	银幕中心白点色度宜为 $X = 0.3140 \pm 0.006$，$Y = 0.3510 \pm 0.006$
亮度均匀度	宜为银幕中心亮度的75%～90%

包括数字电影发行母版、压缩、打包、数字电影数据包、传输、影院系统、放映和安全等在内的数字影院必须符合DCI数字电影系统规范的规定，包括以下几个方面：

1）数字电影发行母版的图像容器组和色度格式规范定义了数字电影常用的图像结构组；音频规范定义了比特深度、取样率、最小声道数、声道映射和参考值；字幕规范定义了数字电影字幕（包括同步文本、图片字幕等）轨迹文件的格式，描述了文本或图片置于电影画面帧上的精确位置。

2）压缩技术规范定义了符合DCI数字电影系统规范的JPEG2000压缩码流和JPEG2000解码器的技术要求。

3）打包技术规范定义了使用素材交换格式（MXF）和可扩展标记语言（XML）为数字电影文件打包的技术要求。

4）数字电影数据包规范定义了对图像、声音和字幕等内容进行加密的要求。

5）传输规范定义了使用物理媒介、虚拟专用网（VPN）、卫星信道或其他网络通道将节目从发行机构传送到影院的过程。

6）影院系统规范定义了在影院环境中实现电影放映所需设备（包括数字放映机、媒体模块（MB）、存储系统、声音系统、数字电影数据包导入系统、影院管理系统（TMS）、银幕管理系统（SMS）、影院自动化系统等）的技术要求。

7）放映规范定义了数字放映系统及其控制环境的要求，描述了母版制作和电影放映时关键图像参数的容差。

8）安全规范定义了在公开安全结构内实现内容保护和访问控制的技术要求，提出了内容加密、安全密钥管理、链路加密、电影数字水印、安全日志记录等规范。

9.2　数字电影放映机

数字电影放映机是指从数字电影播放服务器或图像媒体模块（IMB）的输出接口安全获取经解包、解封装、解密、图像解压缩后的无压缩重建图像，经色彩空间变换和电光转换等处理，将图像在数字影院的银幕上进行呈现的设备。

我国和国际上使用的大部分数字电影放映机都采用了德州仪器（Texas Instruments，TI）公司的数字光处理（Digital Light Processing，DLP）专利技术。DLP系统由数字微镜器件（Digital Micromirror Device，DMD）芯片、光源、颜色滤波系统、冷却系统、信号处理系统、照明及投影光学元器件等组成。经不断升级换代，目前广泛使用的是三芯片2K DLP数字电影放映机和4K DLP数字电影放映机。此外，采用索尼（SONY）公司硅晶反射显示（Silicon X – Tal Reflective Display，SXRD）专利技术的 4K SXRD 数字电影放映机也占据一定市场规模，其属于硅基液晶（Liquid Crystal on Silicon，LCoS）反射式液晶投影技术。

近年来，数字电影放映机不断进行技术升级，出现了数字电影播映一体机、基于激光光源等新型光源的数字电影放映机等新产品。目前的数字电影激光放映机主要分为两种：基于荧光粉激光技术的数字放映机和基于 RGB 三色激光技术的数字放映机。激光放映机在亮度、对比度和色彩还原等方面带来了全新的数字影院观影体验，其运营模式和运维策略等也将给电影产业带来重大变革。

根据 DCI 数字电影系统规范 V1.1 和 SMPTE 已颁布的相关标准，我国制定并发布实施了 GD/J 017—2007《数字影院暂行技术要求》，其中对数字电影放映机的放映格式、物理像素数、银幕中心亮度及亮度均匀度、顺序对比度、帧内对比度、色域空间的三基色亮度及色度坐标、链路解密、接口、数字放映图像参数的标称值和影院要求的允差及范围等进行了规定。

数字电影放映机应至少支持 2K 格式和 24fps 帧速率的图像实时放映；应具备符合标准的链路解密模块（LDB），可对数字电影播放服务器输出的链路加密数据进行解密（内置媒体模块的数字影院播映一体机除外）；应至少支持 Dual Link HD – SDI 视频输入接口，不应具有可提供未加密内容的输出接口或测试接口。

数字电影放映机的正常安全工作与媒体模块（MB）直接关联。媒体模块（MB）是数字电影放映机的核心关键器件，负责对数字电影数据包（DCP）进行解包、解封装、解密和图像解压缩等处理，产生无压缩的重建图像、声音和字幕，并安全输出至数字电影放映机，以实现电影数字放映。媒体模块（MB）由安全管理器、图像/声音/字幕媒体数据解密器、图像/声音取证标记嵌入器等安全功能模块组成，具备数字电影数据包（DCP）输入接口、无压缩节目数据输出接口和安全控制接口，具有很高的安全性要求，须具备物理保护措施，防止其内部电路被访问和探测。媒体模块既可内置于独立的数字电影播放服务器中，也可内置于数字电影放映机中，内置媒体模块的数字电影放映机也称为数字电影播映一体机。

依据 DCI 数字电影系统规范，对于数字影院中数字电影播放服务器、数字电影放映机独立分离的数字电影放映系统，为保证经数字电影播放服务器解密后的影片内容数据能安全传输到数字电影放映机，必须在数字电影播放服务器中的媒体模块（MB）至数字电影放映机的传输链路上对影片内容进行链路加密（LE）和对应的链路解密（LD）。其中，链路加密和密钥产生（每部影片通常采用不同的链路加密密钥）由数字电影播放服务器中的媒体模块完成，并将密钥传送给数字电影放映机的链路解密模块（LDB），数字电影放映机完成链路解密，实现电影数字放映。目前，国际上通常采用基于 AES 128（密钥长度为 128bit 的高级加密算法）的链路加密/链路解密（LE/LD）算法。但如果媒体模块已内置于数字电影放映机中（即构成了数字电影播映一体机），则不必进行链路加密和链路解密操作。

数字电影放映机是数字电影放映系统的重要组成部分和关键设备，截至 2015 年底，我国共装备了近 3.2 万台数字电影放映机。激光放映、4K、3D、高帧率（HFR）、高动态范围（HDR）、宽色域（WCG）等技术的应用和演进将促进数字电影放映机的优化和升级。

9.3　巨幕电影

巨幕电影是指采用尺寸超过 20m×12m 的高质量银幕以及通用或专用数字电影发行母

版，并在数字电影播放服务器、数字电影放映机、还音系统设备和影厅放映工艺设计等环节采用图像优化、图像增强等技术处理，以改善图像和声音质量，使放映质量和观影体验明显提升的数字电影放映模式。

20 世纪 60 年代，加拿大 IMAX 公司推出了 IMAX 巨幕电影放映系统。随着电影技术的发展和数字化进程的推进，国内外生产厂商和研发机构不断对已有的巨幕电影放映系统进行完善和升级，并推出新的巨幕电影制式。

近年来，在全球范围内，数字巨幕电影系统呈现多元化发展态势。国内外大型电影院线和数字电影主流设备商等积极开展数字巨幕系统的技术研发和推广应用，不同品牌的数字巨幕系统相继推出，如中国巨幕系统、RealD LUXE 巨幕影厅、杜比影院（Dolby Cinema）等，向 IMAX 巨幕系统发起挑战。

在胶片电影时代，巨幕放映解决方案具有其特有的参数和特性：65mm 胶片摄影机拍摄、15 片孔、69.6mm×48.5mm 胶片拷贝画幅、1.35:1 画幅比、可达 35m×24m 的巨型银幕等。而在我国电影数字化转换整体完成、电影数字放映全面普及的今天，除了符合数字影院的性能和安全标准以外，数字巨幕系统还采取了一系列技术措施来提高放映质量，提升和改善观影体验：

1）为提升对比度和观影体验，在制版环节采用了特殊制版技术和工艺。

2）在放映系统中增加了实时图像处理（图像优化和图像增强）系统。

3）为保证数字放映的银幕亮度和对比度，采用两台不低于 2K 分辨率的高功率数字电影放映机，与数字电影播放服务器和高质量、大尺寸银幕组成主要的光学放映系统。

4）不断改进巨幕影厅的还音系统特性，提升声音动态范围和沉浸式还音效果。

5）在更高分辨率、更大动态范围、更宽广色域、更舒适观影体验等方面，加大技术研发和应用力度。

近年来，包括中国巨幕、IMAX 在内的世界主要巨幕电影系统均加快了技术升级和优化的步伐，巨幕影厅的视听质量和观影体验得到了显著提升。

9.4　中国巨幕

中国巨幕（Cinema Giant Screen，CGS）是符合电影行业技术规范 GD/J 040—2012《数字电影巨幕影院技术规范和测量方法》的要求，采用专用播放服务器、图像优化系统、尺寸不低于 22.86m×12.19m 的高质量银幕、不低于 11.1 多声道多维度沉浸式还音系统和特殊处理的数字电影发行母版，显著改善了图像质量和声音质量，使放映质量和观影体验明显提升的中国自主研发的数字影院高端巨幕放映模式。

自 2011 年开始，在我国电影主管部门的指导和支持下，中国电影科学技术研究所、中国电影股份有限公司和其他相关单位组成产、学、研、用联合研发团队，克服重重困难，完成了巨幕影片制版、图像优化、声效优化、影厅工艺设计等核心技术环节和关键工艺流程的研发、试验和示范，对放映系统进行了改造升级和推广应用，成功推出了具有自主知识产权的全数字化"中国巨幕"电影放映系统（见图 9-1）。

2012 年，中国电影科学技术研究所、电影技术质量检测所、中国电影股份有限公司、中广电广播电影电视设计研究院等单位联合制定了 GD/J 040—2012《数字电影巨幕影院技术规范和测量方法》，对数字电影巨幕影厅的放映工艺、放映系统技术要求和相应测量方法进行了规定。其中，有效画面宽度（弧形安装的银幕为弦宽）应不低于 20m，弧形安装的银幕的有效画面高度宜不低于 12m（见图 9-2）；2D 放映时银幕中心亮度应为 $48cd/m^2 \pm 10cd/m^2$，顺序对比度不低于 1200:1，帧内对比度不低于 100:1；3D 放映时银幕中心亮度宜不低于 $15cd/m^2$；使用双机放映时，银幕上相同位置的两机亮度差应不大于 10%，且应实现图像主观重合。

图 9-1　中国巨幕

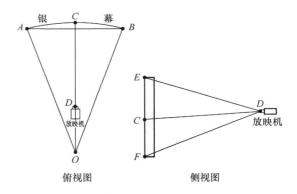

图 9-2　巨幕尺寸

2012 年以来，中国巨幕在全国影院快速推广和部署应用。截至 2015 年年底，中国巨幕影厅已突破 100 个，逼近全国巨幕影厅数量的 1/3，是中国电影产业打破国外技术垄断、推动中国电影民族产业发展的领军项目之一，成为数字化时代中国电影技术进步的一面旗帜。同时，中国巨幕紧跟电影技术发展趋势，不断采用新技术、新模式对系统进行优化升级，是中国第一家被好莱坞主要片商认可并授权的巨幕影片母版制作机构，也是全球第一个尝试双激光重合技术并成功迈入推广期的巨幕品牌。在国内加速推广运营的同时，中国巨幕加大了海外推广力度，取得了可喜成效。

为保证数字电影的正常安全播放及数字影院的正常运营，中国巨幕的各项参数指标均符合 DCI 数字电影系统规范（DCSS）、ISO 数字电影技术标准和 SMPTE 数字电影技术标准的规定，其主要技术特点和优势体现在以下几个方面：

1）采用专用母版制作技术和工艺，对影片对比度、锐度、色彩和色深等参数进行特殊技术处理，显著改善了图像画面观感。

2）采用先进的自主专利图像优化技术，双机图像优化模块可对图像进行像素级实时处理，集成嵌入式的模块方式保证了数据传输和处理的安全性及对新放映技术的可扩展性。

3）采用自动校准均衡画面的双机数字放映系统、宽度不低于 22m 的高增益银幕和沉浸式多维度还音系统，对 2D 和 3D 银幕亮度、分辨率、帧速率、动态范围等进行均衡适配，提升了放映质量和观影体验。

中国巨幕专用母版制作技术和工艺具有自主知识产权，专门针对巨幅高增益银幕的特点研发，采用特殊调色处理和高码流低压缩编码，旨在为观众呈现通透、锐利、自然的电影画面，在真实色彩还原、高分辨力解像、高动态范围、高对比度等方面具有技术和工艺优势，已成功制作了多部国内外优秀影片的中国巨幕版，为巨幕数字放映提供了丰富片源。

中国巨幕为双机数字放映提供了图像优化和实时校正的技术手段和质量控制流程，将数字电影放映机从僵化的物理摆放位置解脱出来，拥有更大的位置宽容度。更重要的是，双机放映的画面经过实时采集和高速处理，实现了 2K 及更高分辨率下逐帧画面像素级精确重合，同时进行图像锐化、色彩校正和色彩反差改善等处理，以 16bit 数字图像处理，以 12bit 量化、4:4:4 采样输出；对于高增益银幕有效散射角偏小、银幕亮度均匀度偏弱的特性，中国巨幕也采取了有针对性的均匀度调整和补偿措施。目前，中国巨幕采用了全球最高亮度的数字电影放映机双机叠加工作模式，单台放映机的光通量可达 33000lm，与沉浸式多维度还音系统、高质量银幕共同构成了巨幕电影高端数字放映系统。

中国巨幕电影放映系统的研发推广，是我国电影民族产业发展的成功典范，打破了国外技术垄断，引领了我国数字电影放映系统设备的国产化研发和应用，标志着我国数字电影放映步入了国际先进高技术格式、全景声效的技术行列，将全面带动我国高端数字影院的建设、改造和发展。近年来，随着中国电影产业的持续发展，中国巨幕得到快速推广。截至 2017 年年底，中国巨幕影厅已突破 288 家。同时，作为我国自主研发技术"走出去"的一张亮丽名片，中国巨幕已经走出国门，落户美国、印度尼西亚等国家，海外拓展步伐不断加快。

9.5　IMAX 巨幕

IMAX 代表 Image Maximum（最大影像），IMAX 巨幕是加拿大 IMAX 公司于 20 世纪 60 年代后期推出并不断进行数字化和技术优化的巨幕电影放映模式，采用尺寸超过 20m×12m 的银幕和特殊的数字电影发行母版，在播放服务器、数字放映机和还音系统设备等环节采取了特殊处理，是胶片电影时代和数字电影时代均得到较为广泛应用的巨幕电影放映系统。

通过与 TI 公司战略合作，IMAX 于 2007 年推出了全数字化 IMAX 巨幕电影放映系统。该系统由高功率数字电影放映机、数字电影播放服务器、高质量银幕和不断改进的数字还音系统等组成，一般采用由两台 2K 数字电影放映机组合的双机放映模式，具有特殊图像增强模块，同时在片源方面采用了其专利的数字母版处理及重新制作技术。近年来推出的 IMAX 激光巨幕放映系统在亮度、对比度、色彩还原和分辨率等方面进行了技术优化和改进升级。

在胶片电影时代，IMAX 巨幕使用 65mm 底片及专用摄影机进行拍摄，每画格 15 片孔，画幅比例为 1.35:1，胶片拷贝画幅为 69.6mm×48.51mm，采用独立 6 声道数字还音，可在 35m×24m 的巨型银幕上进行高质量的电影放映。为丰富 IMAX 电影片源，IMAX 公司于 2002 年推出了 DMR（Digital Re-mastering）技术，即数字母版重新制作技术，可将普通 35mm 电影胶片转制为 IMAX 格式的 70mm 电影胶片。

在全数字化 IMAX 巨幕电影放映系统中，由两台 2K 数字电影放映机组合的双机放映模式取代了经典的 70mm 胶片电影放映机模式，克服了单台数字电影放映机亮度不足的瓶颈；同时优化改进了 IMAX 数字声音系统，提升了音频信噪比和失真度等指标。

IMAX 激光巨幕放映系统采用了多项旨在提升放映质量和观影体验的技术措施。

1）采用两台基于激光放映技术的 4K 数字电影放映机，提升了分辨率和银幕中心亮度等参数指标。

2）优化动态范围，改善了顺序对比度和帧内对比度指标。

3）依据国际最新标准，改善色彩还原特性，支持更宽广色域。

4）采用新型多声道数字还音系统，改善放映声学特性。

5）基于激光放映技术的数字放映系统可能给数字影院带来更加便利和经济的运营模式。

随着我国综合国力的显著增强，广大人民群众对高品质精神文化生活的需求也快速增长，IMAX 巨幕在中国也迎来了良好的发展机遇。20 世纪 80 年代以来，IMAX 巨幕开始在中国落户和发展，近年来推广速度较快，中国已经成为 IMAX 巨幕全球的最重要市场之一。特别是 2010 年电影《阿凡达》席卷全球、取得巨大成功之后，IMAX 巨幕在中国进入了高速发展时期。

9.6 数字电影放映检测评估与认证

9.6.1 我国数字电影放映检测认证

数字电影放映技术标准的研究和制定是电影行业的重点工作。随着电影数字化、网络化、信息化进程的深入推进，我国先后组织制定了多项行业标准和规范，数字电影放映端标准是数字电影技术标准体系中最完备的分支之一，主要的数字电影放映技术标准如下：

1）GD/J 017—2007《数字影院暂行技术要求》。

2）GD/J 040—2012《数字电影巨幕影院技术规范和测量方法》。

3）GD/J 047—2013《数字影院立体放映技术要求和测量方法》。

4）GB/T 21048—2007《电影院星级的划分与评定》。

5）GY/T 311—2017《电影院视听环境技术要求和测量方法》。

6）GY/T 312—2017《电影录音控制室、室内影厅 B 环电声响应规范和测量》。

7）GY/T 251—2011《数字电影流动放映系统技术要求和测量方法》。

8）GY/T 256—2012《数字电影中档放映系统技术要求和测量方法》。

近年来，不论是 ISO、SMPTE 等国际标准和行业标准，还是我国的国家标准和行业标准，标准制、修订的进程都在加快。DCI 近期已在建议书中将数字电影立体放映银幕中心亮度指标提升至 $17\sim31\mathrm{cd/m^2}$，这比目前我国执行的 $13\sim22\mathrm{cd/m^2}$ 的技术要求又有了较大提升。2015 年年底，与电影放映质量密切相关的两个标准《电影院视听环境技术要求和测量方法》《电影混音室、鉴定放映室、室内影院 B 环电声频率响应特性》由电影技术质量检测所牵头开始修订，电影技术质量检测所向 ISO/TC36 秘书处提出的制定数字电影立体放映 ISO 国际标准的建议也正在积极推进中。

近年来，包括电影技术质量检测所在内的第三方检测机构在电影行业技术监管、质量监督、标准宣贯实施、技术验收和仲裁等工作中发挥着越来越重要的作用，检测业务已涵盖数字电影放映系统、电影院视听环境、电影版权保护系统、电影数字水印系统、数字电影播放服务器、数字电影放映机、功率放大器、扬声器、音频处理器、音频工作站、电影院票务管理系统、影院管理系统和影院综合布线系统等。

9.6.2 THX 认证

THX（Tomlinson Holman eXperiment）是卢卡斯影业（Lucasfilm）制定的针对电影、电影播放设备和电影播放环境等的认证标准，旨在为电影院、家庭影院、剧院和多媒体产品提供所设计的品质保证。

THX 一词是由乔治·卢卡斯拍摄的第一部科幻片"五百年后（THX 1138）"而来。1982 年，Lucasfilm 公司成立了 THX 工作室，专门从事影片录音工程，并积极协助电影院改善音响系统；1986 年，Lucasfilm 公司与音响生产厂商相互协同，开展了家庭影院、剧院器材的品质规格研究；1990 年，提出了涵盖影院，录音室，家庭影院、剧院器材，电脑和游戏等领域的 THX 认证服务。

THX 认证包含 THX 影院认证、THX 民用音响认证系列和 THX 设备认证等，此外还设计生产了许多家用 THX 设备。

THX 影院认证是针对电影放映厅的认证，主要要求如下：对画面放映质量的要求；对扬声器的布局要求；对银幕及其性能的要求；对隔声的设计要求；对系统本底噪声（空调、通风等设备）的要求；对观众厅混响时间的要求；对观众厅不同位置声音和画面一致性的要求。

THX 民用音响认证包括 THX Ultra 2 方案认证、THX Select 2 方案认证和 THX Compact Speaker System 方案认证。THX Ulrta2 是目前家庭影院器材的最高认证标准，其重点是对 8 声道的重播处理与认证，要求功率放大器具备最新的杜比数码环绕 EX 解码和 DTS – ES 6.1 解码功能，并具备控制环境对低频的影响能力（以免产生浑浊不清的假低音）。采用 ASA（Advanced Speaker Array）先进扬声器数组技术，配备了 Ulrta2 Cinema 和 Ulrta2 Music 两种环绕强化模式，能对电影音效和多声道音乐进行处理，Ulrta2 Cinema 模式能够营造出接近电影院多组环绕音箱的效果，Ulrta2 Music 模式则可在聆听音乐时表现出更宽广的环绕音效。THX Ulrta2 还具备低阻抗音箱推动能力，改善了信噪比特性，可服务于新型高音质数字音源；对视频的处理转换提出了更高要求，能够进行逐行扫描信号的转换。除了对性能的要求以外，THX Ulrta2 还强调操作的便捷易用性。THX Select2 是 THX Ultra2 的小空间版，着眼于用小体积的音箱能够获得大音箱的音效。THX Select2 主要针对约 $57m^3$（约 $2000ft^3$）的室内空间，这一室内容积是达到 20Hz 低音回放的最小容积极限边界值，容积再小就很难回放出最低频率的低音。THX Select2 只对影音功放和音箱进行认证。THX Compact Speaker System 是比 THX Select2 更小空间的认证标准。在低于 $57m^3$ 的空间下，很难回放 50Hz 以下的低音，且小空间中的低音会造成驻波等干扰。因此，THX 系统需要对这些低音进行特别管理，例如对于多媒体桌面系统，通常会过滤掉特别低的低音，以防止房间里出现轰隆隆的回响。

THX 设备认证包括 I/S Plus Systems、THX Certified Multimedia Products 认证等。I/S Plus Systems 认证适用于 1.8 ~ 2.4m 视听距离的功放音箱系统和家庭影院系统，THX Certified Multimedia Products 认证适用于多媒体有源音箱和声卡等设备的认证。在 THX Certified Multimedia Products 认证中，对功率、听音空间的要求进行了明显回退，一般只要求满足个人桌面娱乐的要求，而不需要考虑到大房间、多个人的视听需求，因此通过该项认证的设备在功率和频率响应等指标方面要逊于大型 Hi – Fi 音响或家庭影院。

为把电影音轨精确转换到家庭影院环境，可能使用以下家用 THX 设备：

1）家用 THX 控制器。包括多通道电路和再均衡、音色匹配、去相关等必要的电子加强电路，以便在家庭影院中再现电影院观影体验。

2）家用 THX 音箱。包括左、中、右、左环绕、右环绕、后左环绕、后右环绕、重低音等配置，前方音箱提供适当的音色平衡，保证对白清晰度和声音定位，环绕音箱则提供包围感和空间感，共同营造出定位准确、音色完美的多声道音场。

3）家用 THX 功放。为多通道回放系统设计，对音频失真度、信噪比、稳定性和电源动态能力提出了测试要求。

4）家用 THX 透声投影屏幕。为正投影系统提供屏幕的同时，保证屏幕后音箱声音可以无损穿过屏幕。

5）家用 THX 播放器。播放器在分辨率、色彩饱和度和噪声性能等参数指标方面应达到相应要求，可直接输出 Dolby Digital、DTS 等数字多通道信号。

6）家用 THX 房间均衡器和连接线材。均衡器可改善系统的频率响应，对音色进行校正；针对家庭影院中的超长应用距离，THX 连接线材能保证正确的传输特性。

THX 特别强调环境噪声和室内空间频率响应的认证，其最终目标是保证在所有获得 THX 认证的系统上，能够提供一致的体验。比如说一部电影，不论是数字电影数据包还是蓝光光盘，不论在电影工作室、电影放映厅，还是在家庭影院中，都能达到基本一致的画面和声音感受，画面对比度、色彩还原、声音响度、幅频特性等都能达到较好的一致性，最新的一些 THX 前级可自动对不同房间进行测音和频率响应补偿。THX 还开发了可控线性阵列，通过 DSP 调节几十个扬声器组成的阵列来调整、控制房间的声场，从而能使不同位置都能获得最良好听音效果。

本 章 小 结

本章从数字影院、数字放映、巨幕电影、数字电影技术标准和检测等方面分析和说明了电影显示技术的发展，重点介绍了数字电影放映机、中国巨幕、IMAX 巨幕等数字电影关键技术系统或设备。本章还介绍了数字电影的相关技术规范要求、评估检测方法和技术发展趋势。

本 章 习 题

9-1 我国数字电影放映技术标准有哪些？
9-2 请简述数字影院 2D 和 3D 光学放映系统的指标要求。
9-3 数字电影放映机的基本技术要求有哪些？
9-4 数字巨幕系统采取了哪些技术措施来提高放映质量？
9-5 请对中国巨幕与 IMAX 巨幕进行简要技术对比分析。

参 考 文 献

[1]《数字电影技术术语普及读本》编写组，数字电影技术术语普及读本［M］. 北京：中国广播电视出版

社，2010.

[2] 毛羽．让科技助推中国电影实现梦想 [J]．现代电影技术，2015（12）：5－13.

[3] 李枢平．国内外数字电影标准简介 [Z]．第 28 期广播影视高新技术培训班讲义．

[4] 程阳．数字放映对电影产业发展的推动作用 [J]．现代电影技术，2010（11）：3－7.

[5] 龚波，刘健南，王文强，等．电影市场治理的技术标准依据和检测评价方法 [J]．现代电影技术，2016（4）：10－17.

[6] 龚波．数字电影的技术检测和质量监督 [J]．现代电影技术，2015（3）：9－11.

第 10 章

LED 显示技术

导读

学习要点：

了解 LED 显示的发展历程和 LED 显示系统的基本组成及其显示控制方法，掌握 LED 显示控制关键技术要点并对实际的 LED 显示产品应用和检测方法产生初步的认知，对 LED 未来的新技术（如微显示方面）的进展有所了解。

发展历程：

世界上第一颗 LED 由俄罗斯科学家于 1927 年独立制作完成。1955 年，美国率先生产出了用于商业用途的红外 LED 并获得了砷化镓红外二极管的发明专利；1962 年，美国研究人员发明了可以发出红色可见光的 LED；1972 年，又发明了第一颗橙黄光 LED。1993 年，中村修二在日本日亚化学工业株式会社发明了高亮度蓝光 LED，同前期利用氮化镓材料制造蓝色发光二极管奠定基础的赤崎勇、天野浩教授共同荣获 2014 年度诺贝尔物理学奖。全色 LED 大屏幕视频显示屏标志着一场显示技术的革命，标志着商用的 LED 彩色大屏幕问世，这意味着各种类型的 CRT、FDT 或者白炽灯泡作为发光像素的大屏幕逐步退出历史舞台。同时，中国在 LED 显示方面起到越来越大的作用和影响，市场对高清大尺寸平板显示器需求日益迫切，为新一代 LED 显示技术创新和产业发展迎来十分难得的发展机遇，作为超大屏幕载体，LED 显示将在逐渐成为引起世界各国高度关注的前沿科技领域新型三维立体显示技术中的应用越来越广泛，使我国继续保持在高清 LED 显示技术领域的领先位置。

应用领域：

高清大屏幕 LED 显示产品成为平板显示领域主流产品，不但在传统的户外显示领域占主导地位，随着技术的不断进步将被广泛应用于国防、安监、交通、教育、通信、文化等领域（如军事指挥、交通指挥、公共安防监控、视频会议、多媒体教室、公共信息发布、电视台演播大厅、影院数字娱乐等高端领域），同时带动芯片制造、封装集成、发光材料、精密显示集成电路等上、下游相关产业的发展，激活 LED 产业巨大的发展潜力和市场需求。

10.1 LED 显示的基础知识

10.1.1 概述

LED 显示屏是由发光二极管（Light Emitting Diode，LED）按照阵列排布组成的显示面板构成的。本章就 LED 显示屏的发展历程和工作原理等方面进行介绍，旨在使同学们对 LED 显示屏进行全方面比较深入的了解。

10.1.2　LED 显示的发展历程

LED 显示的发展历程离不开 LED（发光二极管）的不断发展。LED 的研究发展最早可追溯到 1907 年，当时英国马可尼（Marconi）实验室的科学家 Henry Round 第一次推论半导体 PN 结在一定的条件下可以发出可见光，该推论奠定了 LED 诞生的理论基础。

世界上第一颗 LED 由俄罗斯科学家奥列弗拉基洛谢夫（Oleg Vladimirovich Losev）于 1927 年独立制作完成，其研究成果曾先后在俄国、德国和英国的科学杂志上发表，可惜当时并未引起广泛反响。美国无线电公司（RadioCorporation of America）33 岁的物理学家鲁宾·布朗石泰（Rubin Braunstein）于 1955 年首次发现了砷化镓（GaAs）及其他半导体合金的红外放射作用并实现了二极管的红外波段辐射，其发出的光在红外波段，严格来说并不是可见光。1961 年，德州仪器（TI）公司的科学家鲍勃·布莱德（Bob Biard）和加里·皮特曼（Gary Pittman）发现砷化镓在施加电子流时会释放红外光辐射。他们率先生产出了用于商业用途的红外 LED 并获得了砷化镓红外发光二极管的发明专利。不久，红外 LED 就被广泛应用于传感及光电设备当中。

1962 年，美国通用电气公司（GE）一名 34 岁的普通研究人员尼克·何伦亚克（Nick Holonyak Jr.）发明了可以发出红色可见光的 LED，被称为"发光二极管之父"，后来也获得了许多奖项。当时的 LED 还只能手工制造，而且每只的售价需要 10 美元。1963 年，他离开通用电气公司，出任其母校美国伊利诺伊大学电机工程系教授，培养自己的接班人。

1972 年，何伦亚克的学生乔治·克劳福德（M. George Craford）踏着前辈们的脚步发明了第一颗橙黄光 LED，其亮度是先前红光 LED 的 10 倍，这标志着 LED 向提高发光效率方向迈出了第一步。由于历史原因，我国在 LED 方面的研究启动落后于世界先进国家，首只红色 LED 于 1968 年在中国科学院长春光学精密机械与物理研究所（现在名称）诞生。

20 世纪 70 年代末期，LED 已经出现了红、橙、黄、绿、翠绿等颜色，但依然没有蓝色和白色光的 LED。由于发明出蓝光 LED 才可能实现全彩色 LED 显示，市场价值巨大，也是当时世界性的攻关难题。这个难题为日本科学家赤崎勇教授和天野浩教授所攻克，但是此时蓝色 LED 发光效率还不理想，科学家们转而将重点放在了提高 LED 的发光效率上面。20 世纪 70 年代中期，LED 可产生绿、黄、橙色光时，发光效为 1lm/W，到了 20 世纪 80 年代中期，砷化镓和磷化铝的使用使得第一代高亮度红、黄、绿色光 LED 诞生，发光效率已达到 10lm/W。1985 年，日本科学家赤崎勇、天野浩领导的研究团队在世界上首次实现氮化镓（GaN）的 PN 结，为利用氮化镓材料制造蓝色发光二极管奠定了基础。

1993 年，中村修二在日本日亚化学工业株式会社（Nichia Corporation）就职期间，对于氮化镓蓝色 LED 进行了大幅度革命性的工艺改进，利用半导体材料氮化镓和铟氮化镓（In-GaN）发明了高亮度蓝光 LED。东京涩谷火车站的室外全色 LED 大屏幕视频显示屏标志着一场显示技术的革命，标志着商用的 LED 彩色大屏幕问世，意味着各种类型的 CRT、FDT 或者白炽灯泡作为发光像素的大屏幕逐步退出历史舞台。当时的日本赤同公司显示器制造主任赤同正文说，LED 用于露天显示很有经济优势，新型显示屏幕比以前的更轻，耗电节省 40%，而且这种显示屏正在向高清晰度、高分辨率方向发展。

1995 年，中村修二采用铟氮化稼又发明了绿光 LED，1998 年，其利用红、绿、蓝三种 LED 制成白光 LED，从此，绿光与白光 LED 研制成功，这标志着 LED 正式进入照明领域，是 LED 照明和显示发展的关键的里程碑。中村修二被称为"蓝光、绿光、白光 LED 之父"。在 2015 年，由于上述贡献，赤崎勇教授、天野浩教授和中村修二研究员荣获 2014 年度诺贝尔物理学奖。

1996 年，日亚化学公司在日本最早申报的白光 LED 的发明专利就是在蓝光 LED 芯片上涂覆 YAG 黄色荧光粉，通过芯片发出的蓝光与荧光粉被激活后发出的黄光互补而形成白光。蓝色和白色光 LED 的出现拓宽了 LED 的应用领域，推动了全彩色 LED 显示和 LED 照明等大规模应用。21 世纪初，LED 已经可以发出任何可见光谱颜色的光（还包括有红外线和紫外线），其发光效率已经达到 100lm/W 以上。中国在 LED 显示方面起到越来越大的作用和影响，在 2000 年奥运会上，中国企业在悉尼与日本松下、SONY 和三菱直接对抗，使用超大规模集成电路的技术优势将其一一击败，在 1998 年年底一举中标全部两套 LED 大屏幕，使得 LED 大屏幕首次在奥运会中使用（见图 10-1），这也是我国企业的 LED 大屏幕首次走出国门，走向世界。

图 10-1　中国企业制造的 LED 大屏幕首次在奥运会上使用

10.1.3　LED 的工作原理

1. LED 发光原理

LED 和二极管一样，由掺杂半导体材料制成，其核心是 PN 结。在掺杂物质中，额外的电子改变电平衡，不是增加自由电子就是产生电子可以通过的空穴。这两样额外的条件都使得材料更具传导性。带额外电子的半导体叫作 N 型半导体，由于它带有额外负电粒子，所以在 N 型半导体材料中，自由电子是从负电区域向正电区域流动的。带额外"空穴"的半导体叫作 P 型半导体，其中的电子可以从一个空穴跳向另一个空穴，从负电区域向正电区域流动。

当没有电压施加到二极管时，电子就沿着过渡层之间的汇合处从 N 型半导体流向 P 型半导体，从而形成一个损耗区如图 10-2 所示。在损耗区中，半导体物质会回复到它原来的绝缘状态——所有的"空穴"都会被电子填满，因此将不会有电流流动。

为了除掉损耗区就必须使电子向 P 区移动和空穴反向移动。为了达到目的，连接二极管 N 区一方到电流的负极，P 区连接到电流的正极。这时在 N 区中的自由电子会被负极电子排斥而吸引到正极，P 区中的空穴就移向另一方向。当电极之间施加的电压足够高时，在损耗区的电子将会再次开始自由移动。损耗区消失，电流流过发光二极管。这表现为 LED 正向复合发光，如图 10-3 所示。

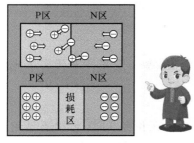

图 10-2　LED 损耗区的形成

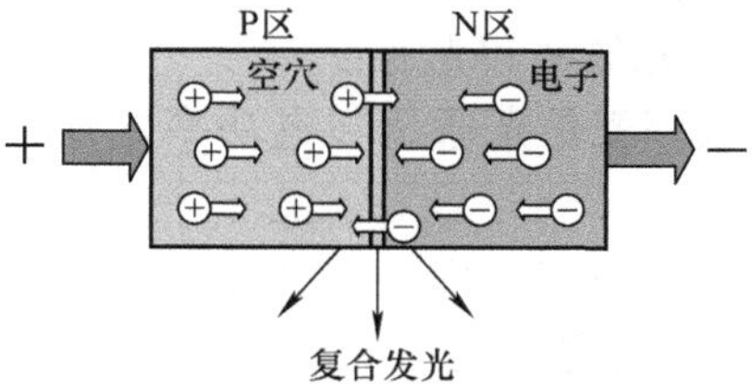

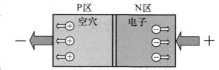

图 10-3　LED 正向复合发光

如果尝试使电流向其他方向流动，P 区连接到电流负极且 N 区连接到正极，这时将不会有电流流动。N 区的自由电子被吸引到正极，P 区的空穴被吸引到负极。因为空穴和电子都向错误的方向移动，所以就没有电流通过汇合处，损耗区增加。这表现为 LED 反向不发光，如图 10-4 所示。

图 10-4　LED 反向不发光

因此，具有一般 PN 结的 I－N 特性，即正向导通，反向截止、击穿特性。当加上正向电压后，从 P 区注入到 N 区的空穴和由 N 区注入 P 区的电子，在 PN 结附近（数微米内）分别与 N 区的电子和 P 区的空穴复合，自由电子从 P 区通过二极管落入空的空穴中。这包含从传导带跌落到一个更低的轨函数，所以电子以光子的形式释放能量，多余的能量以辐射的形式释放出来，从而把电能直接转换为辐射能，产生自发辐射。假设辐射是在 P 区中发生的，那么注入的电子与价带空穴直接复合而辐射能量，或者先被发光中心捕获后，再与空穴复合辐射能量。电子和空穴复合时释放出的能量多少不同，释放出的能量越多，则发出的辐射的波长越短。

除了这种发光复合外，还有些电子被非发光中心（这个中心介于导带、介带中间附近）捕获，而后再与空穴复合，每次释放的能量不大。发光的复合量与非发光复合量的比例越大，光量子效率越高。

理论和实践证明，光的峰值波长 λ 与发光区域的半导体材料、特性带宽度 E_g 有关，即

$$\lambda \approx 1240/E_g$$

式中，E_g 的单位为电子伏特（eV）。

若能产生可见光（波长为 380nm 紫光 ~ 780nm 红光），半导体材料的 E_g 应在 3.26 ~ 1.63eV 之间。比红光波长长的辐射为红外光。现在已有远红外、红外、红、黄、绿、蓝、紫外和深紫外发光二极管，光或辐射的强弱与电流有关。

2. LED 的特性

（1）极限参数的意义

1）允许功耗 P_m：允许加于 LED 两端正向直流电压与流过它的电流乘积的最大值。超过此值，LED 发热、损坏。

2）最大正向直流电流 I_{Fm}：允许加的最大正向直流电流。超过此值可损坏 LED。

3）最大反向电压 U_{Rm}：所允许加的最大反向电压。超过此值，发光二极管可能被击穿损坏。

4）工作环境 t_{opm}：发光二极管可正常工作的环境温度范围。低于或高于此温度范围，发光二极管将不能正常工作，效率大大降低。

（2）发光效率和光通量

发光效率就是光通量与电功率之比，单位一般为 lm/W。发光效率代表了光源的节能特性。

（3）发光强度和发光强度分布

LED 发光强度是表征它在某个方向上的发光强弱，无论是 LED 芯片还是封装完成的 LED 单管，由于在不同的空间角度发光强度不同，其发光强度分布特性十分重要。尤其对于户外显示应用的 LED，这个参数实际意义很大，直接影响到 LED 显示装置的最小观察角度。比如体育场馆的 LED 大型彩色显示屏，如果选用的 LED 单管分布范围很窄，那么面对显示屏处于较大角度的观众将看到失真的图像。

（4）波长

LED 显示一般由红、黄、蓝、绿、白色 LED 等组装而成，LED 的光谱峰值以及半波长光谱宽度确定了 LED 的色度坐标及其色纯度，直接影响到显示产品的色域范围，对 LED 的光谱特性进行专门研究在显示中是非常必要且很有意义的。

10.1.4　LED 显示的国内外现况和发展方向

目前，全球初步形成亚洲、北美、欧洲三大区域为中心的 LED 显示屏产业格局，以日本的日亚、丰田合成，美国的 Cree、lumileds 和欧洲的 Osram 为专利核心的技术竞争格局。作为 LED 产业中发展较早且较快成熟的产品，目前 LED 显示屏在全世界被广泛应用于户外广告、体育场馆、交通和演出，另外包括展览、租赁、集会等各种场合。

国内 LED 显示屏市场规模在近年来获得了持续增长。2013 年，我国 LED 显示应用行业市场总额为 270 亿元人民币，比 2012 年度的 253 亿元增长了 7%，增长幅度与 2012 年相比有较大回落。2014 年，受益于小点间距产品和广告传媒市场的发展，全国 LED 显示应用行业市场销售规模较 2013 年度有新的增长，全年市场总量达到 300 亿元左右，增长幅度为10%～15%。

图 10-5 所示为 2010～2014 年中国 LED 显示屏市场规模和增长情况（按销售额）

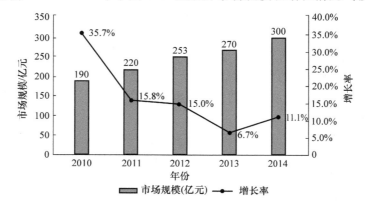

图 10-5　2010～2014 年中国 LED 显示屏市场规模和增长情况（按销售额）

未来 LED 显示屏将会向着更小间距、更优性能、更佳效果的方向继续发展。目前市场上已经出现点间距小于 1mm 的 LED 显示屏，各商家正在继续研制更小点间距的产品。同时，在点间距不断减小的过程中，LED 显示屏的显示效果也正在朝着更多灰度等级，更高亮度的方向发展，并融合了现有的高动态范围图像功能，使显示效果不断提升。

SONY 在 2012 年 CES 展会上推出 CLED（Crystal LED Display），开了小间距 LED 在消费电子应用中的先河，这项技术可以做到发光源面积占面板不到 1% 的程度（单颗约 55μm），有效提高了图像的对比度，显示效果超过了相同尺度的 OLE 和 LCD。图 10-6 所示为 2016 年 SONY 推出的大型 LED 小间距显示样机。

图 10-6　2016 年 SONY 推出的
大型 LED 小间距显示样机

在技术不断提高的同时，LED 显示屏也在不断向其他行业融合。LED 显示屏的高亮度、高灰度优点，以及不受尺寸限制可以组合为各种形状和大小显示屏的特点，非常适合某些行业的显示需求，例如广播电视行业和虚拟现实行业等。目前国内各大 LED 显示屏企业正在积极寻求与相关行业的合作，有效地拓展了 LED 显示屏行业的外延，提供了很多优秀的跨行业解决方案。

10.2　LED 显示系统的基本组成及其显示控制方法

10.2.1　显示系统的基本组成

LED 显示系统由显示屏、显示屏控制器和视频播放设备等组成。

图 10-7 所示为典型 LED 显示系统的逻辑图。图中各组成的功能如下：

1）视频拼接器：接收前端视频信号，并按用户要求对视频信号进行视窗大小、显示位置、图像比例等方面的调整和变化，最终输出统一格式的 DVI 信号，能够在显示屏上同时显示多个动态画面。

2）监视器：预览、实时监视 LED 显示屏显示内容。

3）控制计算机：装载视频拼接器控制软件，通过串口对视频拼接器进行参数设置；装载 LED 控制器控制软件，通过网口对 LED 控制器进行参数设置；装载 PLC 控制软件，通过网口对 PLC 参数进行设置。

4）网络交换机：用于连接控制计算机和 LED 控制器、PLC 等设备，组成局域网络。

5）DVI 光端机：是一组发送器和接收器，通过光纤对 DVI 信号进行长距离传输。

6）LED 控制器：即 LED 显示屏控制器，接收 HDMI 信号转换成 LVDS 信号到显示屏，可对显示屏的色温、亮度及 Gamma 等参数进行调节。

7）配电系统：为显示屏供电，具备过电压、过电流、欠电压、短路、断路以及漏电等保护措施。

8）PLC：通过 PLC 可以实现远程电力监控，箱体内温度实时监控及亮度自动调节、控

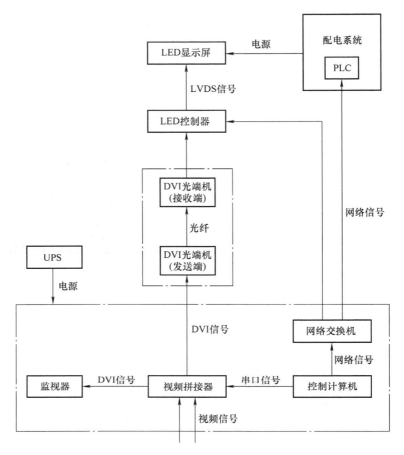

图 10-7　典型 LED 显示系统的逻辑图

制柜开门告警、显示屏箱体开门告警、远程通信、消防监控、远程开关箱等功能。

9）UPS：即不间断电源，主要用于给计算机及其他设备提供不间断的电力供应。

图 10-7 中，DVI 光端机并不是必需的，只有在视频信号需要长距离传输时，为了避免电信号衰减，采用 DVI 光端机转换成光信号进行传输；UPS 也不是必需的，只有在需要不间断供电时，才使用 UPS。图 10-8 所示为典型 LED 显示系统的组成层次。

像素　　　　显示模块　　　　显示模组　　　　　　LED 大屏幕

图 10-8　典型 LED 显示系统的组成层次

图 10-9 所示为典型 LED 显示系统的构成图，图中显示屏的大小可以根据用户的需求进

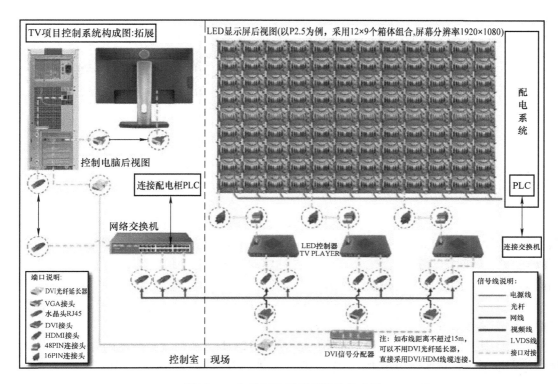

图 10-9 典型 LED 显示系统的构成图

行订制，LED 控制器的数量则是由显示屏的大小决定的。

10.2.2 显示控制的原理和方法

LED 显示屏是通过控制 LED 主动发光的亮度，来实现显示灰度的功能。目前，控制 LED 显示屏显示灰度的主流技术方法是采用脉冲宽度调制（PWM），通过现场可编程门阵列（FPGA）实现的。以下对这两种方法进行简单介绍。

1. LED 大屏幕显示的主要控制方式

从 LED 的发光机理可以知道，LED 是电流型器件，为了控制其发光强度，需要解决正向电流的调节问题。具体的驱动方法可以分为电流驱动和脉冲宽度调制等。

由于电流驱动方法不太适合数字控制以及器件的离散性不适于用幅度调制的方法加以驱动，因而这种驱动方法适合于 LED 器件较少、发光强度恒定的情况，如图 10-10 所示。

因此，现在利用人眼的视觉惰性，采用向 LED 做周期性通、断供电的方法来控制其发光强度，就是通常所说的脉冲宽度调制方式，如图 10-11 所示。

采用这种方式应该注意以下问题：其一为脉冲电流幅值的确定；其二为重复频率的选择。由于脉冲驱动电流的平均值 I_a 应该与直流驱动的电流值相同，对于瞬时电流 i，I_a 为

$$I_a = (1/t)\int_0^T i\mathrm{d}t \tag{10-1}$$

对于数字化的脉冲宽度调制，式（10-1）也可以表示为

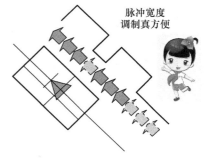

图 10-10　电流驱动不适合数字控制　　　　图 10-11　电流脉冲宽度调制方式

$$I_a = I_F(t_{on}/T) \tag{10-2}$$

其中 t_{on}/T 就是占空比的一种描述，严格来讲占空比应该是 t_{on}/t_{off}，但是因为 $t_{off} = T - t_{on}$，所以 t_{on}/T 也就间接表示了 t_{on}/t_{off}。为了使脉冲驱动方式下的平均电流 I_a 与直流驱动电流 I_o 相同，需要使它的脉冲电流幅度数值满足

$$I_F = (T/t_{on})I_a \qquad (I_F \le I_{Fmax}) \tag{10-3}$$

式中，I_F 不得超过允许通过的最大电流 I_{Fmax}。

　　其次，脉冲的重复频率（重复周期）必须高于 24Hz，否则就会产生闪烁现象，导致图像的稳定度下降。在实际应用中，往往采用更高的频率，例如 60Hz、120Hz、240Hz 甚至更高的频率。选择重复频率时，不仅要考虑避免闪烁现象，还要考虑电路的代价。重复频率还受到 IC 器件的限制，当频率高到一定程度（达到 IC 器件无法正常导通和关断）时，就不能正常工作了。

　　目前，LED 显示器的图像显示脉冲宽度调制方法基本上为组合驱动方式（静态驱动方式是其一个特例），包括两个方面：①行（列）方向的扫描驱动；②列（行）方向的占空比控制。扫描驱动的主要目的是节约驱动器件，降低电路的代价；占空比控制的目的是调节有效脉冲的宽度，用于图像中显示灰度级的控制。

　　（1）扫描驱动控制

　　扫描驱动通过数字逻辑电路，使显示点阵的若干显示像素的行（列）轮流导通，节省了若干倍的驱动器件，如图 10-12 所示。

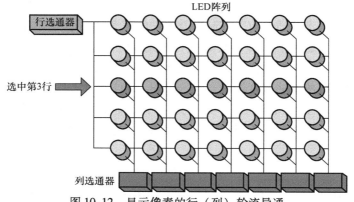

图 10-12　显示像素的行（列）轮流导通

在扫描驱动电路对 L 行（列）显示像素进行驱动时，假定在行（列）切换时没有时间延迟，而且每行（列）的显示像素导通时间 t_{on} 是相等的，则占空比 $t_{on}/T=1/L$。由于采用脉宽调制的驱动方法，可以使驱动电路处于饱和和截止状态，即开关状态，通过控制饱和截止的占空比来决定所要显示的亮度。此时的驱动电流幅值 I_F 应该等于相当的直流驱动电流 I_o 的 L 倍，才能达到与相当直流驱动一样的效果。当然，I_F 不得超过器件允许通过的最大脉冲幅值电流 I_{Fmax}。这样，L 的值就不可能取得太大，否则不是显示亮度不够，就是电流超过极限值。

行（列）扫描驱动电路实际上已经限制了每一个扫描行（列）的最大时间宽度 T_L（单位为 s），假定图像的帧重复频率为 f，扫描的行（列）数量为 L，则有

$$T_L = 1/(Lf) \tag{10-4}$$

如果要最大幅度的提高 T_L，有两种方法可以选择：

1）降低帧频 f。

2）减小扫描的行（列）数量 L。

但是要注意以下问题：

1）降低帧频会导致稳定度的下降，而减小行（列）数量则导致硬件代价的提高，所以在显示系统设计中要根据实际的需要确定该项指标。

2）当帧频和扫描的行（列）数量被确定时，则每一个扫描行（列）的最大时间宽度 T_L 就被确定了，由式（10-2）可以知道，脉冲驱动电流的平均值 I_a 确定，由于 LED 是电流型器件，所以显示器的最大亮度绝对数值得以确定。

需要说明的是 T_L 为每一个扫描行（列）的最大时间宽度，不直接反映真正的最大占空比 $(t_{on}/T)_{Max}$，最大占空比同 f 无关，只与 L 有关，计算驱动电流幅值 I_F 应该注意到这一点，否则就会损坏显示器件。

（2）占空比控制

当显示器的最大亮度绝对数值确定以后，这实际上决定了每一个扫描行（列）的最大时间宽度 T_L，即确定了其最大的占空比数值。在进行灰度级显示的情况下，要求随时调整占空比以使显示器达到相应的发光强度。

灰度级控制的具体步骤是首先给定所要显示的灰度级，根据显示灰度级的具体数值调制成相应的占空比。在 T_L 确定的前提下，就是控制 t_{on} 的大小。

设显示器的线性灰度级数量为 n，显示灰度级数值为 S_i，其最小数值为 0，最大数值为 S_L，可以推出 t_{on}（单位为 s）为

$$t_{on} = (S_i/S_L)T_L \tag{10-5}$$

例如显示数据为 8bit，数据范围在 00H(0)～FFH(255) 之间；则其对应的占空比 t_{on}/T_L 在 00H/FFH(0)～FFH/FFH 之间调节。在灰度级数据为 00H 时，一个周期 T_L 内的 t_{on} 时间为 0；而当灰度级数据为 FFH 时，$t_{on}=T_L$。

具体实现这种脉冲宽度组合驱动的方法主要有内置 PWM 法和比较器法。所谓内置 PWM 法，脉冲宽度数据存于专用 PWM 驱动器件中，驱动器完成相应的脉宽调制，以此完成有灰度级层次的显示。而比较器法则是利用显示数据的具体数值在单位时间（T_L）内对相应显示行（列）进行多次反复扫描（又称刷新），从而形成有灰度级层次的视频图像，该方法又称为时间单位扫描方法。

2. LED 大屏幕内置 PWM 灰度级调制方法

内置 PWM 灰度级调制方法显示驱动的主要结构如图 10-13 所示，其中，显示控制部件通过控制各个基色的移位锁存器的移位时钟完成将要进行显示驱动的行（列）各个显示单元（像素）的各自基色的显示数据传送到达相应的位置；在显示数据到达指定的位置后，显示控制部件将各个单元（像素）的各自基色的显示数据装入对应单元（像素）的各自基色的脉冲宽度调制（以下简称脉宽调制）部件的计数器中；在某一个显示扫描 T_L 周期开始时，控制部件将脉宽的开始时刻输入到各个单元（像素）各自基色的脉宽调制控制器中并使行驱动器选中相应的扫描行（列），同时启动各个脉冲宽度调制计数器的时钟对显示数据进行计数控制，在各个脉宽调制计数器达到计数值时，分别复位与之对应的脉宽控制器；这样，在一个 T_L 周期内，由各个单元（像素）各自基色的脉宽控制器输出的脉宽信号经过相应的列（行）驱动器完成灰度级脉冲宽度的调制。实际上，为了有效利用资源，显示数据的移位锁存和显示灰度级的控制是同时进行的；也就是说，在当前行（列）的 T_L 周期内，控制逻辑一面完成该行（列）的灰度级控制，一面将下一个行（列）的显示数据进行移位和锁存；当本行（列）的 T_L 周期结束时，下行（列）的数据正好装入到对应单元（像素）的各自基色的脉冲宽度调制计数器中，准备下一个显示扫描 T_L 周期开始。

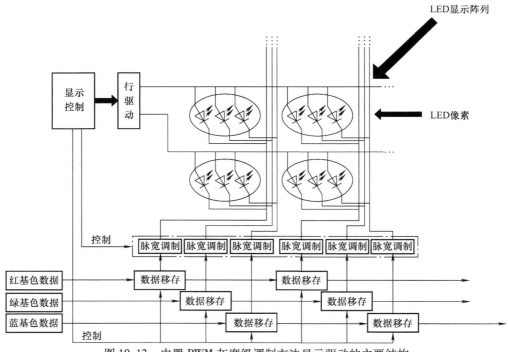

图 10-13　内置 PWM 灰度级调制方法显示驱动的主要结构

可以看到，计数器脉宽灰度级调制方法实际上是采用具有输入显示预置数据功能的脉宽调制计数器，从开始计数到递减为 0，恰好计了显示灰度级原数据码个数的 CLK 脉冲，再利用计数器的溢出端作为输出信号控制显示单元相应基色的关断，从而实现灰度级的控制。该方法的主要参数如下：

1）行（列）方向的显示单元（像素）数量。行（列）方向的显示单元（像素）数量

V 代表控制逻辑在显示基本模块上的行（列）方向控制能力，其同扫描行数 L 的乘积就是基本模块显示控制部件所能控制显示像素的数量。

2）脉冲宽度调制计数器设定范围。假定需要控制的灰度级数量为 n，Q 为取整函数，那么脉宽调制计数器的二进制位数 B 表示为

$$\begin{cases} B = n' + 1 \\ n' = Q(\log_2 n) \end{cases} \tag{10-6}$$

3）脉冲宽度调制计数器利用率。当控制的灰度级数量 n 和计数器的二进制位数 B 确定以后，计数器利用率 E_{cnt} 表示为

$$E_{cnt} = (n/2^B) \times 100\% \tag{10-7}$$

4）脉冲宽度调制计数器计数时钟频率为

$$f_{clk} = n/T_L \tag{10-8}$$

5）移位锁存器的数据移位速率。由于显示数据的移位锁存和显示灰度级的控制是同时进行的，所以在 T_L 周期内，该行（列）V 个显示单元（像素）的显示必须移位到位（这里假定 $V=32$），那么其数据移位速率 v_{cnt}（单位为 bit/s）表示为

$$v_{cnt} = VB/T_L \tag{10-9}$$

以上的参数对于评估计数器灰度级调制方法的调制能力、器件利用率、驱动代价以及设计的可行性、合理性有着重要的意义。例如在高端显示领域，根据视频显示灰度数据与显示亮度的函数关系，完全显示 256 个有效灰度级，严格意义上来说显示器需要具备 222 775 的线性灰度级驱动能力。这里设扫描行数 L 为 16，帧频率 f 为 60，行（列）显示单元个数 V 为 32，灰度级调制数量 n 为 222 775，得到以下主要参数结果：

脉冲宽度调制计数器的二进制位数 B 为

$$B = 17 + 1 = 18 \tag{10-10}$$

计数器利用率 E_{cnt} 为

$$E_{cnt} = (222\ 775/2^B) \times 100\% \approx 84.9\% \tag{10-11}$$

脉冲宽度调制计数器计数时钟频率为

$$f_{clk} = n/T_L = 222\ 775 \times 60 \times 16\text{Hz} \approx 214\text{MHz} \tag{10-12}$$

移位锁存器的数据移位速率

$$v_{cnt} = 32 \times 18/T_L \approx 552\text{kbit/s} \tag{10-13}$$

可以看到，以上参数说明这种设计方案的移位锁存的速率可以实现，但是其计数器计数范围 18bit 不是设计的主流，一般来说应该采用 2 的幂级数，这样利用率进一步降低，并且计数时钟的频率太高，实现的代价很高。解决的方法有以下几种：①减小扫描的行（列）数量 L；②降低帧频 f；③减少行（列）方向的显示单元（像素）数量；④降低显示灰度级数量。这些方法的缺点增加了驱动的代价，降低了图像的显示质量[4]。

3. LED 大屏幕显示时间单位扫描灰度级调制方法

图 10-14 所示为时间单位扫描灰度级调制方法显示驱动的主要结构。由于该方法便于电路的公用，既可以用于图文显示器，又可以用于图像显示器，节省驱动的成本，因此得到大多数设计者的青睐。同计数器驱动方法类似的地方是行（列）扫描的方式相同，不同之处在于每行（列）的脉宽调制方法不同。

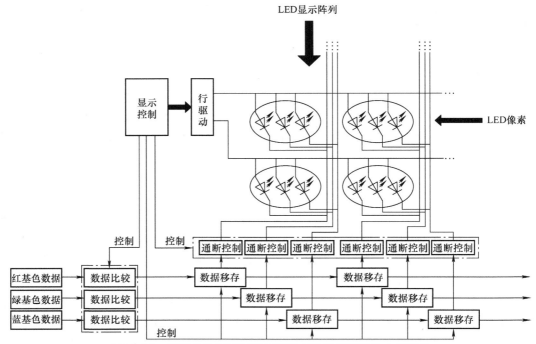

图 10-14　时间单位扫描灰度级调制方法显示驱动的主要结构

LED 大屏幕视频图像显示器由不同的基本显示模块构成，每个显示模块的扫描行（列）数为 L，每行（列）拥有 V 个显示单元（像素）。每行（列）的最大显示时间为 T_L，包括全黑的灰度级在内，灰度级数的时间显示序列为 M，像素灰度级的数据值为 S_i。这样，像素最亮是指该像素导通时间为 T_L，某像素的显示数值 S_i 介于 0 与 $M-1$ 之间（$0 \leqslant S_i \leqslant M-1$），其导通时间为 $S_i T_L / (M-1)$。在显示某一行（列）时，此行（列）的显示信息数据由控制部件取出，通过由扫描时间序列数据比较电路输出在该时间序列下的像素点阵的显示数据，再由串行移位电路送入移位寄存器完成该时刻的数据显示。从该行扫描开始时刻起，到该行的第 $M-1$ 时间显示序列生成结束，对于本行的某一显示数据为 S_i 的像素，在本行的显示时间为 $S_i T_L / (M-1)$。类似地，1～L 行的像素全部依照这种方式正确显示，这样就实现了本帧图像的视频显示；在下一个帧时间则显示下一帧图像，这样的过程不断重复进行，就可以实现具有灰度级的视频图像显示。

为了简化原理的叙述过程，假定每行灰度级数的时间显示序列 M 为 16，某像素的显示数值 S_i 为 4bit 数据，即 $0 \leqslant S_i \leqslant 15$；那么在显示信息数据由内存控制逻辑取出后，再生成当前时间显示序列的显示数据。

从图 10-14 可以看到，时间片扫描灰度级调制全色驱动电路由控制逻辑、行（列）扫描驱动器、各个基色数据比较器、各个基色移位锁存器、通断控制器构成。控制部件用来产生控制电路的基本时钟信号、数据的存取地址、基色数据比较器和基色移位锁存器的控制信号；其工作过程可以简单描述为控制部件产生行译码信号传送给行驱动器用来对选定行进行驱动，同时，控制部件对选定的扫描行产生 M 个时间序列，其生成的取数地址对图像数据存储器进行取数操作，数据传输到基色数据比较器，其输出的当前扫描时间片的数据在控制逻辑的移存信号作用下正确传送给基色移位锁存器。当选中扫描行（列）相应的时间序列的数据全部输出完毕，控制逻辑将数据锁入基色脉宽控制器，并通过基色列（行）驱动去显示，同时调整数据基色比较器，使之生成针对下一个时间序列的比较值。时间序列在选定的扫描行继续进行上述操作，直至完成 0 至 $M-1$ 时间序列的扫描；控制部件产生下一个扫描行的译码信号，重复上述扫描过程，直至完成整个区域的显示，完成图像的灰度级显示。

以 16 个灰度级显示控制为例说明时间片扫描灰度级调制方法的具体驱动控制过程：在理论上，时间序列控制部件将一个扫描行（列）的时间分为 $M=16$ 个时间序列（简称时间片），由于每一个扫描行（列）的有效时间为 T_L，每一个时间片的时间为 $T_{SEC}=T_L/M$。而实际上，同计数器调制面临的问题一样，对应该行的显示数据 S_i 在 0 到 15 之间，0 灰度级实际上是 0 显示亮度，在 T_L 占用一个时间序列有一些浪费，所以现在采用的标准工作过程与原理的时间片划分略有区别：M 实际上是由 1 到 15 共 15 个时间序列构成的（对应 2 到 16）；假定，在该扫描行（列）有四个相邻点，其显示数据 S_i 值分别为 0、1、7 和 10。在该行的第一个时间序列（$M=1$），这些数据值在经过基色数据比较器输出后，在第一个时间序列的显示值分别为 0、1、1、1；在第一个时间序列各个像素点的实际显示时间为 0、T_L/M、T_L/M、T_L/M。在第二个时间序列（$M=2$），显示数据经过基色数据比较器输出后，分别为 0、0、1、1；第二个时间序列各个像素点的实际显示时间为 0、0、T_L/M、T_L/M。第三个时间序列情况没有多大变化，不过在第八个时间序列（$M=10$），显示数据经过基色数据比较器输出后，仅有最后一个点的值保持为 1，显示值分别为 0、0、0、1；各个像素点的实际显示时间为 0、0、0、T_L/M。可以看到，第一点没有显示时间，第二点显示时间为一个时间片，第三点显示时间为七个时间片，第四点为十个时间片，因此最后这四个相邻点的实际显示时间为 0、T_L/M、$7T_L/M$、$10T_L/M$；对应显示数据为 0、1、7、10；灰度级调制的结果同计数器方法相同。

该方法的行（列）方向上除了移位锁存控制外，没有额外的硬件控制器件，灰度级的控制由控制部件的时间序列产生，所以硬件的代价比较小。此外，由于灰度级的设定由控制部件确定，当在每一个扫描行（列）仅设一个时间片（序列）时，此时每个基色的灰度级层次为 2；显示器就成为没有灰度级显示的图文显示器；反之，在原有图文显示器的电路基础上，做少量改动就使之具有灰度级控制的能力，完成图像的显示；这样，同一套电路系统可以满足不同的设计需要，所以应用比较广泛。

10.2.3　显示控制的关键技术

脉宽调制（PWM）基本原理：控制方式就是对逆变电路开关器件的通断进行控制，使输出端得到一系列幅值相等的脉冲，用这些脉冲来代替正弦波或所需要的波形。也就是在输出波形的半个周期中产生多个脉冲，使各脉冲的等值电压为正弦波形，所获得的输出平滑且低次谐波少。按一定的规则对各脉冲的宽度进行调制，即可改变逆变电路输出电压的大小，也可改变输出频率。

现场可编程门阵列（Field – Programmable Gate Array，FPGA），是在 PAL、GAL、CPLD 等可编程器件的基础上进一步发展的产物。它是作为专用集成电路（ASIC）领域中的一种半定制电路而出现的，既解决了定制电路的不足，又克服了原有可编程器件门电路数有限的缺点。FPGA 采用了逻辑单元阵列（Logic Cell Array，LCA）这样一个概念，内部包括可配置逻辑模块（Configurable Logic Block，CLB）、输入输出模块（Input Output Block，IOB）和内部连线（Interconnect）三个部分。现场可编程门阵列（FPGA）是可编程器件，与传统逻辑电路和门阵列（如 PAL、GAL 及 CPLD 器件）相比，FPGA 具有不同的结构。FPGA 利用小型查找表（$16 \times 1 \text{RAM}$）来实现组合逻辑，每个查找表连接到一个 D 触发器的输入端，触发器再来驱动其他逻辑电路或驱动 I/O，由此构成了既可实现组合逻辑功能又可实现时序逻辑功能的基本逻辑单元模块，这些模块间利用金属连线互相连接或连接到 I/O 模块。FPGA 的逻辑是通过向内部静态存储单元加载编程数据来实现的，存储在存储器单元中的值决定了逻辑单元的逻辑功能以及各模块之间或模块与 I/O 间的连接方式，并最终决定了 FPGA 所能实现的功能，FPGA 允许无限次的编程。

显示控制关键技术主要有高精度的灰度控制技术、画面高刷新控制技术、屏幕均匀度控制控制、控制系统智能化多媒体控制方法。

目前 LED 显示屏的主要控制方式就是利用 PWM 原理，通过 PFGA 来实现灰阶的显示功能。从前面的论述中看到脉冲宽度组合驱动的方法主要有内置 PWM 法和显示时间单位扫描灰度级调制方法；内置 PWM 法主要由专用驱动 IC 实现，显示时间单位扫描灰度级调制方法是通用控制中的关键技术。

同内置 PWM 法灰度级调制方法相似，时间片扫描灰度级调制方法也有其相关的参数：

1）行（列）方向的显示单元（像素）数量。行（列）方向的显示单元（像素）数量 V 代表控制逻辑在显示基本模块上的行（列）方向控制能力，其同扫描行数 L 的乘积就是显示基本模块的显示像素的数量。

2）时间片扫描时间。假定需要控制的灰度级数量为 n，那么设时间片的数量 $M = n$，由于 0 灰度级的存在，实际分配的时间片为 $M - 1$，时间片扫描时间 T_{SEC} 表示为

$$T_{\text{SEC}} = T_{\text{L}}/(M - 1) \tag{10-14}$$

3）显示数据读取时间。在一个 T_{SEC} 内必须完成扫描行（列）的 V 个显示单元的显示数据，并输送给基色数据比较器完成该时间片的数据转换，所以显示数据读取时间 T_{g} 表示为

$$T_{\text{g}} = T_{\text{SEC}}/V = T_{\text{L}}/[(M - 1)V] \tag{10-15}$$

4）移位锁存器的数据移位速率。由于显示数据的移位锁存和显示数据读取是同时进行的，所以在 T_{SEC} 周期内，该行（列）V 个显示单元（像素）的显示必须移位到位，那么其数据移位速率 v_{shf}（单位为 bit/s）表示为

$$v_{\text{shf}} = V(M - 1)/T_{\text{L}} \tag{10-16}$$

以上的参数对于评估时间片扫描灰度级调制方法的调制能力、驱动代价以及设计的可行性、合理性有着重要的意义。同计数器显示方法一样，显示 256 个有效灰度级，需要具备 222 775 的线性灰度级驱动能力[5]。这里设扫描行数 L 为 16，帧频率 f 为 60，行（列）显示单元个数 V 为 32，灰度级调制数量 n 为 222 775，得到以下主要参数结果：

时间片扫描时间 T_{SEC} 为

$$T_{\text{SEC}} = T_{\text{L}}/(M - 1) \approx 4.6758(\text{ns}) \tag{10-17}$$

显示数据读取时间为

$$T_{\text{g}} = T_{\text{SEC}}/V \approx 146\text{ps} \tag{10-18}$$

移位锁存器的数据移位速率为

$$v_{\text{shf}} = V(M - 1)/T_{\text{L}} \approx 6843\text{Mbit/s} \tag{10-19}$$

可以看到以上参数说明这种设计方案完成最高质量的图像显示目前是难以实现的，目前

高端的 LED 显示控制一般不采用上述的原理及方法，是依靠数学的混合运算控制方法来实现高精度的有效灰度级控制能力，例如有混合权值方法和多组合集合逼近方法等，同学们能够在以后学习到。

总体上，鉴于 LED 大屏幕显示器的现状和现有 IC 器件的水平，使得相关设计者不得不重新审视上述问题。为了能够在现有技术条件实现一定水平的 LED 显示器视频图像显示，除了采用减小扫描的行（列）数量、降低帧频、减少行（列）方向的显示单元（像素）数量和降低显示灰度级数量外，将给定的 γ_{PNL}（原始图像伽马数值）的值减小，最低甚至降到 2 以下。

10.3　LED 显示屏的分类

LED 显示屏有多种分类方式，可以从显示屏的结构、功能、应用场合等角度，以及所使用的 LED 灯珠的封装方式、结构特点等角度，对显示屏进行分类。

10.3.1　按照像素间距分类

目前市场上 LED 显示屏的像素间距，大到十几毫米甚至几十毫米，小到 1mm 以下。像素间距小于 4mm 的 LED 显示屏通常被定义为小像素间距产品，像素间距大于 4mm 的 LED 显示屏则为大像素间距产品。与大像素间距产品相比，小像素间距产品的特点是显示亮度低，画面细腻，最佳观察距离比较近，通常使用 SMD（表面贴装器件）工艺生产的 LED 灯珠；大像素间距产品的特点是显示亮度高，最佳观察距离远，通常使用直插式 LED 灯珠。

10.3.2　按照封装方式分类

LED 按照封装方式的不同，主要有以下几种模式：SMD（表面贴装器件）、COB（集成封装）、CLEDIS 方式以及直插式 LED。

如图 10-15 所示，左图为 SMD 工艺生产的表贴式 LED，右图为直插式 LED。用于全彩显示 LED 显示屏的表贴式 LED，通常是将红、绿、蓝三种颜色的芯片封装进一颗 LED 灯珠中，一颗 LED 灯珠就可以组成一个全彩的像素点，达到缩小 LED 体积的目的，方便生产小像素间距的显示屏。直插式 LED 灯珠则是将红、绿、蓝三色的芯片分开封装，每颗 LED 灯珠都只能显示一种单色，组成一个全彩色的像素点则需要三颗直插式 LED 灯珠。

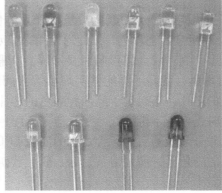

图 10-15　SMD 封装的 LED 和直插式 LED

如图 10-16 所示，左图为集成封装工艺生产的集成封装式 LED，该方式直接对 LED 晶片进行固晶压线，不受封装支架、引线限制，可以实现更小点间距、更高像素密度，而且降低产品成本。右图为日本 SONY 采用类似集成封装的 CLEDIS 方式，无机 LED 晶体材料在基板上进行各种排列安装，就是把无数发光的 LED 小灯"安插"到一块基板上，每一个子像素都由 R、G、B 三色 LED 构成，制造过程的后半段非常类似于制造一块等离子显示屏。

"Crstal LED Display"面板每一个像素上RGB的每一个颜色的子像素分别独立为一个LED，因此这款面板由600万颗LED组成

图 10-16　COB（集成封装）和 CLEDIS 方式

10.3.3　按照应用场合分类

按照应用场合分类，LED 显示屏可分为户外显示屏和户内显示屏。户外的高亮、高湿、高温、低温等环境条件，要求户外显示屏具有高亮度、高防护等级并且具有能够在极端温度条件下工作的能力。部分厂家为了保证显示屏在极端环境条件下能够稳定工作，在显示屏中安装了温控设备，并且进行了防水处理。另外，户外显示屏通常要求观察距离很远，一般要几十米甚至几百米，因此户外显示屏的像素间距都很大，达到十毫米甚至更大。

户内显示屏的工作环境比户外显示屏的工作环境好很多，但是观察距离近，因此要求像素间距较小。再者，户内的照度低，要求显示屏的亮度不能过高，否则会对视觉系统产生危害。部分产品会配有亮度自动调节装置，能够根据室内照度自动调整显示屏的亮度，确保观看舒适度。

此外还有一些特殊场合应用的异型显示屏，例如球面显示屏、曲面显示屏、地砖型显示屏、水下显示屏等，应用在展会、大型文艺活动、博物馆、海洋馆、大型比赛等场合。

10.3.4　按照使用的 LED 灯的类型分类

LED 灯按照能够显示的颜色数量，分为单色、双色、全彩色以及四色型。其中，单色和双色 LED 不能显示全彩色，因此通常用来显示文字或标志等，或者由三颗单色 LED 灯珠组成一个像素，制作成大像素间距显示屏。全彩色 LED 灯珠将红、绿、蓝三色芯片封装进一颗 LED 灯珠里，使显示屏能够实现小像素间距显示。多色型的 LED 灯里除了封装了红、绿、蓝三色的芯片，还封装了第四种颜色的芯片，通常为白色或者黄色：含白色的四色 LED 灯珠在显示时，白色不再由红、绿、蓝三色配色形成，而是由白色芯片独立发光，可以达到高亮度显示并且节能的目的；含黄色的四色 LED 灯珠，使得显示出的色域不再是由红、绿、蓝三色组成的三角形，而是由黄、绿、蓝、黄四色组成的四边形，大大提高了显示的色域和色彩饱和度。

目前的小间距 LED 显示产品采用的类似灯珠的 SMD（表面贴装器件）或者是直接采用

LED 小颗粒晶圆直接形成子像素。

10.4　LED 小间距显示的进展

通常将像素间距 2.5mm 以下 LED 显示产品称为 LED 小间距显示屏。随着 LED 显示技术不断进步，像素单元微小化已成为高端 LED 应用领域的趋势，像素间距由初期的 2.5mm 迅速缩小到目前市场主流的 1.25mm，而未来具有 LCD（液晶）分辨精度的 LED 显示技术也已提上日程。小间距 LED 显示在 100in 以上大尺寸显示上拥有传统 LCD 液晶显示和 DLP 显示无法比拟的技术优势，在媒体广告、影视演播、会议中心、军事指挥、交通监控和灾害防控等领域有着广泛的应用。

（1）无缝拼接

传统 DLP 投影与 LCD 液晶拼接显示屏，普遍存在 0.5～4.0mm 的拼接间隙，而 LED 小间距显示容易实现无缝拼接，如图 10-17 所示。

LED小间距显示屏　　　　　　　　　LCD/DLP显示屏

图 10-17　LED 小间距显示屏与 LCD/DLP 显示屏拼接对比

（2）高响应速度

LED 的响应时间在纳秒级，相对 DLP 投影与 LCD 液晶来说，快速动态画面不会出现拖尾、重影叠加现象。

（3）超宽视角显示

LED 小间距显示屏的视角宽广，显示覆盖面积更大。图 10-18 所示为 LED 小间距显示屏与 LCD/DLP 显示屏视角对比。

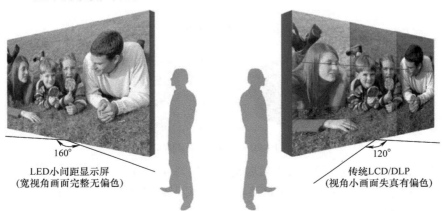

160°　　　　　　　　　　　　　　120°

LED小间距显示屏　　　　　　　　　传统LCD/DLP
（宽视角画面完整无偏色）　　　　　（视角小画面失真有偏色）

图 10-18　LED 小间距显示屏与 LCD/DLP 显示屏视角对比

10.4.1　LED 小间距显示的封装

LED 芯片只是一块很小的固体，它的两个电极要在显微镜下才能看见，加入电流之后才会发光。在制造工艺上，除了要对 LED 芯片的两个电极进行焊接，从而引出正极、负极之外，还需要对 LED 芯片和两个电极进行保护，因此需要相应的封装工艺技术。LED 小间距芯片封装是指将 LED 芯片及其他要素在框架或基板上布置、粘贴固定及连接，引出接线端子并通过可塑性绝缘介质灌封固定，构成整体结构的工艺，通过芯片封装实现传递电能、传递电路信号、提供散热途径、结构保护与支持。根据封装方式不同，小间距显示技术目前主要分为 SMD（Surface Mounted Devices，表贴封装）和集成封装（Chip On Board，COB）两种形式。

10.4.2　LED 小间距显示的 SMD 类型

采用 SMD（表贴封装）技术制造 LED 小间距显示屏的生产流程如图 10-19 所示。首先将 LED 发光芯片封装成 SMD 灯珠，再由灯珠制造显示模组，最后由模组拼接成显示单元。其中 SMD 灯珠结构如图 10-20 所示，在 LED 灯珠中，红、绿、蓝三色发光芯片使用树脂封装在一个支架结构中，作为 LED 显示屏的一个发光像素使用，整个 LED 显示模组是由大量的分立灯珠在 PCB 表面贴装而成的。根据不同像素间距要求，所采用的灯珠尺寸也不同，常见的有 1mm×1mm、0.8mm×0.8mm 等。SMD 灯珠生产工艺流程如图 10-21 所示。首先使用固晶机将 LED 芯片固定在支架上，然后用焊线机将发光芯片的电极与支架实现电气连接，之后采用压出成型工艺，使用树脂将芯片和支架封装固定在一起，再使用切割设备将支架分离形成单颗灯珠，然后使用分光分色设备对灯珠进行亮度、色度分选，最后将分选的灯珠进行带装以便后续自动贴装。显示屏厂商拿到灯珠后，使用高速贴片机和高温回流焊设备将灯珠焊在电路板上，制成不同点间距的显示模组。

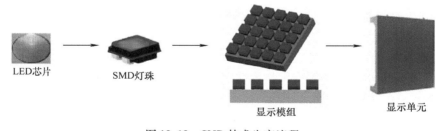

LED芯片　　　SMD灯珠　　　　　　　　　　显示模组　　　　　　显示单元

图 10-19　SMD 技术生产流程

图 10-20　SMD 灯珠及结构

SMD 类型 LED 小间距显示屏具有散射角大、均匀性好等优点，但也存在以下不足：

1）死灯、坏灯现象。采用 SMD 封装技术的小间距 LED 容易在使用过程中产生死灯、

图 10-21　SMD 灯珠生产工艺流程

坏灯现象。首先是因为 SMD 小间距 LED 在生产过程中，需要将灯珠以高温回流焊的方式焊在电路板上，而在高温回流焊中由于灯珠中支架、基板、环氧树脂等材料的膨胀系数不同，产生较大的热应力。其次，采用 SMD 封装技术，LED 的灯脚焊盘裸露外部易被氧化，造成水汽侵蚀 LED 内部芯片，在水氧作用下长期运行造成灯芯内部发生电化学反应，出现死灯、"毛毛虫"现象。此外，小间距 SMD 产品静电敏感，裸露的灯脚焊盘很容易受到静电的影响，造成死灯。

2）观看舒适度欠佳。SMD 小间距 LED 显示是点光源成像，易产生炫光，在室内长期观看时人眼会因 LED 屏体的频繁刷新，周期性接受光信号刺激而感到不适。此外，存在"蓝害"影响，因蓝色 LED 波长短、频率高，人眼直接地、长期地接受蓝光影响，容易引起视网膜病变。

10.4.3　LED 小间距显示的 COB 类型

采用 COB（集成封装）技术制造 LED 小间距显示屏的技术路线如图 10-22 所示。首先将 LED 发光芯片直接集成封装成显示模组，再由模组拼接成显示单元。其中 COB（集成封装）显示模组的结构如图 10-23 所示，首先使用固晶机将红、绿、蓝三色 LED 芯片固定在 PCB 的焊盘上，然后用焊线机将发光芯片的电极与电路实现电气连接，之后使用树脂将芯片、引线和 PCB 表面一体灌封保护，制成不同像素间距的显示模组。

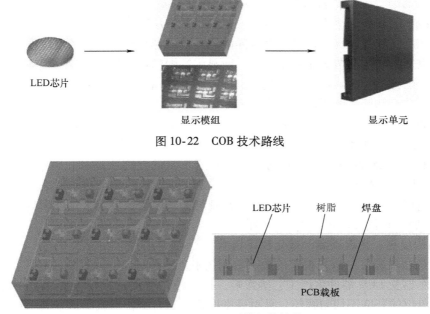

图 10-22　COB 技术路线

图 10-23　COB 显示模组的结构

和 SMD 技术路线相比，COB 技术具有以下优点：

1）高像素密度。COB（集成封装）技术直接用 LED 芯片固晶焊线，越过 SMD 发光器件封装环节，不受 SMD 发光灯珠封装物理尺寸、支架和引线限制，可以实现更小点间距、更高像素密度显示。

2）高可靠性。常温固晶、超声波焊接，避免高温焊接对芯片热损伤，提高可靠性；COB（集成封装）无裸露灯脚，表面平滑无缝隙，具有防潮、防静电、防磕碰、防尘等功能，正面防护等级达到 IP54，避免了 SMD 封装的小间距 LED 因潮湿、静电、灰尘、磕碰等环境或人为因素造成死灯、坏灯的问题。经测算，大约在使用半年后，采用 COB 封装技术的小间距 LED 累积坏点率不到采用 SMD 技术的十分之一。

3）高观看舒适性。高填充因子光学设计，发光均匀，使得发光像素近似"面光源"，有效降低发光强度辐射，消除摩尔纹、炫光及刺目对观看者视网膜的伤害，使人眼能够近距离、长时间观看，不易产生视觉疲劳及心理抗拒，非常适合监控、指挥和调度中心等场所使用。

4）高性价比。省去 SMD 灯珠封装、贴片、回流焊等工艺环节，缩短工艺路径，大幅降低产品成品。

10.4.4　COB 小间距 LED 显示的关键技术

1. COB（集成封装）与 PWM 显示驱动控制技术

COB（集成封装）结构与 PWM 显示驱动控制技术为高精密 LED 小间距无缝拼接显示提供核心技术保障。COB（集成封装）将 LED 灯板与驱动电路板进行集成，在该电路板的一侧放置 LED 发光芯片，另一侧放置驱动 IC，驱动 IC 通过电路板层内走线直接与 LED 晶圆相连，有效减小了 LED 显示单元板的厚度，大大提升了发光芯片和驱动 IC 的集成度。影响 LED 显示质量的因素除了像素分辨率、均匀度外，主要考虑的就是图像层次清晰度，它主要包括灰度级和刷新率两个方面。灰度级决定显示图像层次的细腻程度，当灰度级控制电路控制产生的灰度级数量越高，而且灰度级间的级差控制越精确，显示的清晰度就越高。刷新率是指图像重复扫描的次数。刷新率越高，所显示的图像稳定性就越好，越有利于人眼观看及电子设备对图像的捕捉。灰度级数量和扫描帧频、存储器读出速率、显示控制区域之间相互制约，由于芯片和资源的限制，通常二者不可兼得。由于单位面积内像素点密度极高，单点发光需要的电流更小，需要考虑到发光芯片在更小的电流区间内的线性工作区的小电流一致性控制。另外，高密度小间距显示产品，需要采用高刷新方式进行扫描控制，LED 芯片（即发光二极管）在较高频率下应用的时候，除了正常的导通状态和正常的截止状态以外，在两种状态之间，转换过程中还存在着开启效应和关断效应，因此需要考虑小电容开启一致性问题。如何用最佳方式完成高扫描帧频、高精度的灰度级控制水平是技术难点，通过高精度 PWM 显示驱动控制技术可以解决这些问题。

2. 超高密度亮、色度逐点一致化校正技术

（1）超高密度亮度一致化校正的数字校调技术

LED 显示器受 LED 器件生产工艺等影响，在未经亮度校正的 LED 显示器屏幕上会呈现出以像素为单位的亮度不均匀颗粒。针对高密度显示屏自身特点找到适合其采用的亮度参数采集方法以及亮度校正系数计算方法进行逐点一致化校正来解决整屏亮度不一致的问题。

（2）超高密度色度一致化校正的数字校调技术

由于受 LED 管芯封装工艺等影响，相同颜色的 LED 管芯主波长之间存在一定差异，这种差异外在表现为 LED 管芯的发光颜色差异。对于存在颜色差异的 LED 显示器，经过亮度校正之后，LED 显示器不同区域之间会出现色度偏差，从而严重影响 LED 显示器的显示效果。通过对存在色度问题的高密度 LED 显示器各个像素色度参数进行采集，对其显示像素的色度差异进行分析，匹配生成色度加权校正因子，为色度校正提供校正加权矩阵，从而解决整屏色度不一致的问题，如图 10-24 所示。

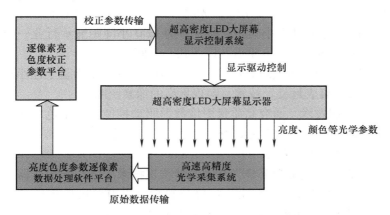

图 10-24　超高密度亮度、色度一致化校正的数字校调

3. 高速采集显示处理及图像融合拼接技术

由于单位显示面积下像素密度变大，像素点增多，使得采集提取处理数据的难度加大，工作时间变长；有时光学采集过程需要分步骤进行，经过多次拼接才能得到完整的光学参数采集数据，这样大屏幕超高密 LED 显示屏校正周期相对延长，降低了生产的效率；同时鉴于超高密 LED 显示屏像素巨大的数量，进行全屏幕显示时需要多个监视显示器辅助显示，增加了校正投入的成本。

为了实现方便快捷的采集和数据的高速高效处理，对于图像融合拼接技术，采用以下技术方法实现：

1）多区域图像融合拼接技术。随着高清显示技术的发展，显示设备物理分辨率更高，不可避免会遇到分区域多次采集进行数据拼接的问题，相对于单次采集校正，分区域多次采集不同区域的采集参数有统一的数据标准，带来的影响就是各个区域的亮、色度校正结果不能保证完全一致，通过多区域图像融合拼接算法来解决这些问题。

2）相邻区域边缘痕迹消除技术。对于 COB 高精密 LED 无缝拼接面板来说，模组之间物理拼缝只要大于点间距的十分之一就能看到区域间的光学暗区，表现为暗线，小于该距离则能看到亮线，这种尺度的工艺控制是很难做到的。对于全屏数以百计的光学明暗区痕迹，会出现观察者可以分辨的亮线或者暗线，影响高清高密度图像显示的效果。为了解决这个问题，对相邻区域边缘光学自动补偿，使采集系统自动弥补或消除相邻区域边缘痕迹。

10.4.5　LED 小间距 COB 显示的进展

随着 LED 小间距显示向着 LCD 的分辨精度（像素间距＜0.8mm）发展，发光器件的物理尺寸会越来越小。SMD（表贴封装）发光器件其结构特点决定其在进一步微小间距方面的局限性。目前最小尺寸 LED 表贴封装灯珠为 0505（即物理尺寸为 0.5mm × 0.5mm），已经接近表贴封装尺寸极限，其发光器件生产制造难度大，成品率低。即使采用该尺寸表贴封装发光器件，拼装显示屏只能接近 1.0mm 点间距，实现点间距小于 1.0mm 显示产品，难度相当大，面临可靠性及整机制造方面更大的难度和挑战。

由于小间距显示用发光器件技术制约着超高密度小间距 LED 显示行业的发展，更显示出 COB（集成封装）技术的优越性，突破原有 SMD 技术瓶颈，将产业链上游发光芯片、中游封装、下游组装一体化完成，不受分立发光器件封装的制约，实现低成本、高可靠性、更小点间距、更高像素密度的 LED 小间距产品，成为 LED 小间距显示行业一个重要的发展方向。LED 小间距 COB 显示技术发展重点在以下几个方面：

1）基于芯片级阵列模组集成封装技术。在阵列模组 PCB 正面基于超小尺寸红、绿、蓝光发光芯片开发 COB（集成封装）技术，实现更高的像素密度。

2）高精度驱动控制技术。研究高质量图像数据驱动控制，显示色域转换，小电流高精度图像灰度控制，高精度亮、色度一致化校正技术，提升低灰画面细节表现力，实现超精细画质、高对比度及高均匀显示效果。

3）高精度实时在线光电参数采集、高均匀性校正技术。LED 半导体器件自身机理决定发光芯片存在亮、色度离散性、衰减性，而 LED 显示整机模块化封装及装配方式及驱动 IC 间、IC 片位内输出存在不一致性，使 LED 显示器屏幕上会呈现亮、色度不均匀性。因此研究超高密度、低亮度发光芯片实时在线光电参数采集技术及高均匀性校正技术，实现整屏超高均匀度显示效果。

10.5 LED 显示系统的检测方法

如何评价 LED 显示系统的性能优劣呢？科学的检测方法是评价 LED 显示系统性能的主要手段。目前，LED 检测标准常用的是 SJ/T112101—2007 SJ/T 112101—2007《发光二极管（LED）显示屏测试方法》以及其他标准，同时，当 LED 显示屏应用于其他行业时，还有相应的行业标准，例如广播电视行业的 LED 显示屏检测标准。

10.5.1 表征光学性能的关键技术指标

LED 显示屏的光学性能测试主要包括以下几个项目：

1）最大亮度，包括红、绿、蓝、黄、白等的最大亮度。

2）视角，包括水平方向的视角和垂直方向的视角。

3）基色主波长误差和白场色坐标，均考察 LED 显示屏的颜色特性。

4）均匀性，包括像素发光强度均匀性、显示模块亮度均匀性和模组亮度均匀性。

5）对比度、亮度鉴别等级等。

亮度是 LED 显示屏光学特性最为核心的参数，同时注意到，上述测试项目中既有绝对亮度测量又有相对亮度测量。通过绝对亮度测量可获得具有绝对单位的量值，如最大亮度等。而相对亮度测量一般通过测量不同位置、角度或时间下的亮度并进行比较，从而获得无量纲或与亮度单位不相关的量值，如视角、均匀性等。绝对亮度测量对测量设备精度的要求较高，因为任何误差都会对测量结果贡献不确定度。而在相对测量中，由于采用量值相比，可以大幅降低亮度测量的系统误差影响，如光谱失匹配误差等，因此对测量设备的精度要求相对较低，但从另一层面讲，相对亮度测量对测试的便捷性要求较高，且要求目标能精确定位。

10.5.2 现有亮度测量设备及影响亮度测量的主要因素

测量亮度的常用设备为亮度计，根据测量原理，亮度计可分为遮光筒式亮度计、瞄点式亮度计、光谱辐亮度计、成像式亮度计以及近几年来新兴起来的光谱图像亮度计和高光谱图像亮度计。

1）遮光筒式亮度计由光度探头和遮光筒组成，测试时，必须将遮光筒接触或靠近显示屏的表面，该类型亮度计精度较低，一般仅用于产线测量。

2）瞄点式亮度计的典型原理如图 10-25 所示，根据光度学和几何光学的基本原理，探测面上的照度 E 与发光面的亮度 L 成以下比例关系：

$$E = k\omega L \tag{10-20}$$

式中，k 为比例常数，由光学系统的透射比 τ、焦距 f、视场角 ω 等决定。

如图 10-25 所示，视场角 ω 是指由测量面对瞄准点所张的角度，在一定的测量距离下，视场角越大，被测瞄准点就越大，亮度计实际测量的是该瞄准点区域内的平均亮度。

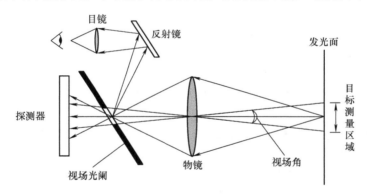

图 10-25　瞄点式亮度计的典型原理

LED 显示屏的色度可以通过具有色度测量功能的瞄点式亮度计或成像式亮度计测量。传统的色度测量功能一般采用三或四个光电探测器，或者在光电探测器前具有可切换的三或四个修正滤色片，实现 CIE 三刺激值曲线 $\overline{x}(\lambda)$、$\overline{y}(\lambda)$、$\overline{z}(\lambda)$ 的模拟匹配。然而，实际上，探测器的相对光谱灵敏度并不能与理想曲线完全相匹配，容易产生失匹配误差，尤其是测量彩色光的亮度和颜色时，误差可能高达百分之十几甚至百分之百。

3）光谱辐亮度计内置了光栅等分光测色单元，如图 10-26 所示，能够测量得到被测对象的光谱辐亮度，再根据 CIE 15 文件计算色坐标、基色主波长等 LED 显示屏相关的亮度和颜色参数。由于在计算过程中采用理想的 CIE 三刺激值曲线，不存在光谱失匹配误差，测量精度较高。

4）成像式亮度计的原理如图 10-27 所示。成像式亮度计采用面阵 CCD 代替瞄点式亮度计中的单通道探测器，面阵 CCD 一般具有百万像素，因此成像式亮度计可看作是百万个亮

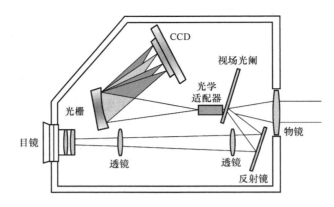

图 10-26　光谱辐亮度计测量原理示例

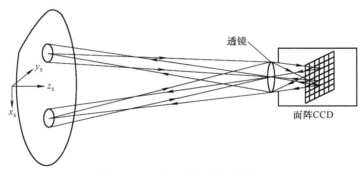

图 10-27　成像式亮度计的原理

度计同时工作。由于成像式亮度计更能快速获取测量面各点的亮度值，在分析均匀性时十分方便。

　　5）光谱图像亮度计的原理如图 10-28 所示。由于成像式亮度计存在严重的光谱失匹配问题，因此，如果将成像和光谱有机结合，就可以解决显示屏测量中的大部分问题了。基于这个思路，光谱图像亮度计应运而生，它通过双 CCD 设计，既能够一次成像测量二维空间的亮度分布，也能够得到指定点的高精度光谱特性参数。由于对于同批次的 LED 显示屏，其每个像素的光谱功率分布差别可能不大，因此得到了其中一点的光谱数据，可以用来校准其他测量点的亮度数据，并可用瞄准点的颜色数据近似代替其余各点的颜色数据。

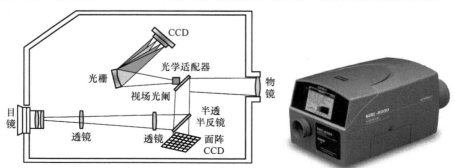

图 10-28　光谱图像亮度计测量原理及典型设备（远方 SIRC – 2000）

6）高光谱图像亮度计是将成像技术和光谱探测技术相结合的新型光谱图像亮度计，一次测量相当于几百万个微型辐亮度计同时工作，可快速测量获取整个发光区域内每点的亮度、颜色参数，不存在光谱失匹配误差，并可对任何局部区域亮度均匀性和颜色均匀性，或者整体发光区域亮度均匀性和颜色均匀性进行快速分析，其测量原理如图 10-29 所示。

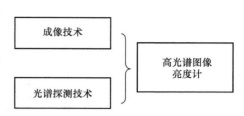

图 10-29　高光谱图像亮度计测量原理

10.5.3　LED 显示屏光学特性的实验室综合测量方案

对于 LED 显示屏的测量，影响测量精度的因素还包括视场测量中的角度精度、被测目标的精确瞄准以及瞄准的复现性等。为了克服这些误差因素，可采用五维对准高精度显示屏光学测试系统，如图 10-30 所示。

系统采用精密两轴转台实现待测样品的装夹和角度定位，转台可使被测样品绕旋转中心沿水平轴和垂直轴旋转 −90°～90°；同时采用精密三轴平移台实现对亮度测量设备的装夹和定位，三个相互垂直的平移轴（x 轴、y 轴、z 轴）能够实现测量取样设备的三维空间平移。

图 10-30　五维对准高精度显示屏光学测试系统

根据测量项目的不同，三轴平移台上的亮度测量设备可为瞄点式亮度计、光谱辐亮度计、成像式亮度计或光谱图像亮度计。利用五维机械对准系统，能方便实现被测目标精确定位和对准，大幅提高测量精度和复现性。

10.6　Micro – LED 显示技术

10.6.1　Micro – LED 显示的历史及现状

如今，LED 显示已逐渐出现在我们生活中，尤其是投入应用于一些广告或者装饰墙，而像素微型化也是当前 LED 显示发展的趋势之一，即 Micro – LED 显示。Micro – LED 像素继承了 LED 的效率高、亮度高、可靠度高及反应时间快等众多优点，还因其像素小，可组成更精细与小尺寸的阵列，因而在显示应用中有着明显的高分辨率及便携性等特点。下面将介绍两种典型的 Micro – LED 结构。

1. 正装结构的 Micro – LED 阵列

正装结构的可寻址选址 Micro – LED 阵列最初在 2003 年公布[31]，在该结构中，Micro – LED 阵列每一行像素的 n 电极连接到行扫描线，每一列像素的 p 电极连接到列扫描线，行与列之间用二氧化硅材料绝缘，通过施加高速行扫描与列扫描信号的方式，实现对 Micro – LED 阵列的寻址。基础结构如图 10-31 所示，n 电极线即为 n – line，p 电极线即为 p – line，如图 10-31b 所示。

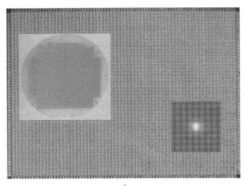
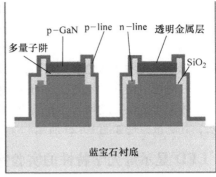

a)   b)

图 10-31 无源选址 Micro – LED 显示模型的结构

a) 俯视图   b) 截面图

2. 倒装结构的 Micro – LED 阵列

近几年，倒装芯片工艺已经被广泛应用于制作高分辨率、高功率的 Micro – LED 阵列。倒装芯片 Micro – LED 器件有着相当高的功率密度，而与由相同晶圆做成的大面积器件相比，它也有着更好的散热效率[32]。

关于倒装结构 Micro – LED 阵列的实例，Z. Gong 团队在 2008 年公布了一个由 CMOS 微系统和紫外线 Micro – LED 阵列集成的显示原形[33]，并证明可在微秒单位上实现荧光激发和荧光探测[2]。每个 CMOS 单元包含一个直径为 $255\mu m$ 的单光子雪崩二极管（SPAD），当放在 Micro – LED 最上方的样本被激发出荧光信号时，即可被探测到。Micro – LED 阵列的原理和其可编程操作如图 10-32 所示。

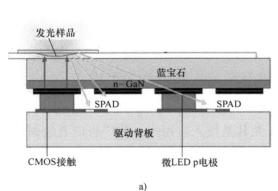

a)   b)

图 10-32 Micro – LED 阵列

a) 截面图   b) 可编程操作

之后，香港科技大学报道采用了倒装芯片技术等高分辨率的单片 8 × 8 微亮发光二极管点阵显示[34]，单个器件的显示尺寸是 $300\mu m \times 300\mu m$。该器件在 20mA 电流注入下可独立寻址。在每一列的 n – GaN 上添加一条金属总线后，整个显示的平均开启电压不均匀性仅为 4%。显示部分则通过封装工艺将芯片翻转倒装到驱动基板上。图 10-33 所示为香港科技大学公布的 Micro – LED 显示效果图。

图 10-33　Micro – LED 显示效果图

10.6.2　Micro – LED 显示的设计原理与制备技术

1. 驱动机制的比较

Micro – LED 是电流驱动型发光器件，其驱动方式一般有两种模式：无源选址驱动（Passive Matrix，PM，又称无源寻址、被动寻址、无源驱动等）与有源选址驱动（Active Matrix，AM，又称有源寻址、主动寻址、有源驱动等）。这两种模式具有截然不同的驱动原理与应用特色。

无源选址机制比较适用于小规模显示的应用，比如手机屏幕、汽车视频等，等效电路如图 10-34 所示，其中二极管标志代表着 Micro – LED 像素。其驱动机制是通过扫描行来控制电流只流过选定的像素，同时给相应的数据列加上相应的信号。此外，还需要一个外部电路来提供输入功率，视频数据信号和多路开关。然而，由于外部驱动电路驱动能力的有限，每个像素的亮度受这一列亮起像素的个数影响。所以，当两列中亮起的像素个数不一样时，施加到每个 Micro – LED 像素上的驱动电流将会不一样，不同列的亮度就会差别很大。随着行数和列数的增加，这个问题也会变得更严峻。因此，这个问题在大面积显示应用中会更加严重。此外，大

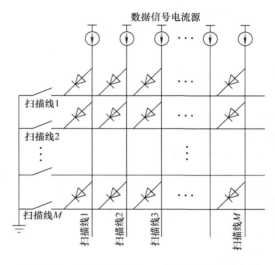

图 10-34　无源选址 Micro – LED 阵列等效电路

面积 LED 显示需要比较大的像素数量，因此就必须尽可能减小电极尺寸，而驱动显示屏所需的电压也会大幅度增加，大量的电流将损耗在行和列的扫描线上。较高的驱动电压也会带来串扰问题，即相邻的像素受互相的电流脉冲影响，最终也会降低显示质量。

相对而言，有源驱动电路中 Micro – LED 阵列的工作效率有明显提高。每个 Micro – LED 像素有其对应的独立驱动电路，基本的有源选址驱动电路为双晶体管单电容（2 Transistor 1 Capacitor，2T1C）电路，如图 10-35 所示。T_1 为选址晶体管，用来控制像素电路的开或关。T_2 是驱动晶体管，与电压源连通并在一帧（Frame）的时间内为 Micro – LED 提供稳定的电流。该电路中还有一个存储电容 C_1 来储存数据信号（V_{data}）。

与无源选址相比，有源选址驱动具有许多优势：

1）在有源选址机制中，每个像素的开关状态和灰度完全由有源组件控制，如 MOS 晶体管和薄膜晶体管（TFT），此时可完全消除串扰问题。

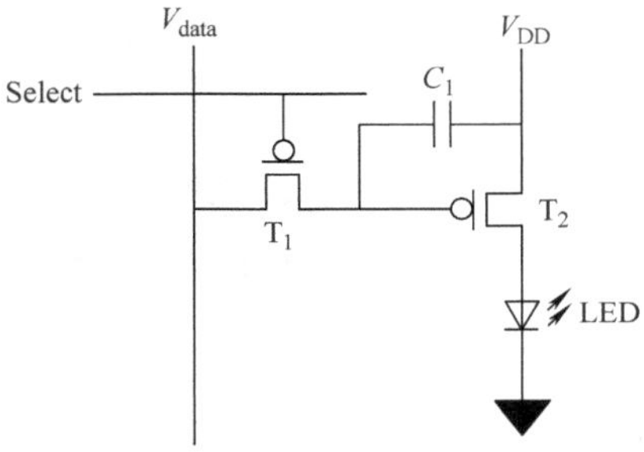

2）在有源选址机制中，每个像素的输出电流由像素电路中的驱动晶体管提供。驱动能力有较大提升，可达到大面积高分辨率显示应用时的要求。

3）因为每个像素有独立的驱动电路，能提供充足的驱动电流，所以每个像素的亮度也比较均匀。而在无源选址中，同一行里点亮的像素共享由外部集成电路提供的驱动电流，而其驱动能力是非常有限的。

4）在有源选址机制中，大多数电流从 V_{DD} 端，经过驱动晶体管，到达 Micro – LED 像素，最终流向接地端。

图 10-35　2T1C 有源选址的像素电路

这样简单明晰的路径，使得扫描信号与数据信号连接线上的寄生电阻与电容功耗更低，因此效率有很大提高。

5）有源选址机制比无源选址机制可提供更高的灰度等级和对比度，因为在有源选址机制中每个像素的像素电路都有更好的独立性和可控性。因此，显示质量也会大大提高。

2. Micro – LED 显示的设计概述

（1）集成微阵列和有源选址基板的挑战

有源选址机制广泛应用在平板显示（FPDs）中，例如有源选址液晶显示，有源选址有机发光二极管显示（AMOLED）和硅基液晶（LCoS）投影系统。一般提到的有源选址，是以单晶硅衬底上的 MOSFETs，或在玻璃石英衬底上的非晶硅和多晶硅薄膜晶体管（TFT）组成的。而 Micro – LED 是由化合物半导体材料组成的，生长在蓝宝石或 SiC 衬底上。Micro – LED 制备过程与硅衬底上的有源选址基板完全不一样。目前，Micro – LED 阵列和有源选址基板的集成有许多挑战：

1）晶圆尺寸。由于成本、MOCVD 的暗室设计和分子束外延技术（MBE）的原因，当前市场上大多数用于生长 Micro – LED 的蓝宝石和 SiC 晶圆大多都是 2in 和 4in。一些公司正在研究 Micro – LED 生长需要的大尺寸晶圆和外延系统，而这将是一个长期的商业化过程。在另一方面，有着较低的面积/价格比的 12in 单晶硅晶圆已在市场应用多年。晶圆尺寸的巨大的差异将为集成 Micro – LED 工艺和有源选址工艺带来巨大的障碍。

2）热力学匹配。由于 Micro – LED 的外延生长程在 MOCVD 中完成的，其温度高达 1000℃以上，而硅基驱动电路却承受不了如此的高温，所以在设计有源寻址驱动电路时要考虑将驱动电路和像素阵列设计在不同的基板上，再进行转移和封装，以避免 Micro – LED 的高温生长环境对有源驱动像素电路造成损伤[35, 36]。

（2）使用 PMOS 的原因

在设计有源选址基板时，PMOS 晶体管经常会被用于开关晶体管和驱动晶体管。典型的设计结构是将 Micro – LED 像素的 p 极连接至驱动晶体管的漏极，而所有的 Micro – LED 像素 n 极连接到一个共同的接地端，采用该结构的原因如下：

1）Micro – LED 外延层的生长结构。Micro – LED 生长顺序是从在蓝宝石衬底上的 n – GaN 层开始，然后是多量子阱，最后是最上端的 p – GaN 层[37]。因为不需要额外的刻蚀过程来隔离较厚的 n – GaN 层，这样的生长顺序就决定了制造 Micro – LED 芯片的最佳选择为一个公共的 n 电极和多个独立的 p 电极。

2）众所周知，MOS 晶体管的电特性由栅源电压（U_{GS}）和漏源电压（U_{DS}）控制。以一个 Micro – LED 像素和一个驱动晶体管为一个单元，那么将有有四种可能的连接方式，具体如图 10-36 所示。在模式 a 和模式 b 中，NMOS 用于驱动晶体管，而 Micro – LED 像素分别与晶体管的源极和漏极连接。在模式 c 和模式 d 中，PMOS 用于驱动晶体管，而 Micro – LED 像素分别与晶体管的漏极和源极相连。分析 NMOS 和 PMOS 晶体管的 I–U 关系图，我们可在线性区和饱和区总结得到下面的方程：

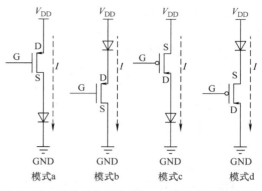

图 10-36　驱动晶体管和 Micro – LED 像素的连接方式

模式a　模式b　模式c　模式d

在模式 a 中：

$$\begin{cases} U_{GS} = U_G - U_{LED} \\ I_{DS} = \mu_n C_{ox}\left(\dfrac{W}{L}\right)\left[(U_G - U_{LED} - U_{Tn})U_{DS}\dfrac{U_{DS}^2}{2}\right] & （在线性区） \\ I_{DS} = \dfrac{1}{2}\mu_n C_{ox}\left(\dfrac{W}{L}\right)(U_{GS} - U_{LED} - U_{Tn})^2 & （在饱和区） \\ I_{LED} = |I_{DS}| \end{cases} \quad (10\text{-}21)$$

在模式 b 中：

$$\begin{cases} U_{GS} = V_G - V_{DD} \\ I_{DS} = \mu_n C_{ox}\left(\dfrac{W}{L}\right)\left[(U_G - V_{DD} - U_{Tn})U_{DS}\dfrac{U_{DS}^2}{2}\right] & （在线性区） \\ I_{DS} = \dfrac{1}{2}\mu_n C_{ox}\left(\dfrac{W}{L}\right)(U_{GS} - V_{DD} - U_{Tn})^2 & （在饱和区） \\ I_{LED} = |I_{DS}| \end{cases} \quad (10\text{-}22)$$

在模式 c 中：

$$\begin{cases} U_{GS} = U_G - V_{DD} \\ I_{DS} = -\mu_p C_{ox}\left(\dfrac{W}{L}\right)\left[(U_G - V_{DD} - U_{Tp})U_{DS}\dfrac{U_{DS}^2}{2}\right] & （在线性区） \\ I_{DS} = \dfrac{1}{2}\mu_p C_{ox}\left(\dfrac{W}{L}\right)(U_G - V_{DD} - U_{Tp})^2 & （在饱和区） \\ I_{LED} = |I_{DS}| \end{cases} \quad (10\text{-}23)$$

在模式 d 中：

$$\begin{cases} U_{GS} = U_G - V_{DD} + U_{LED} \\ I_{DS} = -\mu_p C_{ox}\left(\dfrac{W}{L}\right)\left[(U_G - V_{DD} + U_{LED} - U_{Tp})U_{DS} - \dfrac{U_{DS}^2}{2}\right] & （在线性区） \\ I_{DS} = -\dfrac{1}{2}\mu_p C_{ox}\left(\dfrac{W}{L}\right)(U_G - V_{DD} + U_{LED} - U_{Tp})^2 & （在饱和区） \\ I_{LED} = |I_{DS}| \end{cases} \quad (10\text{-}24)$$

需注意的是，Micro – LED 像素的电压降（V_{LED}）将影响模式 a 和 d 中的 U_{gs}。因此，器件的电性能将会受到影响。例如 Micro – LED 生长和制造过程时的开启电压均匀性等，同时长时间操作后的退化也将直接影响到驱动晶体管的工作性能。然而只有驱动晶体管的均匀输出电流才能最终实现均匀的显示。而在实际应用中这个问题是不希望发生的。在模式 b 和模式 c 中，U_{LED} 则不受上述影响。因此，采用模式 b 和模式 c 的连接方式会更好。换句话说，LED 像素应连接到驱动晶体管（PMOS 和 NMOS）的漏极。

3）综合考虑以上两方面。公共的 n 电极与多个独立的 p 电极配置是最好的选择。同时，PMOS 晶体管比 NMOS 晶体管有更好的电可靠性。所以最终的解决方案是使用 PMOS 作为驱动晶体管，其漏极与 Micro – LED 像素相连。此外，PMOS 还有的另一个好处是可以降低光致漏电流，这将有效提高晶体管开关比。

3. Micro – LED 显示的设计与制备实例

（1）Micro – LED 阵列的设计

此处以单片式蓝光 Micro – LED 显示为例讲述 Micro – LED 阵列的制备过程。基本步骤为将 Micro – LED 阵列设计和制作在蓝宝石衬底上，将有源选址式基板设计和制作在单晶硅衬底上，然后将 Micro – LED 阵列和有源选址式基板集成在一起。

一个 8 × 8Micro – LED 阵列的示意和布局如图 10-37 所示。该 Micro – LED 阵列的单个 Micro – LED 像素的尺寸为 300μm × 300μm，一行中相邻两个像素间距为 50μm。其中，采用 40μm 宽的 n 极公共金属线来提高 Micro – LED 像素正向电压的均匀性，即该 Micro – LED 阵列每个 Micro – LED 像素的 n 极连接在一起，p 极分开独立连接。每个 Micro – LED 像素的 p 极设置在 Micro – LED 的 p – GaN 区域以便进行倒装工艺处理，且 p 极与有源选址基板上的驱动电路输出端连接。而该微阵列每行的 n 极焊盘直接和有源选址基板的地端相连。此时，有源选址基板不仅能控制每个 Micro – LED 像素的通断，还能通过调节输出电流的大小控制每个 Micro – LED 像素的灰度显示。在一个点亮周期内，有源选址电路输出的电流从 Micro – LED 像素的 p 电极流向每行的 n 极公共金属线。此外，该阵列蓝宝石衬底上的每行公共 n 极也和有源选址基板的地端金属焊盘连接，即有源选址基板产生的电流流向该阵列的蓝宝石衬底，最终流回有源选址基板的接地端。打线焊盘安放在有源选址基板的一侧，这样硅晶圆可用面积更大且有更多的空间来设计安放外围元件（如打线焊盘，金属导线和划片对准标记），因此 Micro – LED 阵列的良品率将会提高。Micro – LED 阵列的制作工序包括 6 个步骤：行隔离、台面结构、电流扩展层、p – n 电极层、钝化、倒装焊接盘。

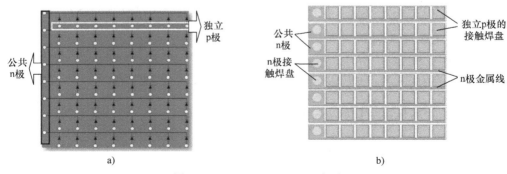

图 10-37 8 × 8Micro – LED 阵列

a）示意图 b）布局图

（2）硅基有源选址基板的设计

有源选址基板上的单个 Micro – LED 像素驱动电路如图 10-38a 所示。驱动电路包括两个 PMOS 晶体管和 1 个电容（2T1C），其中，T_1 是开关晶体管，T_2 是驱动晶体管，C_1 是驱动晶体管的栅 – 源电容。扫描信号电平足以打开 T_1 晶体管时，数据信号也会开启 T_2 晶体管并由 C_1 储存。T_2 导通后，Micro – LED 的 p 电极与 T_2 漏极相连，V_{DD} 将提供一个稳定电流点亮 Micro – LED。

图 10-38b 所示为一个 8×8 有源选址基板布局，T_1 和 T_2 的宽长比分别为 $15\mu m/5\mu m$ 和 $138\mu m/5\mu m$，其中 T_2 有 9 个梳状栅来提高面积的利用率，故 T_2 的等价 W/L 比为 $1242\mu m/5\mu m$。由于驱动晶体管有较大的宽长比，其栅极电容即可用作前文提到的存储电容 C_1。有源选址基板的制作从（100）晶向的 n 型单晶硅晶圆开始，包括 6 次掩膜工序：衬底连接、有源区、多晶硅栅、接触孔、内部金属连接、压焊区。

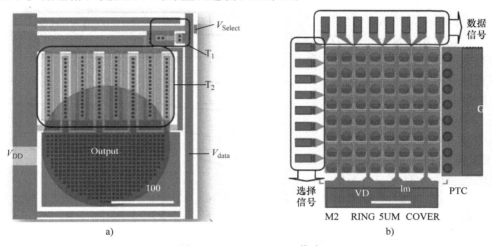

图 10-38　Micro – LED 像素

a）驱动电路　b）8×8 有源选址基板布局

（3）Micro – LED 阵列和有源选址基板的集成

当前有多种方法将有源选址基板的输出端和 Micro – LED 像素的 p 电极焊盘进行连接，例如倒装焊接和金属打线等方式，其中倒装技术有着较高的散热能力、可靠性和可操作性。相比于蓝宝石的热导率（46W/（m·K）），硅具有更高的热导率（150W/（m·K）），且先进的倒装芯片技术在硅片上面的应用已经有几十年。另一方面，在底部发光结构中，由于 p 电极本身具有反射性，因此能消除电流分布层和金属焊盘对光的吸收，光输出功率和效率便会得到提高。

10.6.3　Micro – LED 显示的结果及分析

为了证明有源选址基板设计的逻辑功能，我们将周期性方波加至像素电路单元上（见图 10-39）。输入的选择信号高电平是 5V，低电平是 0V；数据信号高电平是 5V，低电平是 2V。其输出波形如图 10-39 所示，由此可见像素电路可正常地运行其逻辑功能。

由于 Micro – LED 的像素和驱动晶体管串联连接，工作点的位置取决于电源提供的电压、LED 像素的电流 – 电压特性和驱动晶体管。如图 10-30 所示。根据这些工作点，我们可以通过调整数据信号的电平来实现不同的灰度。从 $I – U$ 曲线图中，我们可以发现，该有源选址

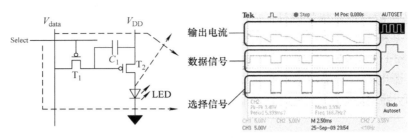

图 10-39　有源选址像素电路的逻辑功能测试

基板有足够的驱动能力来驱动
Micro - LED 阵列。集成在有源
选址基板上的 Micro - LED 阵列
的显示效果如图 10-34 所示。而
显示面板可被逐个地点亮或全部
一起亮。可以看出，Micro - LED
显示具有亮度高、发光均匀性好
和能够通过有源选址基板实现独
立单个控制的优点。

　　图 10-40 所示为 Micro - LED
像素与驱动晶体管的特性曲线。
由于 LED 像素和驱动晶体管串
联，工作点的位置取决于电源电
压、Micro - LED 像素的电流 -
电压特性和驱动晶体管的电流 -

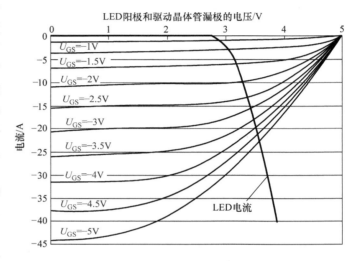

图 10-40　Micro - LED 像素和驱动晶体管的工作特性

电压特性，我们可以通过调整数据信号的电平来实现不同的灰度。集成在有源选址基板上的
Micro - LED 阵列的显示效果如图 10-41 所示[38]。

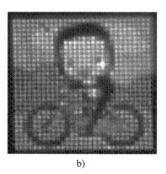

a)　　　　　　　　　　　　　　　　　　　　　b)

图 10-41　Micro - LED 显示
a）单色显示效果　b）全彩色显示效果

10.6.4　Micro - LED 显示的应用及发展

　　当前 Micro - LED 显示的发展主要有两种趋势：一个是以索尼公司为代表的方向——小

间距大尺寸高分辨率的室内/外显示屏；另一种则是苹果公司正在推出的可穿戴设备（如 Apple Watch），该类设备的显示部分要求分辨率高、便携性强、功耗低、亮度高。而在今后的发展中，Micro – LED 技术可能会着重于以下几个方面的提升。

（1）全彩高分辨率 Micro – LED 显示

目前 Micro – LED 显示应用的成果多为单色显示，很大程度上限制了 Micro – LED 阵列的应用方向。在当今追求彩色化以及其高分辨率、高对比率的趋势下，各国研究学者提出多种解决方式并在不断研究中，包括 R、G、B（红、绿、蓝）三色微 LED 结合法、UV（紫外）/蓝光 LED + 发光介质法、透镜光学合成法等。

RGB – LED 全彩显示主要是基于三原色（红、绿、蓝）调色这一基本原理。该方法中，每个像素都包含 R、G、B 三色 Micro – LED 共三个。一般采用键合或者倒装的方式将三色 Micro – LED 的 p 和 n 电极与电路基板连接，之后，使用专用 Micro – LED 全彩驱动芯片对每个 Micro – LED 进行脉冲宽度调制（PWM）电流驱动，对红色、绿色、蓝色 – Micro – LED，施以不同的电流即可控制其亮度值，从而实现三原色的组合，达到全彩色显示的效果。

UV Micro – LED 或蓝光 Micro – LED + 发光介质的方法来实现全彩色化。其中，若使用 UV Micro – LED，则需激发红、绿、蓝三色发光介质以实现 R、G、B 三色配比，而蓝光 Micro – LED 则只需要再搭配红色和绿色发光介质即可。发光介质一般可分为荧光粉与量子点。纳米材料荧光粉可在蓝光或 UV Micro – LED 的激发下，发出特定颜色的光，但荧光粉涂层将会吸收部分能量，降低了电光转化率，另外纳米荧光粉的颗粒尺寸较大，随着 Micro – LED 像素尺寸不断减小，荧光粉涂覆已变的更加困难且不均匀。量子点也具有电致发光与光致放光的效果，受激后可以发射荧光，发光颜色由材料和颗粒尺寸决定，因此可通过调控量子点粒径大小来改变其发光的波长；但由于当前量子点技术还不够成熟，量子点 Micro – LED 还存在着材料稳定性不好、需要密封、寿命短等不足。

（2）超细像素 Micro – LED 显示

目前 Micro – LED 工艺能达到 $500\mu m$、$300\mu m$、$100\mu m$、$50\mu m$，甚至 $10\mu m$ 左右的像素尺寸，可被应用于 LED 电视、笔记本计算机、台式计算机显示器及其他便携式电子设备。然而，如果 Micrio – LED 的像素尺寸进一步缩小到 $10\mu m$ 或以下，便可应用于近眼显示器、微投影仪、高分辨率 DNA 探测芯片、三维光学成像。于是进一步缩小尺寸是未来 Micro – LED 技术的主攻方向之一。

（3）与其他器件集成

在设计有源选址像素阵列的板图时，由于像素面积非常小，其他的额外区域便可用于集成多种功能的器件。以光电探测器为例，光电探测器可探测到 Micro – LED 像素亮度的减弱，并反馈给外部驱动电路。由此，外部驱动电路便可适当地增加驱动电流以保证 Micro – LED 像素亮度的稳定，最终实现稳定的显示效果。同理，Micro – LED 显示也可与其他多种器件集成，实现更多的应用方向。

本 章 小 结

本章简要介绍了 LED 显示的发展历程和国内外技术现状，较为详细地叙述了 LED 显示屏的分类、LED 显示系统的基本组成及其显示控制方法，对于 LED 显示最新的领域（如

LED 小间距 COB 显示、Micro – LED 显示技术）也进行了讲解，有利于该专业大专院校学生更快了解该产业方向的基础知识并掌握基本技能。同时，本章还对 LED 显示系统的检测方法和专业仪器设备进行了论述。

本 章 习 题

10-1　世界上第一颗商业用途 LED 是什么颜色的？

10-2　高亮度蓝光 LED 首次诞生于哪里？

10-3　LED 显示屏主要应用于哪些领域？

10-4　LED 大屏幕显示主要控制方式是电流方式还是脉宽方式？

10-5　LED 脉冲宽度组合驱动的灰度控制方法主要有哪些？

10-6　LED 显示屏的分类方式有哪些？

10-7　LED 小间距显示的种类主要有哪些？

10-8　LED 亮度测量设备的种类有哪些？

10-9　Micro – LED 显示的发展主要有哪几种趋势？

参 考 文 献

[1] 刘达，余姚明. 21 世纪的主流显示技术发展综述 [J]. 电子世界，2003 (6)：4 – 7.

[2] CASTELLANO J A. Trends in the global CRT market [J]. Sid Symposium Digest of Technical Papers, 1999, 30 (1)：356 – 359.

[3] 杨清德，康娅. LED 及其工程应用 [M]. 北京：人民邮电出版社，2007.

[4] 李熹霖. 谈 LED 全彩色显示屏的应用和技术指标 [J]. 现代显示，2003 (6)：15 – 19.

[5] MOTOHITO, WATANABE. Trends in LED Development – Expanding Application Areas [J]. Display Devices, 1991 (2)：61 – 64.

[6] 诸昌铃. LED 显示屏系统原理及工程技术 [M]. 成都：电子科技大学出版社，2000.

[7] 郝金刚，梁春军，刘淡宁，等. LED 产业分析报告 [J]. 现代显示，2006 (3)：10 – 15.

[8] BARCO. Uniform Luminance Technology [Z]. http://www. barcomedical. com.

[9] 王宇. LED 显示屏的扫描算法 [D]. 南京：东南大学，2005.

[10] Roufs J A J. Perceived Image Quality：Concept and Measurement [J]. Philips Journal of Research, 1992 (47)：35 – 62.

[11] HARUKI O. LEDs：Casting Light on Information at Home, Work and Outdoors [J]. Display Devices, 1991 (1)：27 – 30.

[12] 应根裕，胡文波，丘勇，等. 平板显示技术 [M]. 北京：人民邮电出版社，2003.

[13] 中国科学院长春光学精密机械与物理研究所. 中国科学院长春光学精密机械与物理研究所纪念建所五十周年论文及论文摘要汇编 [C]. 长春：[出版者不详]，2002.

[14] 诸昌铃. LED 显示屏系统原理及工程技术 [M]. 成都：电子科技大学出版社. 2000.

[15] ROUFS J A J, GOOSENS A M J. The Effect of Gamma on Perceived Image Quality. [J]. International Display Research Conference, 1988：27 – 31.

[16] 荆其诚，焦书兰，喻柏林，等. 色度学 [M]. 北京：科学出版社，1979.

[17] YOUNG T. On the Theory of Light and Colors [M]. London：Philosophical Trans Action of Royal Society of London [2002].

[18] 李熹霖. LED 显示屏的色度均匀性和色保真度 [J]. 现代显示, 2006 (6): 9 – 15.

[19] WYSZECKI G, STILES W S. Color Science [M]. New York: Wiley, 1982.

[20] MAUREEN C S. Color balancing experimental projection displays [J]. Color & Imaging Conference, 2001: 342 – 347.

[21] SÜSSTRUNK S, BUCKLEY R, SWEN S. Standard RGB Color Spaces [J]. Color & Imaging Conference, 1999, 7: 127 – 134.

[22] Commission Intemationale de l' Eclairage. Colorimetry: CIE 15 – 2004 [S]. [S. l.: s. n.], 2004.

[23] WYSZECKI G, STILES W S. Color Science: Concepts and Methods, Qualitative Data and Formulae [M]. New York: Wiley – Interscience, 2000.

[24] HERZOG P G, HILL B. A new approach to representation of color gamuts [J]. Color & Imaging Conference, 1995: 78 – 81.

[25] CIE. Industrial color difference evaluation: CIE Publication No. 116 – 1995 [S]. Vienna: Central Bureau of the CIE, 1995.

[26] Mcdonald R, Smith K J. CIE94 – a new colour difference formula [J]. Coloration Technology, 2010, 111 (12): 376 – 379.

[27] General Motor Research Laboratories. Approximation of Functions [J]. Proceedings of Symposium, 1964: 220 – 234.

[28] TIMAN A F. Theory of Approximation of Functions of a Real Variable [M]. New York: Macmillan, 1963.

[29] LORENTZ G G. 函数逼近论 [M]. 谢庭藩, 施咸亮, 译. 上海: 上海科学技术出版社, 1981.

[30] AL' PER S Y. Asymptotic Values of Best Approximation of Analytic Functions in a Complex Domain [J]. Uspehi Mat Nauk, 1959, 69 (1): 131 – 134.

[31] GRIFFIN C, ZHANG H, GUILHABERT B, et al. Micro – pixellated flip – chip InGaN and AlInGaN light – emitting diodes [J]. Conference on Lasers and Electro – Optics, 2007 (1): 1 – 2.

[32] RAE B, GRIFFIN C, MCKENDRY J, et al. CMOS driven micro – pixel LEDs integrated with single photon avalanche diodes for time resolved fluorescence measurements [J]. Journal of Physics D: Applied Physics, 2008, 41: 94 – 111.

[33] GONG Z, GU E, JIN S, et al. Efficient flip – chip InGaN micro – pixellated light – emitting diode arrays: promising candidates for micro – displays and colour conversion [J]. Journal of Physics D: Applied Physics, 2008, 41: 94 – 102.

[34] CHI W K. Matrix – Addressable III – Nitride LED Arrays on Si Substrates by Flip – Chip Technology [J]. Light. Emitting Diodes, 2007 (1): 64 – 69.

[35] JINR Q, LIU J P, ZHANG J C, et al. Growth of crack – free AlGaN film on thin AlN interlayer by MOCVD [J]. Journal of crystal growth, 2004, 268 (1 – 2): 35 – 40.

[36] ZHANG B, LIANG H, WANG Y, et al. High – performance III – nitride blue LEDs grown and fabricated on patterned Si substrates [J]. Journal of crystal growth, 2007, 298: 725 – 730.

[37] LIANG H. Fabrication of high power InGaN/GaN multiple quantum well blue LEDs grown on patterned Si substrates [J]. Dissertations & Theses Gradworks, 2008.

[38] LIU Z, CHONG W C, WONG K M, et al. GaN – based LED micro – displays for wearable applications [J]. Microelectronic Engineering, 2015, 148: 98 – 103.

第 11 章

3D 显示技术

导读

3D 显示技术也可以称为立体显示技术。100 多年前，法国物理学家李普曼在世界上首次提出，显示可以用立体的形式展现出来。自该理论提出以来，随着科技的发展，先后出现了种类繁多、各具特色的 3D 显示技术。这些技术可以有各种各样的分类方法，可以按照其发光原理、按照其应用、按照其性质、按照是否需要佩戴 3D 眼镜等来划分，因此同学们按照其实现 3D 显示的基本原理来理解是十分重要的。

11.1 3D 显示技术的定义和种类

11.1.1 3D 显示技术的定义

三维（Three – Dimensional，3D）或立体（Stereoscopic）都是从显示效果出发而定义的。正常人的双眼平时所见的任何物象都是三维的，而普通的平面显示器却无法显示第三维度（即"深度"维（或称"轴"））信息，因此 3D 显示的目的就是将普通 2D 显示（或称平面显示）所无法显现的那一维再现出来。为了实现人类的真实视界，科学家们已经努力了 100 多年。在名称上，广电多使用 3D，而电影则使用"立体"一词，其含义是相同的。美国电影电视工程师协会 SMPTE 在纪念立体技术发展 100 周年时将发行的纪念册命名为《3D Cinema and Television Technology – The First 100 Years》，由此可见 SMPTE 是想以"3D"来统一这两种不同的叫法。但是此后的不少论文还是采用了各自习惯上的称谓，也有论文为了强调"立体"这个概念，使用了"3D Stereoscopic"的表述。本章中的引用将采用原文所用表述。

也有人说，我们日常看到的实际景物是四维的，这句话也是正确的，也有人对于从 0 维到 10 维的概念给出了解释。这第四维是指时间轴，也就是强调的是动态图像。其他的还有商业上诸如 5D（动态座椅）、6D（喷水）之类甚至更多的"D"，这些叫法并没有标准，多数是为了商业宣传的效果，并且都是以 3D 显示为基础的。

11.1.2 3D 显示技术的种类

3D 显示是 100 多年来科学家们追求的目标，科学家们提出过很多种类的 3D 显示技术或显示模型。3D 显示技术的分类方法有很多种，根据成像原理，按照大的门类将 3D 显示技术分为双图像 3D、真三维和全息显示。

（1）双图像 3D（Double – image 3D）

这一类是至今为止得到大量、普遍应用的一类，比如说立体电影院、3D 电视机都属于这一类。根据是否需要借助外部设备可分为需要佩戴 3D 眼镜和无需佩戴 3D 眼镜两类技术。从可视效果上划分，偏振型、电子快门型、柱面镜和狭缝光栅型（双图像或者多视点）的裸眼 3D 也都属于这一类。

（2）真三维（True 3D）

真三维也即真 3D，之所以出现这样的词汇是因为双图像 3D 仅仅是在水平方向上重现 3D，但是不同角度所视物象是相同的，而垂直方向上则完全没有 3D 效果。真 3D 的意义就在于水平和垂直方向上均呈 3D 效果，且不同视角所视图像也不相同。目前可以作为代表的真 3D 是体 3D，最早提出立体显示概念的法国物理学家李普曼先生所提的蝇眼式和集成矩阵式 3D 显示也属于真 3D 系列。

（3）全息显示

全息即全部信息的意思。通常情况下，一张全息图是摄影录音的光场，而不是由一个镜头、图像和它用来显示物象的主题，看到不借助特殊的眼镜或其他中间的光学全三维图像。全息图本身不是普通定义的图像，它是作为一种干扰模式的、高密度摄影媒体的物象表面轮廓的光场再现。

以下介绍的所有种类都在以上的三大门类中。

真三维、体三维和全息显示技术都属于无需佩戴 3D 眼镜即可实现 3D 成像的技术。而基于双图像（Double – Image）的 3D 显示技术又可细分为双色型、电子快门型、偏振型和裸眼型等几种子类型。其中，双色型、电子快门型和偏振型都需要佩戴 3D 眼镜；裸眼型是不需要佩戴 3D 眼镜的，但其原理又与体三维或其他真三维以及全息显示完全不同。

在上述各种 3D 显示技术中，迄今为止只有偏振型基于双图像的 3D 显示技术得到了大规模应用。绝大部分立体电影放映设备（包括 IMAX）都采用的是偏振型 3D 投影显示技术。而在 3D 电视接收机方面，则既有采用电子快门型也有采用偏振型的。本章中，将对得到规模应用的基于双图像的 3D 显示技术进行详细叙述，而对其他 3D 显示技术进行简单介绍。

11.2　基于双图像的 3D 显示技术

基于双图像（Double – Image）的 3D 显示技术是迄今为止真正得到大规模应用的 3D 显示技术。基本原理是由信源端采集相关而视角有区别的两幅图像（左图像和右图像），分别送入观看者的左眼和右眼，从而在观看者的大脑中产生立体感。由于其信源是表征左、右眼的双图像，因此也称为两视点型 3D 显示，应用最广泛的立体电影和 3D 广播电视。根据具体实现方式的不同，基于双图像的 3D 显示技术又可以分为双色型、电子快门型、偏振型和裸眼型等几种。

11.2.1　双色型 3D 显示

此种 3D 显示技术需要观看者佩戴两个镜片——分别由红色和青色（蓝色）滤光片构成的眼镜，观看经过特殊制作的图像（左、右图像的主色调分别由红色和青色构成）来产生立体效果。由于滤光片将过滤掉其他颜色的光，因此每只眼睛均不可以感受全部色彩，所以此类 3D 显示是属于"信息缺失"型 3D 显示。其优点是系统特别简单，因为实际的显示屏幕就是一个 2D 屏幕，所以造价很低。但正是由于"信息缺失"，显示图像有很大的局限性，立体效果很差，并且对于观看者的健康有负面影响，因此该技术无法得到大规模应用。

11.2.2　电子快门型 3D 显示

此种 3D 显示技术需要观看者佩戴特制的电子眼镜（见图 11-1），眼镜左、右镜片的前端有电子快门控制。快门关闭时图像被遮挡，打开时才可看见前方图像，在任意时刻都是一个镜片开启而另一镜片关闭的状态。快门的控制与显示图像同步，左镜片开启时显示的是左图像，然后右镜片开启显示画面换为右图像，循环往复。看起来似乎电子快门型要比双色型好很多，因为此类显示技术并不丢失任何色彩，但因为在任何时候两只眼睛中仅有一只可以看到图像而另一只

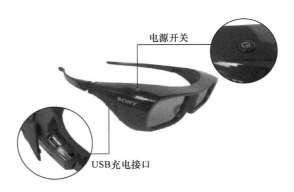

图 11-1　电子快门 3D 眼镜

却看不到，所以也出现了一些难以克服的问题：第一，由于任何时刻只有一只眼睛可以看到图像，而在大脑中由中枢神经合成第三眼的立体感必须有左、右眼两个图像，这样可以形成记忆作用的大脑表皮细胞义不容辞地承担了临时存储器的作用，这样电子快门型的立体效果实现是建立在反复利用大脑表皮细胞不断地进行信息存取基础上的，因此会产生严重的疲劳感；第二，此类系统的优点是系统简单、成本低，其显示屏幕也是普通的 2D 屏，在控制端加上了倍频器，用来交替显示左、右图像并控制电子眼镜的同步，但是不同于双色型，电子快门眼镜的造价高昂，维护和使用不便；第三，我们所说的运动图像的三维也可以称其为四维，是将 3D 图像的时间轴也算作一维，即水平、垂直、深度、时间，电子快门型 3D 显示由于在时间轴上左、右交替显示，也就在时间轴上产生了很大的失真（后面章节将详细阐述）。

11.2.3　偏振型 3D 显示

偏振型 3D 显示技术使用了两种不同方向的偏振系统分别作用于左、右眼图像，是目前所有 3D 显示类型中立体效果最突出的一种。偏振型 3D 显示是利用光偏振原理来分解原始图像的。系统向观看者输送两幅光线振动方向不同的画面，当画面经过偏振眼镜（见图 11-2）时，由于每只镜片只能接

图 11-2　偏振型 3D 眼镜

收一个偏振方向的画面，这样观看者的左、右眼就能同时接收左、右两组画面，再经过大脑合成立体影像。

偏振型 3D 显示有以下优点：

1）显示色彩损失是最小的，色彩显示更为准确，更接近其原始值。鉴于眼镜的透镜本身几乎没有任何颜色，对用于偏振光系统的节目内容进行色彩纠正也更为容易。尤其是肤

色，在一个偏振光系统中，看上去更为真实可信。立体效果也比较突出，立体感觉真实。

2）圆偏振系统左眼图像被右眼看到的情况几乎不可能发生，所以偏振型 3D 眼镜倾斜到一定角度依然能显示高质量的 3D 画面，比如可以斜靠在沙发上看 3D 电视。

3）眼镜成本低、佩戴舒适、无大小限制、无电子元件、无辐射等优点。偏振型 3D 眼镜成本非常低廉，而且镜片可大可小，眼镜边缘色彩均匀，不会因为镜片太小看到眼镜的黑框。同时偏振型 3D 眼镜不含电子元件，无辐射，更加健康环保。

4）最重要的是偏振型 3D 显示系统本身就是 3D 的，不像双色型及电子快门型其显示器实际上还是 2D 的。偏振型 3D 显示不会产生双色型及电子快门型常见的 3D 眩晕感及疲劳感，属于健康型显示。

偏振型 3D 显示有以下缺点：

1）画面亮度会因偏振光原理受到损失，因此对显示设备的要求较高。

2）系统成本较高。

11.2.4 裸眼型 3D 显示

裸眼型 3D 显示也称为"自由 3D 显示"，基本原理就是采取各种方法，使左眼图像进入左眼，右眼图像进入右眼，比如采用交叉打光。这是利用了人眼双瞳 6.5mm 的间距（经某中国企业对于其员工的简单测试，所有测试者的平均双瞳间距为 6.24mm，也就是说，所谓理论上的 6.5mm 双瞳间距可能是指欧美人的）。由于其他类型均使用了不同的 3D 眼镜作为左、右图像的"分离器"（或称滤光器），来将左、右眼图像分别送入对应的眼睛。而裸眼型 3D 显示没有分离器，因此如何将左、右图像准确地送入对应的眼睛就是最核心的问题。尽管采取了各种措施，裸眼型 3D 显示的分辨率、视角以及立体效果这几项核心指标均无法和偏振型相比。

11.2.5 多视点裸眼 3D 显示

为了扩大裸眼型 3D 显示的视角，人们在两视点显示的基础上提出了多视点显示。通常采用的是 8 视点显示，也有采用 9 视点或者 28 视点的，研发历史上最多进行过 60 视点和 128 视点的实验。需要注意的是，虽说采用了多个视点，但在一个固定位置上每只眼睛仅看到 1 个视点，因此无论是几视点，其原理上仍属于双图像型显示。实验证明，一旦某只眼睛看到了两个视点或者两只眼睛都看到了两个视点则会产生眩晕感。多视点裸眼 3D 显示虽然扩大了视角，但是也带来了问题，主要是多视点立体图像文件的制作及 3D 显示器成本提高、分辨率降低和出屏效果变差等。

下面介绍多视点立体图像的采集。

通过图 11-3 ~ 图 11-5 的多视点图像采集矩阵可以更清楚地看到多视点节目的成像过程。图 11-6 所示为 8 视点节目的视频帧结构，图 11-7 是 28 视点节目的视频帧结构。

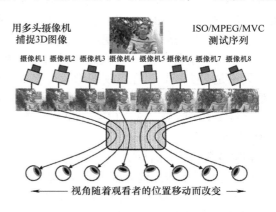

图 11-3 8 视点 3D 节目制作摄像机矩阵

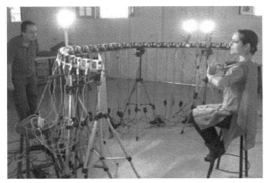

图 11-4　28 视点 3D 节目制作摄像机矩阵

图 11-5　128 视点 3D 节目制作摄像机矩阵

1	2	3
4	5	6
7	7上 8下	8

图 11-6　8 视点节目的视频帧结构

1	2	3	4	5	6	7
8	9	10	11	12	13	14
15	16	17	18	19	20	21
22	23	24	25	26	27	28

图 11-7　28 视点节目的视频帧结构

以 8 视点为例，由图 11-3 摄像机矩阵所得到的 8 个视点的图像，在编码时，经重新取样后按照顺序编码做了如图 11-6 所示的帧结构安排，水平方向上除以了 3，垂直方向上则除以了 8/3，所以第 1~6 视点的图像看起来仍然是一个单独的图像块，而图像 7、8 分别被安排在左下、右下以及中下，这是由于垂直方向上第 3 行图像的幅度仅为第 1、2 行图像的 2/3，所以这两个部分还各有 1/3 被安排在了中下部分，所以这个部分被称之为"7 上 8 下"。正是由于这个安排有点繁琐，所以也有机构不采用 8 视点而采用了 9 视点结构，这样的话，水平方向和垂直方向都除以 3，就不会有"7 上 8 下"的安排了。

在 8 视点的视频编码中，如果 8 个摄像机的分辨率均为 1920×1080，所摄的图像矩阵经过多视点编码后的实际分辨率仅为（1920/3）×（1080×3/8）= 640×405。

同理，在 28 视点的视频帧结构中，由图 11-4 摄像机矩阵取得的 28 视点图像被按照图 11-7 所示的结构重新排列，重现（还原）图像时需严格按照每个图像的所在位置取样即可实现正确重现。而实际分辨率仅为原始输入数据在水平方向上除以 7 以及在垂直方向上除以 4，这也是为什么通常的 28 视点的液晶 3D 显示需要采用 4K 显示器的原因。

以上可以清楚地看到，视点数越多，虽然裸眼 3D 的可视角度越大，但是分辨率也越低。无论是多少视点，在重现图像时均有水平或者垂直方向上各视点不在同一线上的情况，人眼对这些差别并不敏感，加之分辨率已经降低了，这个差别也就可以忽略了。

多视点 3D 显示，既可以采用狭缝光栅型裸眼 3D 显示来实现，也可以采用柱面镜型裸眼 3D 显示来实现。

（1）狭缝光栅型裸眼 3D 显示

图 11-8 所示为狭缝光栅型裸眼 3D 显示的基本原理，图 11-9 所示为狭缝光栅的光栅结构。狭缝光栅型裸眼 3D 显示的基本原理是显示屏前面设立专门的光栅，人们站立在任何一个角度只能通过狭缝看到特定的两个视点的图像，比如左眼看到图像 1，右眼看到图像 2；

前后移动距离时，也可以是左眼看到 1，右眼看到 3；左右移动位置，看到的两个视点也发生变化，比如说，左眼看到 3，右眼看到 4，左眼看到 7，右眼看到 8 等。这里要说明的是，1~8 的排列没有统一标准，从左至右也可以是 8~1，完全可以自行设定。

狭缝光栅的初期其光栅是从上至下垂直排列的，但是由于会产生摩尔干扰条纹，还会产生黑带现象，后来由飞利浦的 Cees van Berkel 发现，将光栅经一定的角度斜向安排即可同时避免这两个弊病，此后，无论是狭缝光栅型还是柱面镜型均采用了斜向排列，同理，左上斜向和右上斜向仅在图像帧结构上有所不同，其原理是相同的。

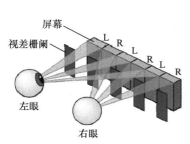

图 11-8　狭缝光栅型裸眼 3D 显示的基本原理

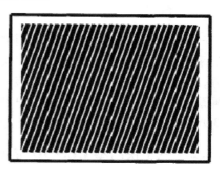

图 11-9　狭缝光栅的光栅结构

（2）柱面镜型裸眼 3D 显示

柱面镜型裸眼 3D 显示的原理是基于凸透镜的折射原理，分别如图 11-10 和图 11-11 所示，举例一个 6 视点的柱面镜裸眼 3D 显示使用的原理如图 11-12 和图 11-13 所示。

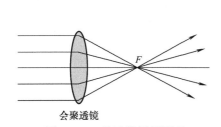

图 11-10　凸透镜折射原理

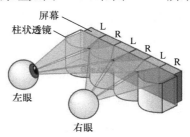

图 11-11　柱面镜型裸眼 3D 显示原理

图 11-12　6 视点的视频帧结构

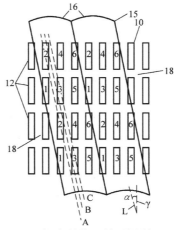

图 11-13　6 视点的柱面镜型裸眼 3D 示意

11.3　LED 3D 显示技术

早期的 3D 显示技术应用于小型显示器，随着 LED 技术的发展，3D 显示技术也逐步在大屏幕上得到应用。由于 LED 大屏幕显示技术实际上是多像素的矩阵式显示，所以通常而言是一个"显示系统"而不是单一的显示器件，所以将其进行专门的独立表述。

11.3.1　简述

一般说来，前述几种基于双图像的 3D 显示技术都可以在 LED 3D 显示中采用。起初，人们采用过双色型，由于效果不佳，又采用过电子快门型。尽管电子快门型 3D 显示比双色型好，但是仍有很多问题，后来开发了偏振型和裸眼型。目前中国企业的偏振型 LED 立体大屏幕已经得到了全世界的公认，已经开始得到应用。这是由于其立体效果和功能比任何其他 3D 显示都好，可以大量地应用到立体电影和 3D 广电，在 3D 教学的应用也已经开始。

11.3.2　电子快门型 LED 3D 显示

由图 11-14 可以看出电子快门型 3D 显示的主要问题。基于双图像的 3D 显示技术的基本原理就是双眼看到的图像在大脑中叠加，由中枢神经做高速运算得出第三眼的立体感。在电子快门型 3D 显示中，由于任何时间仅有一只眼睛可以看到图像而另一只看不到，那么在任何时间仅能看到左、右眼图像中的一个，怎么办呢？一定要有存储器，人们大脑可以形成记忆的表皮细胞自动地、义不容辞地承担了存储器的作用，大脑表皮细胞反复不停地进行存储器的工作，这就是为什么观看快门型 3D 显示会感到很疲劳的基本原因。在偏振型 3D 显

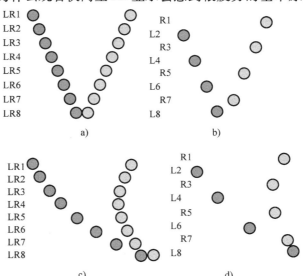

图 11-14　电子快门型 3D 显示的主要问题

a）景物的一维运动示意，偏振型的显示与此相同（其中黑色表示左图像，灰色表示右图像）

b）快门型对于一维运动的显示，在时间轴上失真

c）景物的二维运动，偏振型的显示与此相同

d）快门型对于二维运动的显示，在时间轴上严重失真

示中, 人们同时看到两个图像, 无需表皮细胞作存储器, 观看者不会感到十分疲劳。另外, 由图 11-14d 可以看到, 由于左、右图像时间的错位显示, 左眼图像 L8 竟然到了 R7 的右边, 这显然是错误的。这就是电子快门型 3D 显示由于在时间轴上有明显失真, 3D 分辨率也比偏振型低的原因。

此外, 一般电子快门眼镜的响应时间为 2ms, 而好一些的可以为 1ms。但是 LED 显示屏的刷新频率很高, 可达数百赫兹。如图 11-15 所示, 由于响应时间相比刷新周期不可忽视, 在开关过程中有部分信息丢失, 这也是电子快门型 LED 3D 显示屏的效果明显比偏振型差的原因之一。

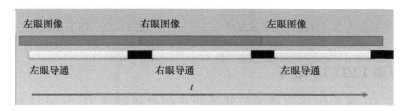

图 11-15　左、右眼图像与电子眼镜的时间关系

11.3.3　偏振型 LED 3D 显示

偏振型 LED 3D 大型显示系统的基础原理与偏振型大型投影系统类似, 都是建立在偏振光的基础上。图 11-16 所示为普通可见光通过偏振片的情况, 普通可见光是圆周所有方向上全偏振 (也可以称无偏振) 的, 经过偏振片 P, 将其变为垂直偏振光, 将 P 进行旋转, 则可以调整偏振的方向, 这是最简单的线偏振原理。如图 11-17 所示, 偏振光在通过偏振片时, 与其偏振方向

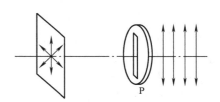

图 11-16　普通可见光通过偏振片的情况

相同的可以通过, 呈 90°正交的完全被阻断, 其他角度交叉的则部分通过。

许多教科书上讲, 电影院的投影机就是两套偏振机构, 一套水平偏振, 一套垂直偏振, 观看电影的人们佩戴着偏振眼镜来观看立体电影。实际上这仅仅是用于说明的线偏振原理而已 (见图 11-18), 自立体电影刚刚投入市场确实是线偏振, 但是如果一套是水平偏振而另一套是垂直偏振则会有其他的不对称性, 因此在保证两者呈 90°的正交前提下, 实际使用的是左上 45°和右上 45°的偏振, 其正交效果相同, 但是保证了左、右眼的对称性。再者, 由于眼镜倾斜使左、右图像产生串扰, 会严重影响观看效果, 当倾斜 45°时, 偏振功能将完全失去。很快地人们发现了圆偏振现象, 将圆偏振技术使用于观看立体电影或 3D 电视, 人头倾斜时不影响观看效果。但是即使如此, 线偏振有其分离度高、无色彩偏移等优点, 故目前为止还有一些系统使用线偏振。

偏振型 LED 立体显示系统比起偏振型投影机而言, 亮度和对比度大幅度提高, 没有散焦, 没有失会聚, 左、右眼图像分离度也大为提高, 不适感却大大降低, 可广泛使用于电影院、中小学校三维课堂教学、大专院校、高端社区、大型购物中心、会展中心及高端会所等场合, 而这些场合中绝大部分也适合同时作为 3D 广播电视频道节目放映使用。

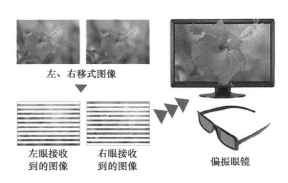

图 11-17　水平偏振光尽可以通过水平偏振片　　　图 11-18　用于说明的线偏振原理

11.3.4　裸眼型 LED 3D 显示

裸眼型 LED 3D 显示的基本原理与其他的双图像裸眼型 3D 显示基本相同，请参见 11.2.4 小节和 11.2.5 小节。

11.4　真三维（3D）显示技术

真三维的类型有很多，由于近年来此类技术层出不穷，也出现了原理相互交叉的类型，在区分以及划类上没有统一标准。这里主要是指使用显示像素的深度分度来直接观察到具有物理景深的三维图像。但是为了给同学们以正确的理解，这里采用对于不同类型的显示以直接解释的方法进行。

体 3D 显示（Volumetric 3D Display）是真三维显示的代表性技术之一，体三维显示技术目前大体可分为扫描体 3D 显示（Swept – Volume Display）和固态体 3D 显示（Solid – Volume Display）两种。前者是一个基于发光面的旋转结构，如图 11-19 所示，一个电动机带动一个发光面，比如一块 LED 显示板的高速旋转，然后由 R、G、B 三原色形成的图像，在不同的角度上显示也不同，发光板看上去变得透明了，而这个亮点则仿佛是悬浮在空中一样，成为了一个体 3D 显示。

图 11-19　LED 立体旋转屏体 3D 显示系统

后者采用的是一种柱面轴心旋转外加空间投影的结构，如图 11-20 所示，与前者不同，它是一个由电动机带动的直立投影屏，这个屏的旋转速度很高，它由很薄的半透明塑料做成。当需要显示一个 3D 物体时，将首先通过软件生成这个物体的多张剖面图，体 3D 最终显示的清晰度与每张剖面的分辨率相关，投影屏平均每旋转一定的角度，便换一张剖面图投影在屏上，当投影屏高速旋转、多个剖面被轮流高速投影到屏上时，我们便会发现，一个可以全方位观察的、自然的 3D 物体出现了！

体 3D 显示首先要摒弃传统的二维显示空间，实现在物理三维空间的显示，也就是不采用虚拟显示眼镜这类辅助设备的光学方法产生双目视差，而是依靠显示设备的高速旋转而形成的周期性运动构造成景物空间。以 LED 显示板技术为例，LED 显示平板通过使之高速绕轴旋转，形成具有一定直径和高度的圆柱体，这样就将立体空间切割成 360° 平面，每一平面采样不同的二维图像信息。当屏幕转速高于人眼

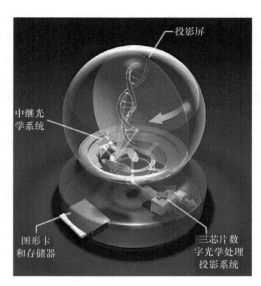

图 11-20　高速旋转投影屏的结构示意

的分辨率，且写入信息与原始三维数据相对应，信息总量足以表现原始图像的细节时，由于人眼对亮度高的物体比较敏感使得屏幕材料不可见，而瞬时显示的二维图像序列由于视觉暂留效应，将被感觉为三维图像。在这个柱状空间内的任何一点都可以由平面中的某一点经旋转到某一角度或时刻来表征。如果旋转速度足够快则可以认为柱状空间内的任何一点都是独立在亮，通过控制空间每一个 LED 的灰度来显示三维图像。

当 LED 高速旋转时，每一时刻显示不同像素信息，由于视觉暂留现象，可观察到立体的图像。另外要介绍的是供电系统，可以在底盘上或者在屏幕背后绑上蓄电池给屏幕供电，但由于 LED 数量较多，耗电量较多，蓄电池的电能有限，因此可以在轴上安装一发电机，由于屏幕的不断旋转可以带动发电机发电，或者采用旋转电刷机构来外供电源，从而给 LED 及芯片供电。图 11-19 所示为实验室 LED 立体旋转显示器，图 11-20 为高速旋转投影屏的结构示意。

这种体三维显示的优点是真正实现了真三维显示，但是其可显示信息量很小，由于有旋转机构，显示器无法做得很大，实用性就很差，其所有显示内容必须由计算机编程，如果要进行真正的视频显示，则需要在所取景物的圆周布置大量的摄像机且需要大量的后期制作和数据处理方有实现的可能性，其无法实现实时编程显示，且正是由于其有旋转机构，可能会产生抖动或噪声，这一点对于现代 3D 显示所追求的是相悖的。所以目前还只是停留在原理性教学上，看不出其商用价值。

11.5　全息显示技术

全息技术（Holography）自 20 世纪 60 年代激光器问世后得到了迅速的发展。其基本机理是利用光波干涉法同时记录物光波的振幅与相位。由于全息再现像光波保留了原有物光波的全部振幅与相位的信息，故再现像与原物有着完全相同的三维特性。换句话说，人们观看

全息像时会得到与观看原物时完全相同的视觉效果，其中包括各种位置视差，这即是全息三维显示的理论依据（见图 11-21）。从这种意义上来说，全息才是真正的三维图像，而上述的各种由体视对合成的图像仅是准三维图像（并无垂直视差的感觉）。

全息术最早于 1947 年由英籍匈牙利物理学家丹尼斯·伽柏 Denise Gabor（1900~1979）发现，它并因此获得了 1971 年的诺贝尔物理学奖。

图 11-21　同一个全息影像的两个不同视点的视图

以全息照相为例解释全息技术的原理，普通照相只能记录物体光场的强度（复振幅模的二次方），它不能表征物体的全部信息。采用全息方法，同样也是记录光场的强度，但它是参考光和物光干涉后的强度，对采用如此方法记录下来的发光强度（晶体或全息胶片中），利用参考光再现时，可以将全面表征物体信息的物光的复振幅表现出来，过程如下：

对一束频率严格一致的、表现为可以产生明显干涉作用的相干光进行 1∶1 分光，照射到拍摄物体的称为物光，另一束称为参考光。在保证光程（光走的距离）近似相同的情况下，使在物体上反射的物光和参考光在晶体（或者全息底片）上进行干涉。观察的时候只要使用参考光照射全息底片，即可观测到原来的三维物体，这是最简单的全息图原理（见图11-22），而图 11-23 所示为一个显示示例。全息技术在激光出现之后得到进一步的发展。

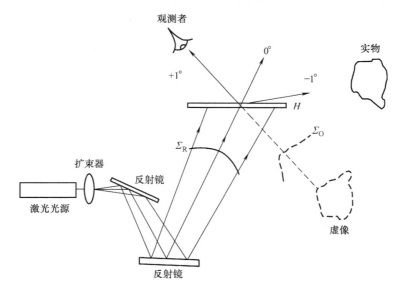

图 11-22　全息图原理

根据基本原理所进行的全息摄影、摄像以及还原有很多的派生及变种，同学们在学习时要根据其原理来理解。

全息显示的优点不言而喻，它可以进行圆周及上下全方位的显示，它的缺点是简单处理无法进行大信息量的显示，如果进行大信息量的显示，则必须进行更大信息量的采集以及复杂的后期处理，即时显示的难度很大，而且至今为止，全息显示在清晰度、亮度、色度、对比度、灰度等主要指标上的显示数据无法与平板显示及 LED 大屏幕相比。

图 11-23　全息显示效果图

11.5.1　基于全息功能屏的 3D 光场显示技术

3D 光场显示是直接在空间重建三维光场的强度和方向分布进行显示，使三维场景在一定空间范围内再现，而且这种观看与观看自然界中的场景类似，符合人眼生理认知习惯。北京邮电大学研究团队研究了基于全息功能屏的系列 3D 光场显示技术。全息功能屏是散斑全息元件，通过控制制作散斑全息图的光束可以自由地调整出射光线方向，使其空间角度为 ω_{mn}。为了准确还原空间 3D 信息，需要经过全息功能屏使投影机投射过来的光按照正确的空间角度 ω_{mn} 出射。由 H_{ij} 出射的光束集合 Ω_{ij} 可以表示为式（11-1），其显示原理如图 11-24 所示。

$$\Omega_{ij} = \sum_{n=1}^{N} \sum_{m=1}^{M} \omega_{mn} \tag{11-1}$$

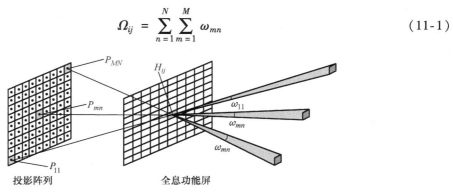

图 11-24　全息功能屏控制光束输出示意图

北京邮电大学实现了基于投影阵列和全息功能屏的水平视差 3D 光场显示，为了减少摄影机与投影机的数量，将摄影机与投影机仅在水平方向上排列。3D 场景采集设备由 64 路摄影机组成，3D 场景再现设备由 64 路投影机以及全息功能显示屏组成。显示效果如图 11-25 所示，全息功能屏获得的立体效果在水平方向上具有 64 幅视差图，由 64 个不同方向的视点图像实现连续的运动视差，显示深度超过 1.5m。

全视差光场显示包括全息功能屏、透镜阵列和液晶显示屏。依据全息功能屏调制离散空间的波前调制，让其对透镜阵列发出的光线进行波前复用调制的同时保证不同角度的光之间没有串扰。液晶显示屏上进行光场图像编码。光场编码图像经过透镜阵列导向和全息功能屏

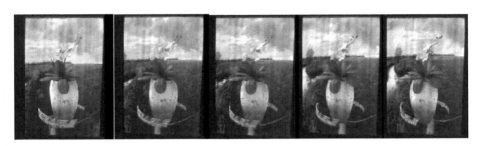

图 11-25　基于全息功能屏的不同角度三维显示照片

的波前调制后均匀地分布到整个观看视角范围，相当于对真实三维光场的拟合，如图 11-26 所示。利用分辨率为 3840×2160 的 23.5in 液晶显示面板实现了全视差 40° 的光场显示，视点数为 90×90，显示深度超过 30cm，不同角度拍摄的照片如图 11-27 所示。

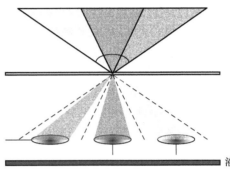

图 11-26　全视差三维光场调制拟合示意图

11.5.2　基于 MEMS 光束扫描的 LHE 裸眼 3D

　　此项研究由清华大学首创，完全摒弃了传统裸眼三维立体显示技术对光学透镜或光栅的依赖，克服了现有立体成像技术的缺陷（显示深度、分辨率和视角等受限于透镜阵列或光栅性能的共性问题），提出基于微机电系统（Micro – Electro – Mechanical System，MEMS）光束扫描阵列的、具有突破性的技术革新

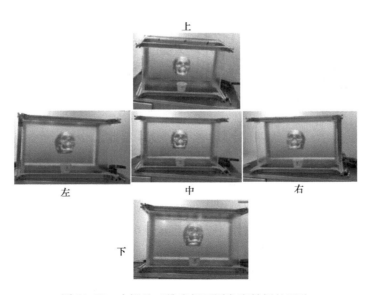

图 11-27　全视差三维光场不同角度拍摄的照片

方法，以实现立体空间全真三维图像重建。研究成果不仅在裸眼三维显示的理论领域独树一帜，基于此理论研制出的动态立体显示装置还刷新了裸眼立体显示距离的世界纪录，其基本原理如图 11-28 所示。

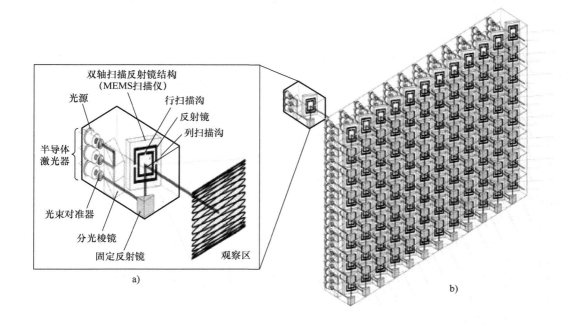

图 11-28　基于 MEMS 光束扫描的 LHE 裸眼 3D
a）LHE MEMS 的单元扫描概念　b）LHE 3D 的显示矩阵结构

研究使用的 MEMS 光束扫描型方法被命名为超长距离空间光束均匀发射（Light Homogeneous Emitting，LHE）新型三维立体显示方法。实际搭建的 LHE 三维显示器从实验论证了新型研究思路的可行性并获得出色成果。同时，得益于无光学畸变的高精度光束发射，该方法也在裸眼立体显示深度上获得重大突破，为实现超长距离裸眼立体显示寻找到有效途径。通过实时控制 MEMS 光束，可制作超长距离的动态裸眼立体影像显示器，现阶段生成的立体图像纵深超过 6m。此外，结合可控输入数据源与扫描模式，LHE 三维显示装置将实现包括二维、多视点立体及裸眼三维立体全像等模式在内的多模态动态影像显示。

11.6　其他裸眼型显示技术

1. 方向性像素 3D 显示

美国惠普公司开发了一种名为"方向性像素"（Directional Pixel）的技术，在显示屏上制作了大量纳米级宽度的沟槽，向不同方向发射光线，每个方向性像素都有三组沟槽，可以向不同方向射出红光、绿光、蓝光，然后由这三原色叠加出不同的颜色，最终得到立体效果。

这项研究还处于非常初级的阶段，营造出来的画面也很简陋。静态图像可以在 1m 以内、180°视角范围看到立体效果。在惠普实验室开发的三维显示播放三维视频而不需要任何移动的部件或眼镜。惠普研究人员希望这些三维系统将可以用于便携式电子产品、游戏和数据可视化的用户界面。其缺点是所需数据量很大，可显示的数据量却不大，后期处理难度也很大，显示面积（体积）很小。

2. 多层裸眼 3D 显示

2009 年 4 月，美国 PureDepth 公司宣布研发出改进后的裸眼 3D 技术——多层显示（Multi – Layer Display，MLD）。这种技术能够通过一定间隔重叠的两块液晶面板，实现裸眼看文字及图画时所呈现 3D 影像的效果。

PureDepth 宣称 MLD 是使用光学成像、软件技术的平台，真正具备深度成像技术，为客户提供高质量的 2D 和 3D 体验。平台兼容所有现有内容源，并包括一个自定义内容的发展环境。没有眼镜，没有头痛，没有眼应变/疲劳，没有串扰，与全分辨率附带了 3D 视觉体验。与以往采用柱状透镜技术的裸眼 3D 显示器相比，该技术不会使用户产生眩晕、头疼及眼睛疲劳等副作用；3D 显示时，屏幕的分辨率不会降低；可组合显示文字等二维影像和 3D 影像；可视角度大。

PureDepth 的 MLD 技术目前主要适用于游戏 3D 显示，已经通过实验的是 20.1in 左右的显示器。PureDepth 首席执行官称：当这种技术适用于游戏比如 Onihama 游戏 3D 显示时，魔兽世界的玩家将会对于 MLD 技术所显示的 3D 图像的真正的深度和令人难以置信的颜色和对比度兴奋不已。PureDepth 的技术将在小型 3D 显示市场，包括手机、计算机显示器、游戏、公共信息显示得到更多的应用。

多层裸眼 3D 显示技术实际上也处于初级阶段，由于可显示的面积（体积）很小，其实用性还在探索中。

11.7 视觉健康与 3D 眩晕综合症

谈到 3D 显示，就避不开视觉健康问题和某些人群的 3D 眩晕感问题。自从 3D 大片"阿凡达"开映，各个国家均掀起了立体电影和 3D 广电的"3D 热"。但是，有不少人感觉观看 3D 大片会感到眩晕、严重疲劳等不适感，图 11-29 所示为罗马萨皮恩扎大学 Solimini 教授对于观看 3D 电影不适感的比例测试报告。

对于这个现象，一种观点认为：凡是双图像分别进入人们双眼，由于这两个图像分别由两台摄像机获取，实际上有差异，必然引起眩晕，对于眩晕引起的原因，目前的解释很多，引起的原因可能来自多个方面，比如双目三维显示令观察者产生眩晕与视觉疲劳的主要原因之一可归纳为焦点调节 – 辐辏反射的不一致性等。但是有中国企业认为：人类双眼本来就是两台摄像机，所看到的景物为什么不眩晕？一定是在从信源至显示终端的某个地方出现问题，经过大量的试验，中国企业称找到了产生"3D 眩晕综合症"的原因并且可以克服它。此类的工作还在进行中，此处不予过多赘述。

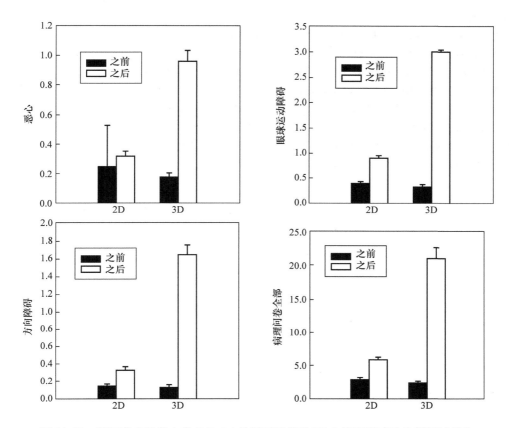

图 11-29　罗马萨皮恩扎大学 Solimini 教授对于观看 3D 电影不适感的比例测试报告

本 章 小 结

　　本章主要介绍了 3D 显示技术的基本概念和分类。而后重点介绍了在 3D 显示技术中发展相对成熟和得到广泛应用的几种主流 3D 显示技术的基础知识和特点。并简要介绍了另外一些尚处于研究中的新型 3D 显示技术。

本 章 习 题

11-1　什么是 3D 显示技术？目前主流的 3D 显示技术有哪些？

11-2　基于双图像的 3D 显示技术都有哪些？各有什么特点？

11-3　试述裸眼型 3D 显示技术的原理及主要实现方法。

11-4　LED 3D 显示技术有哪些实现方法？各自的优缺点有哪些？

11-5　试述全息显示技术的原理和特点。

参 考 文 献

[1] 李超，倪文元，刘文德，等 . LED 立体大屏幕在现代军事的应用 [J]. 电子科学技术，2014，1（3）：

290 - 295.

[2] 李超，元效军，刘文德. LED 三维显示屏与教育信息化 [J]. LED 屏显世界，2014 (12)：124 - 128.

[3] ANGELO G S. Are There Side Effects to Watching 3D Movies? A Prospective Crossover Observational Study on Visually Induced Motion Sickness [J]. PLOS ONE, 2013, 8 (2)：156 - 160.

[4] 李超. 中国图像图形学学会第七届立体图像技术学术研讨会：LED 立体大屏幕与 3D 眩晕综合症及其他 [R]. 南京：中国图像图形学学会第七届立体图像技术学术研讨会，2013.

[5] Li Chao. Human 3D Vision and LED 3D Video Display System [R]. Las Vegas：Display Summit 2016, 2016.

[6] 李超. 《超高清晰度电视与三维电视进展》"第十三届全国消费电子技术年会暨数字电视研讨会"宣读 [J] 电视技术，2011 (22)：19 - 24.

○ 第 12 章

其他新型显示技术

导读

新的显示技术层出不穷，有的表现了很强劲的发展势头，有的在经过了几年之后仍看不到有广阔的发展前景，本章介绍了各种虚拟（V）与现实（R）相结合的展现技术、量子点显示技术、可穿戴显示技术、场致发射显示技术和电子纸显示技术，目的是使同学们对于近年来的新技术有所了解，开阔思路，更加全面地掌握各种显示知识，甚至部分同学可能会开发出其他的新型显示或者与电子显示有关的技术。

12.1 VR/AR/MR/CR 技术

虚拟现实（Virtual Reality，VR）、增强现实（Augmented Reality，AR）、混合现实（Mixed Reality，MR）、影像现实（Cinematic Reality，CR）都是从各个层面模拟现实中的物象，后面的 3 种技术实际上也都从 VR 派生出来，在 2016 年的世界 VR 大会 VRLA 上，来自世界各地的虚拟现实专家们共计提出了 6 种不同"R（现实）"，这些技术里面都有个"R"，就说明了最终都是要虚拟、模拟、模仿现实景物。这里就其主要的几种进行略叙。这些技术将会在人工智能、CAD、图形仿真、虚拟通信、遥感、娱乐、模拟训练等许多领域带来革命性的变化，有着良好的应用前景。

目前所有的"R"，都需要佩戴一副头戴显示器（Head – mounted Display，HMD），简称为"头显"，图 12-1 所示为微软的 AR 头显设备 HoloLens。

HMD 的出现由来已久，远在 VR 出现之前，人们就想到，双图像 3D 显示终归要将两个图像分开，分别进入两只眼睛，在偏振型 3D 显示出现之前，人们常使用双色眼

图 12-1　微软的 AR 头显设备 HoloLens

镜来作为"分离器"，这是一种信息不全的 3D 显示，后来又产生了电子快门型 3D 显示，这种 3D 显示信息看起来"全"了，但正是由于其双眼不可同时看到，在重要的第三维上信息缺失，造成人们观看时会感到极度疲劳的现象。偏振眼镜也是分离器，偏振型系统的 3D 效果最好，但是造价要高一些。那么又有人想到，制造一个含有左、右眼分别显示的两个小型

显示器，把它戴在头上，使得左眼图像只能进入左眼，右眼图像只能进入右眼，那么不就省去"分离器"了吗，这样，初期的"HMD"就诞生了。当前，人们将 VR 系列所佩戴之物称为"HMD"，而将偏振型及快门型显示系统佩戴之物称为"3D 眼镜"。

在 VR 兴起之后，人们自然而然地产生出各种各样的"HMD"，适用于各种"R"。图 12-2 所示为 Google 的 VR 头显设备，图 12-3 所示为各式各样的 HMD。

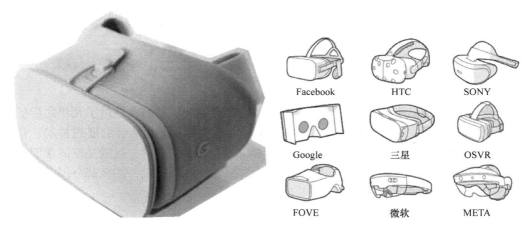

图 12-2　Google 的 VR 头显设备　　　　图 12-3　各式各样的 HMD

12.1.1　虚拟现实（VR）技术

虚拟现实（Virtual Reality，VR）技术又称灵境技术或人工环境，是由美国 VPL 公司的创始人拉尼尔在 20 世纪 80 年代首先提出的，综合了计算机图形技术、传感器技术、并行实时计算、仿真技术等多种学科，并结合各种显示和控制的接口设备，实现人与计算机之间的理想交互。从字面上理解，"Reality"意为现实的世界或环境，"Virtual"则说明这个世界或环境是虚拟的，不是真实的。VR 技术就是使用户能够"进入"这个虚拟的环境中，与这个环境交互，包括感知环境并干预环境，从而产生置身于相应真实环境中的虚幻感。

简单概括，虚拟现实技术是以计算机技术为核心的现代高科技生成逼真的视、听、触觉等一体的虚拟环境，用户借助必要的设备以自然的方式与虚拟世界中的物体进行交互，相互影响，从而产生亲临真实环境的感受和体验。这里所谓的"虚拟环境"指计算机生成的具有色彩鲜明的立体图形，它可以是某一特定现实世界的虚拟体现，也可以是纯粹构想的虚拟世界。自然交互是指用日常使用的方式对虚拟环境内的物体进行操作并得到实时立体反馈，如手的移动、头的移动、人的走动等。

各个相关科学领域的飞速发展为虚拟现实产业的爆发打下了坚实的基础。

1993 年，在 Electro93 国际会议上发表的《Virtual Reality System and Applications》一文中指出，VR 技术的特性可归纳为三点：沉浸—交互—构想（Immersion - Interaction - Imagination）。

沉浸感（Immersion）又被称为临场感，是指用户融入创造出的虚拟环境中时感受到的真实程度。传统的多媒体技术虽然具有丰富多彩的表现形式，但在整个交互过程中，用户仍能十分清晰地感觉到，自己处于环境之外。而 VR 通过多维方式，混淆用户的视听，让他们觉得自己是虚拟环境中的一部分，从原本的观察者转换成为参与者，全身心地融入到计算机所创造的虚拟环境的三维虚拟环境中。

交互性（Interaction）是指参与者与虚拟环境中的物体相互作用的能力。交互性包括对物体的可掌控程度、从环境中得到反馈的自然程度和物体遵循大自然定律的程度等。这些过程均是以用户的视点变化进行虚拟交换，实时性极其重要，它是保持人机和谐的关键性因素。

构想性（Imagination）又可称为想象性，指的是 VR 不仅仅是一个终端用户界面，它通过还原真实环境甚至创建出人类所能设想的任何环境，引导人们从综合集成的环境中得到启发，提高感性和理性认识，从而产生新的构思。适当的应用对象加上充分的想象力可以大幅度地提高生产效率，减轻劳动强度、提高产品开发质量。"沉浸性"和"交互性"这两个特征，可以说是 VR 技术区别于其他相关技术（如三维动画、遥现与遥操作及科学计算可视化技术等）的本质区别。

以上的这几点在其他的"R"中也可以适用。

12.1.2 增强现实（AR）技术

增强现实（AR）是通过计算机技术，将虚拟信息叠加到真实环境中，将真实的环境与虚拟的物体实时叠加到同一空间、同一场景、同一画面。在 AR 系统中，计算机对用户观察到的真实世界进行分析和处理，将生成的虚拟增强信息正确地叠加到真实世界中，这样用户通过手持设备或者增强现实显示装置观察到的就是一个虚拟物体与真实场景完全融合在一起的混合场景，从而可以辅助用户对现实世界的认知，帮助我们完成一些复杂的工作。

AR 系统的处理对象是虚实结合的混合环境，因此，AR 系统具有 3 个突出的特点：

1）虚实结合。AR 技术依靠计算机技术构建出文字、图片、视频、音频、网站链接、三维模型、三维动画、全景信息等和物理世界的结合，让物理世界和虚拟对象合为一体。

2）实时交互。AR 技术实现了虚拟世界和物理世界的实时同步，让用户在物理世界中真实地感受虚拟空间中模拟的事物，增强用户体验效果。

3）三维注册。可以使用手部动作与手势控制所读出的 3D 模型移动、旋转，以及通过语音、眼动、体感等更多的方式来与虚拟对象交互。

图 12-4 汽车内合并数字化的增强虚拟现实显示

图 12-4 所示为汽车内合并数字化的增强虚拟现实显示。

12.1.3 混合现实（MR）技术

混合现实（Mixed Reality，MR），就其含义而言，也有的叙述中将其称为 Hybrid Reality，这也译为混合现实。其定义是合并数字化的现实和虚拟世界而产生的新的可视化环境。在新的可视化环境里，物理和数字对象共存，并实时互动。同时它提出了"真实 - 虚拟连续集"（Reality – Virtuality Continuum），将真实现实和虚拟现实看作两极，与处于轴线中间的增强现实和增强虚拟之间构成一个连续集，它们之间的关系如图 12-5 所示，该系统即为混合现实的构成体。而混合现实可以位于虚拟连续集极值间的任何位置。

图 12-5　真实 – 虚拟连续示意

12.1.4　各种"R"的关系

AR 是随着 VR 技术的发展而产生的，而后又产生了 MR，实际上所有的"R"都出自于 VR，可以说是同根同源，因此三者的联系十分紧密。它们均涵盖了计算机图像处理、传感器技术、显示技术、仿真技术以及人机交互技术等领域，具有很多的相似点和相关性：第一，都借助计算机生成相应的虚拟信息；第二，都需要使用头盔或者头戴显示器等类似显示设备，这将计算机产生的虚拟信息呈现在使用者眼前；第三，使用者都需要通过相应设备与计算机产生的虚拟信息进行实时互动交互。

VR/AR 属于场景可视化应用，VR 系统呈现给用户的是一个完全由计算机所控制的信息空间，与现实世界完全隔离，通常采用浸没式头盔显示器。用两个显示器分别向两只眼睛显示图像，这两个显示屏中的图像由计算机分别驱动，屏上的两幅图像存在着细小的差别，人脑将融合这两个图像获得深度感知。

AR 需要将计算机生成的内容信息与真实世界组成的混合场景尽量真实地展现在人的视野中，因此，透视式头戴显示器（S – HMD）是增强现实系统中常用的显示器，根据其真实环境的表现方式，可分为视频透视式（VST）和光学透视式（OST）两类[4, 5]。

视频透视式显示器首先由安装在头盔上的摄像机摄取外部环境的图像，然后将计算机生成的信息或者图像叠加在摄像机视频上，通过视频信号融合器实现计算机生成的虚拟场景与真实场景的融合，最后通过显示系统呈现给用户，其原理如图 12-6a 所示。这种方法能够更好地将真实场景和虚拟场景融合，增加用户的沉浸感，但对视场角有限制。光学透视式则通过安装在眼前半透半反的光学合成器实现对真实环境与虚拟信息的融合。真实场景直接通过半透半反镜呈现给用户，虚拟场景经过半透半反镜反射而进入眼睛，如图 12-6b 所示。这种方法结构简单，没有视场角的限制，也没有时延，但易受外界环境的影响，特别是亮度的变化。

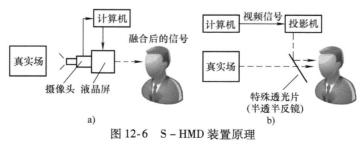

图 12-6　S – HMD 装置原理

a）视频透视式显示装置　b）光学透视式显示装置

AR 透视式头戴显示器，还有另外的显示方式，例如视网膜成像显示、投影显示。

视网膜成像显示的原理是利用人的视觉暂留原理，让激光快速地按照指定顺序在水平和垂直两个方向上循环扫描，撞击视网膜的一小块区域使其产生光感，人们就感觉到图像的存在，如图 12-7 所示。视网膜成像显示是利用生物的视网膜，因此不会受到磨损、老化等影响。这种显示效果使增强显示的部分更加贴近现实效果，增加了用户的视觉感受。

投影设备能够将虚拟信息直接投影到真实环境中，使真实环境得到加强。与头带式的显示设备相比，投影设备适合室内应用环境，其生成图像的焦点不随使用者的视角改变而

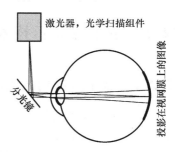

图 12-7 视网膜成像显示的原理

变化，与固定的跟踪定位设备相配合能够实现更加稳定的应用效果。同时，投影设备能够直接将虚拟物体投影到真实世界中的相应位置，改变真实物体的表面纹理和真实场景的光照效果。

12.1.5 VR/AR 技术的应用

VR 技术能模仿出许多高成本、危险的真实环境，因而能够应用在虚拟教育、数据和模型的可视化、军事仿真训练、工程设计、城市规划、娱乐和艺术等方面。AR 系统能够利用附加信息去增强使用者对真实世界的感官认识，常被应用于辅助教学与培训、医疗研究与解剖训练、军事侦察及作战指挥、精密仪器制造和维修、远程机器人控制、娱乐等领域。

图 12-8 所示为 VR 应用领域之一的虚拟教育示意（虚拟人体内脏），学生可以通过虚拟的人体，形象化地理解生理学和解剖学的基本理论。加州大学的 H. Hoffman 博士研制的系统可以带领学生进入虚拟人体的胃脏，检查胃溃疡并可以"抓取"它进行组织切片检查。图 12-9 所示为 AR 辅助医疗手术过程。伦敦 Guy's 医院 MAGI 项目协助医生从耳道中取出神经瘤，医生不仅能够手持手术探针实时地对病人进行观察，而且系统可根据此时的情况决定手术探针的位置，指导医生完成病人的手术。

图 12-8 虚拟人体内脏

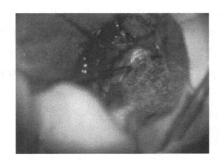

图 12-9 AR 辅助医疗手术过程

作为一种信息可视化手段，VR/AR 受到越来越广泛的关注，在很多领域已经发挥了重要的作用，但仍存在着许多问题需要解决。VR/AR 是充分发挥创造力的科学技术，为人类的智能扩展提供了强有力的手段，对生产方式和社会生活将产生巨大且深远的影响。随着技术的不断发展，其内容将会不断增加。而随着输入和输出设备价格的下降、视频显示质量的

提高以及算法的优化，VR/AR 的应用必将日益增长。

12.2 量子点显示技术

12.2.1 量子点材料的发展

1981 年，美国贝尔实验室的科学家和苏联约夫研究所的科学家们发现，在光照下，不同尺寸的 CdS 纳米微粒可产生不同的颜色。几年后，耶鲁大学的物理学家马克·里德将这种半导体微粒正式命名为"量子点"，并沿用至今。从发现量子点开始的十几年时间里，人们还仅仅停留在学术的角度研究量子点材料的性质。

1998 年，美国和新加坡的两个科研小组分别在 Science 上发表有关量子点作为生物探针的论文，首次将量子点作为生物荧光标记，并且应用于活细胞体系，由此掀起了量子点的研究热潮。近年来，量子点制备技术的不断提高推动了其应用领域的发展，尤其是量子点材料的光谱随尺寸可调、发射峰半波宽窄、斯托克斯位移大、激发效率高等一系列独特的光学性能，使之成为了近年来发光领域研究的焦点。特别是量子点材料与 LCD 背光相结合，应用于显示器件中，可显著提高显示屏幕的色域值，量子点材料已经成为了当前显示行业的新宠儿。

12.2.2 量子点材料的概述

1. 量子点材料体系

量子点是一种重要的新型半导体荧光纳米材料，其颗粒尺寸在 1~20 nm 之间，这相当于 5~100 个原子直径的尺寸。量子点大多为无机化合物，其主要由 Ⅱ-Ⅵ族元素（如 BaS、CdSe 等）或 Ⅲ-Ⅴ族元素（如 GaAs、InGaAs），以及 Ⅰ-Ⅲ-Ⅵ族元素（如 $AgInS_2$ 等）组成。现已商用的荧光量子点材料一般为核-壳结构，如 CdSe/CdS 核-壳量子点等。

图 12-10a 为几种典型荧光量子点材料的 TEM 图像，可以看出几种荧光量子点的粒径均在 2~10nm 之间，分布均匀。随着近年来研究的不断深入，有更多的量子点材料体系被发现，如南京理工大学最新发现的无镉钙钛矿型（$CsPbBr_3$）量子点。图 12-10b 为 $CsPbBr_3$ 量子点的吸收、发射光谱。由图 12-10b 可以看出，$CsPbBr_3$ 荧光量子点具有宽吸收带，在波长为 515nm 附近出现可见光窄带发射，半波宽约为 23nm。

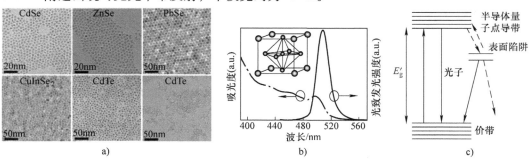

图 12-10 量子点材料形貌及发光原理

a）几种典型量子点材料的 TEM 图像　b）量子点吸收、发射光谱　c）量子点光致发光原理

2. 量子点的发光原理

量子点的尺寸与原子直径较接近，被称为"人造原子"。当量子点的颗粒尺寸与其电子 – 空穴对（激子）的玻尔半径相近时，随着尺寸的减小，其载流子（电子、空穴）的运动将受限，导致动能增加，原来连续的能带结构变成准分立的类分子能级，并且由于动能的增加而使得半导体颗粒的有效带隙增加，其相应的吸收光谱和荧光光谱发生蓝移，而且尺寸越小，蓝移幅度越大，这就是量子尺寸效应。根据这一原理，可通过控制量子点颗粒尺寸调控其发光颜色。

量子点的光致发光原理如图 12-10c 所示，受到能量激发后，其价带上的电子跃迁到导带，导带上的电子还可以再跃迁回价带而发射光子，也可以落入半导体材料的表面陷阱中。量子点受光激发后能够产生电子 – 空穴对（激子），电子和空穴直接复合，产生激子态发光，所产生的发射光的波长随着颗粒尺寸的减小而蓝移。量子点材料的光学性能主要取决于其材料体系及制备方法。

12.2.3 量子点背光技术的应用及优势

1. 量子点背光技术的应用现状

量子点最早应用于生物和医药领域，因其独特和优异的发光性能，近年来在显示背光领域也备受推崇，不断有厂商推出量子点背光器件。目前，从光电转换原理上讲，量子点背光器件分为量子点电致发光器件和量子点光致发光器件两种。其中，量子点电致发光器件是将量子点涂覆于薄膜电极之间，在导通状态下实现光电转换发光，量子点材料充当 LED 芯片的角色，如图 12-11a 所示，该技术目前还在研究阶段，未有相关产品推出。而量子点光致发光器件是将红、绿荧光量子点材料作为荧光粉来使用，目前的实现方式分为以下 3 种：

1）量子点玻璃管（On – Edge）。使用蓝光 LED 作为背光源，在光源与导光板中间加入量子点玻璃管，通过蓝光激发玻璃管内红、绿量子点实现白光，如图 12-11b 所示。

2）量子点光学膜（On – Surface）。使用蓝光 LED 作为背光源，激发 QDEF（量子点增强光学膜）发射出红、绿光，而复合实现白光，如图 12-11c 所示。

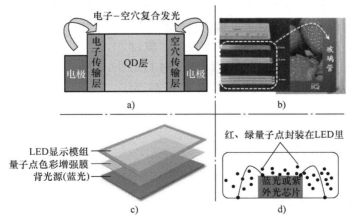

图 12-11 量子点背光技术的实现方式

a）量子点电致发光器件　b）量子点玻璃管　c）量子点光学膜　d）量子点 LED 灯珠

3）量子点灯珠（On–Chip）。将红、绿量子点荧光粉封装与固有蓝光或紫外光芯片的 LED 灯珠内，通过量子点代替现有稀土荧光粉，而实现性能优异的白光发射，如图 12-11d 所示。

上述方式中，量子点玻璃管方案是目前最成熟，成本最低，也是目前最常见的荧光量子点背光应用方案。索尼公司在 2013 年的量子点产品以及 TCL 推出的量子点电视均采用这一方案。该方案主要适用于侧入式背光器件。其工作原理是通过蓝色 LED 从屏幕侧面打光，在 LED 的正面是一根内含红色和绿色量子点溶剂的细玻璃管。工作时，蓝色 LED 灯珠充当背光源，发出的蓝光一部分直接穿过量子点管，另一部分激发量子点使其发出绿光和红光，最终复合形成白光。

与量子点玻璃管原理类似，量子点光学膜（On–Surface）方案是将量子点材料涂覆于 LCD 背光的扩散膜上，同样以蓝色 LED 灯珠作为背光源，发出的蓝光在扩散层上与量子点材料共同作用发出离散白光。因此，量子点光学膜材不仅能应用于侧入式背光产品，也能应用于直下式背光产品中。

就目前市场而言，量子点玻璃管和量子点光学膜两种方法已经有产品推出，实现了商业化。科研人员也对量子点灯珠方式封装量子点 LED 灯珠的实现进行了大量尝试，但由于荧光量子点材料自身耐热性有限，以及与封装胶水的混合性不好等问题，导致荧光量子点的封装难度较大，封装所制备的 LED 灯珠可靠性较差。故量子点 LED 灯珠到目前为止还未有产品推出。

2. 量子点背光技术的优势

与传统 LED 背光相比，量子点背光技术并不是一个革命性的技术，它是 LED 背光技术的一种改良。与传统的 LED 背光源相比，使用荧光量子点的最大优势在于它能显著提升屏幕的色域值。现主流的 LED 背光源的 LCD 屏幕色域值大约为 NTSC 72%（蓝光芯片激发黄光荧光粉），高色域的 LCD 屏幕（使用蓝光芯片激发红、绿光荧光粉）可达 NTSC 85% 左右。而使用量子点荧光粉作为背光源（因其发射峰半波宽较窄），屏幕色域值可以达到 NTSC 110% 以上。图 12-12 所示为以蓝光 LED 灯珠为背光源，与量子点膜材组成的量子点显示器件的发射光谱。由图 12-12 可以看出，膜材中的红、绿荧光量子点发射峰的半波宽较窄，与 LED 灯珠的蓝光复合形成白光发射，其色域值约为 NTSC 112%。

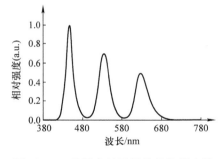

图 12-12　量子点显示器件的发射光谱

12.3　可穿戴显示技术

12.3.1　头戴式显示设备的结构

一个最简单的头戴式显示（HMD）设备包括一个显示器和一个准直光路。显示器的实现方法有很多，包括传统的液晶显示器（LCD）、基于反射的硅基液晶（LCoS），有机发光二极管（OLED）、无机 LED、微机电系统（MEMS）等。准直光路可以是一个放大镜系统、目镜系统或者投影光学系统。下面介绍常用的几种光路结构。

（1）闭合显示放大结构（Occlusion display magnifiers）

这类结构直接把放大镜放在显示器前面，如图 12-13 所示。这样做可以获得更大的视场角（一般用于 VR 装置）或者更远的可视距离，例如视场角小的智能眼镜。

（2）透视－自由空间光学结构（See through free space optics）

如图 12-14 所示，这类结构通常是部分反射，且工作在离轴模式，所以反射表面比普通的同轴表面要复杂。为增大视场角，可以选择曲面结构。

图 12-13　闭合显示放大结构　　　　　图 12-14　透视－自由空间光学结构

（3）透视－导光结构（See through lightguide optics）

这类结构其实并不能完全导光，因为任何表面反射都有可能会产生重影，使得对比度下降。然而，这类结构能将光保留在介质里面，不受到外界的影响（见图 12-15）。

（4）透视－曲面全反射结构（See through freeform TIR）

这类结构不仅用于透视融合，还可用于闭合式 HMD。如图 12-16a 所示，结构中的介质是一种具有三个曲面的光学材料。第一个界面进行透射，第二个界面进行全反射，第三个界面部分反射。在透视模式下，通常还需要一个补偿物质放置在部分反射界面处，如图 12-16b 所示。

 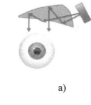 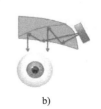

a)　　　　　　　　b)

图 12-15　透视－导光结构　　　图 12-16　透视－曲面全反射结构

a）三曲面结构　b）透视模式结构

（5）透视－全反射镜结构（See through mirror TIR）

如图 12-17 所示，这是一种全反射导光结构，可以由曲面镜或者平面镜组成。如果镜面的反射范围过小，窥视窗尺寸就会很小。为了使眼睛看到的范围更大，应尽量加大反射区域。因此，在不损坏图像质量的前提下，反射镜在波导结构中会尽可能倾斜。

（6）透视－串行波导结构（See through cas-caded waveguide）

 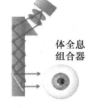

体全息
组合器

曲面涂层反射器组合器

图 12-17　透视－全反射镜结构

为进一步增加结构中窥视窗的大小，可采用串行结构，如图 12-18 所示，通常可以采用二向色镜、棱镜阵列等。

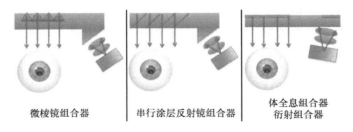

微棱镜组合器　　　　串行涂层反射镜组合器　　　体全息组合器
　　　　　　　　　　　　　　　　　　　　　　　　衍射组合器

图 12-18　透视－串行波导结构

12.3.2　头戴式显示设备的性能评价

无论采用哪种结构，衡量 HMD 设备的性能指标是相同的，需要从以下几点考虑：视场角（FOV）和焦距、眼距、出瞳、亮度[7]。

（1）视场角和焦距

视场角是 HMD 设备最重要的参数之一，不论是 VR 系统还是 AR 系统，都需要一个大的视场角。对一个单眼 HMD，视场角的表达式为

$$FOV_{(\text{deg})} = 2\arctan(S/2f) \tag{12-1}$$

式中，S 为显示器的尺寸；f 为透镜的焦距。

从式（12-1）中可以看出，大的视场角需要大尺寸的显示屏或者小焦距的光学系统。然而，大尺寸的显示屏会造成结构不紧凑，体积过大。而小焦距的光学结构则不易实现。

对于一个固定的微显示器，一个大的视场角可能会引起系统分辨率下降，显示器像素的分辨率一般表示为

$$R_{\text{es}} = N/FOV \tag{12-2}$$

式中，N 为所选维度上的像素数。

（2）眼距

眼距的定义为眼睛到显示器最近物体的距离。眼距必须够大，满足一个佩戴眼镜的用户使用。通常眼距至少为 17mm。

（3）出瞳

为了能够观察到经目镜或者投影透镜放大后的图像，人眼的瞳孔必须与系统的出瞳匹配。瞳孔的大小一般为 2~8mm。为了使用户在转动眼睛时不产生渐晕效应，眼瞳的大小一般设为 10~12mm。在这个大小范围下，眼睛在设备内旋转 ±21°~26.5° 不会产生渐晕或者丢失图像。

（4）亮度

亮度对一个 HMD 系统十分重要。通常，能够良好阅读白纸的亮度为 170cd/m²，家用电视机的亮度为 1700cd/m²。当亮度大于或等于 17cd/m² 时，人的视敏度达到最高，这说明 HMD 的表面亮度至少要达到 17cd/m²。另外，在 AR 系统中，计算机生成的虚拟影像通过一个光合束器和真实影像融合，因此两个影像的亮度必须保持一致。

12.3.3 谷歌眼镜

谷歌眼镜（见图 12-19）是一副眼镜形状设计的光学头戴式显示器。它是做成眼镜形状的、类似智能手机的免提式显示设备。因此，这并非传统意义的手表。佩戴者连接互联网通过自然语言声音发出指令。

美国出售的谷歌眼镜原型在 2014 年 5 月 15 日向公众提供，但是谷歌眼镜的发展受到了很大的限制，原因是其受到由于隐私、安全及合法性问题的大量批评。在 2015 年 1 月 15 日，谷歌宣布将停止生产谷歌眼镜原型，但仍然致

图 12-19　Google 眼镜

力于产品的开发。谷歌在 2015 年 12 月 28 日向美国联邦通信委员会 FCC 提出新版本的谷歌眼镜申请。

12.3.4 谷歌头戴显示器

谷歌头戴显示器（简称头显）是图像识别的移动应用，它用于搜索基于手持设备所拍摄的照片，例如拍摄景点照片，则搜寻出来的就是景点的名称与地点等相关信息，或拍摄产品条码则可搜索到该产品相关资讯。谷歌头显开发用于在谷歌的 Android 操作系统的移动设备。最初只可用于 beta 版的 Android 手机，后来谷歌宣布计划使软件能够运行在其他平台上，特别是 iPhone 和黑莓手机。2010 年 10 月 5 日，谷歌宣布 iPhone 和 iPad 设备运行 iOS 4.0 的 Google 头显可用性，2014 年 5 月，谷歌宣布可以用于 iOS，但是至今看起来市场前景不明显。

12.3.5 苹果智能手表

Apple Watch 是由苹果公司开发的智能手表，它在保留 iOS 的其他苹果产品及服务的基本功能上又集成了健身跟踪和健康导向功能，如图 12-20 所示。Apple Watch 通过无线连接的 iPhone 来执行很多电话和短信等默认功能，它兼容 iPhone 5 或以上运行 iOS 8.2 或更高版本，通过蓝牙运行连接。

苹果开发 Apple Watch 的目的是使人们从不断查看手机的情况中摆脱出来，苹果公司手腕可穿戴技术负责人 Kevin Lynch 说："人们带着手机且需要频繁地观看，我们应该设法使之更加人性化，这样的话，少许的人性化则会使得人们的生活更好一些。"

图 12-20　苹果智能手表

12.4　场致发射显示技术

场致发射显示器（Field Emission Display，FED）是利用电场发射型的冷电子源的自发光型平板显示器。这种显示与液晶显示（LCD）不同，不需要背光、彩色滤光膜、偏振片以及其他光学薄膜。因此，其结构比 LCD 简单。另外，FED 与 LCD 相比，还具有响应时间更

短，视角更宽，工作温度范围更大等优点。

12.4.1 场致发射显示器件的基本原理

FED 的工作原理与阴极射线管（CRT）显示原理相类似，都是工作于真空环境，靠发射电子轰击荧光粉发光。图 12-21 所示为 CRT 与 FED 工作原理的对比。CRT 是由 1 个或 3 个（全色显示的情况）被称作"热阴极"的电子源发射出热电子，通过高压对其加速，使之与荧光粉碰撞，从而产生发光（见图 12-21a）。在 CRT 中，可通过调节碰撞荧光粉电子的多少来调节图像亮度，还适合显示快速变化的图像，具有非常好的显示性能。但是，由于电子源只有 1 个（黑白显示）或 3 个（全色显示），因此必须利用磁偏转线圈使电子源发出的电子发生偏转，并在荧光屏表面顺序扫描，以达到全画面显示的目的。因此，CRT 显示器件一般厚度较大，难以做成薄型化。而在 FED 中（见图 12-21b），与荧光屏相对的电子源并排布置，每一个像素均对应了大量的冷阴极电子源。从冷阴极发射出的电子，不需要发生偏转就可以直接碰撞到相应位置的荧光屏上，从而产生发光，形成全画面显示。

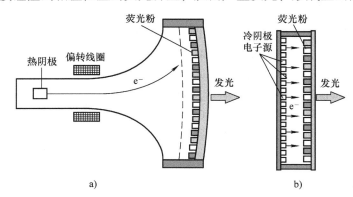

图 12-21　CRT 与 FED 工作原理的对比
a）CRT　b）FED

与 CRT 的热电子发射不同，在 FED 中，冷阴极发射电子主要基于场致电子发射。场致电子发射就是在导体或半导体表面施加强电场，使导带中的电子发射到真空中，其原理与热电子发射完全不同。当在固体表面施加强电场时，固体表面势垒的高度就会降低，宽度也会变窄。当势垒的宽度降低到可以与固体中电子的波长相比拟时，固体中的电子不必吸收额外的能量就能够逸出固体表面。这种由外加电场引起的电子逸出固体表面的过程即场致电子发射，本质是量子力学中的隧穿过程。

1928 年，R. H. Fowler 和 L. W. Nordheim 最先提出金属场致发射理论模型，即 F－N 理论，成为场致电子发射的最经典理论之一。该模型认为在高的外部电场作用下，清洁金属表面的电子可以通过量子隧穿方式穿过被外加电场降低了的表面势垒，逸出到真空。

图 12-22 所示为金属表面势垒的示意图。图中 E_F 为费米能级，金属表面的势垒是由于表面电荷层引起的，不加外场时，势垒的宽度是无限的，电子的能量小于势垒高度而被束缚于体内。内部的电子必须克服表面的势垒（称为逸出功或功函数）才能逸出至真空。当在金属表面加以垂直于表面的恒定电场 E 时，表面的势垒分布发生变化，形成如图 12-22 中所示的三角形势垒分布。另一方面，从金属逸出的电子会产生一个镜像力作用，在表面产生如

图 12-22 点线所示的势垒分布。在上述两个势垒的共同作用之下，金属表面的势垒最终形成如图 12-22 中实线所示的形状。因此，当表面存在电场时，势垒的高度将降低，同时，势垒的宽度也变窄。根据量子理论，可以推导出 $T=0\mathrm{K}$ 时金属场致发射电流密度与外加电场及材料表面功函数之间的关系（式（12-3）），就是著名的 Fowler – Nordheim 方程，简称 F – N 方程，即

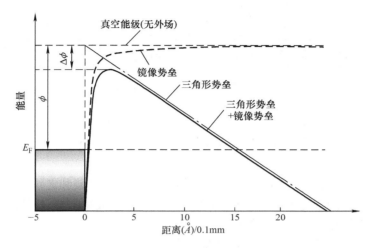

图 12-22　金属表面势垒示意图

$$J_0 = \frac{AE^2}{\phi t^2(y)}\exp\left[-\frac{B\phi^{3/2}v(y)}{E}\right] \tag{12-3}$$

式中，$t(y)$ 和 $v(y)$ 是椭圆函数，$y=3.79\times10^{-4}E^{1/2}/\phi$；$J_0$ 为绝对零度时的场致电子发射电流密度（A/m^2）；E 为金属表面的电场强度（V/m）；ϕ 为金属的功函数（eV），A、B 为常数，$A=1.54\times10^{-6}$，$B=6.83\times10^7$。

当电场强度的值不太大时，可以取下面的近似：$t^2(y)\approx1.1$，$v(y)\approx0.956-1.062y^2$。

由场致发射方程式（12-3）可知，要获得大的场致发射电流，必须采取降低发射材料的逸出功 ϕ 或增加发射体表面电场 E 来实现。

12.4.2　场致发射显示器件的结构及工艺

FED 显示器件是一个真空电子器件（见图 12-23），它由上、下两块平板玻璃封接而成。两块平板玻璃之间由隔离子（Spacers）支撑，中间的空间为真空，其真空度为 10^{-5} Torr（$1\mathrm{Torr}=133.32\mathrm{Pa}$）以下，一般需要 10^{-7} Torr。上基板包含荧光粉和电极，称为阳极基板；下基板称为阴极基板，其结构包含栅极和阴极。阴极就是可以释放电子束的场发射电子源，而在阴极上方 $1\sim2\mu\mathrm{m}$ 处形成一孔状电极（栅极），其电位比阴极高。通过在栅极处加电压，使阴极表面形成强电场，从而将电子从阴极吸引出来。发射电流密度是栅极和阴极之间电压的函数。离开阴极的场发射电子受到阳极基板上正电压的加速，撞击荧光粉，产生发光。

阴极基板由相互交叉的金属电极网组成，横向（行）电极线连接阴极，纵向（列）电极线连接栅极，两层金属带之间由绝缘层分开，每一个像素由相互交叉的一对行、列电极线的交叉点所选通，每个像素（交叉点）中包含了大量的阴极电子源（见图 12-24）。涂有荧

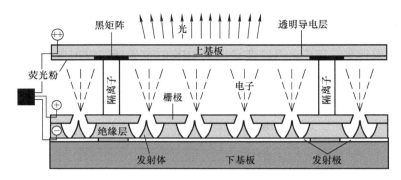

图 12-23　FED 的基本结构

光粉的阳极基板对应像素相对安放。阴极 – 栅极之间一般加低于 100V 的电压，从而产生场发射电子。阳极的加速电压有低压型和高压型，前者一般为 200~400V，后者高达几千甚至上万伏。

　　FED 的工艺包括阴极基板的制作、阳极基板的制作以及封装和老练三个部分。图 12-25 所示为出了 FED 的制作工艺流程。阴极基板的主要工艺是发射阴极阵列制备，包含发射阴极阵列及对应栅极结构的制备。阳极基板的主要工艺则是荧光粉层的制备，黑矩阵结构的形成。封装和老练工艺包括对位、真空封接及老练等。

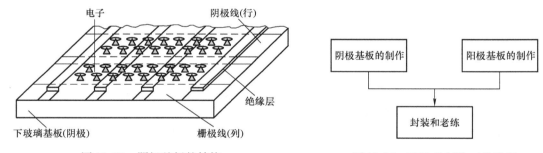

图 12-24　阴极基板的结构　　　　　图 12-25　FED 的制作工艺流程

12.4.3　阴极基板技术

　　场发射阴极是 FED 的核心。对于任何 FED 而言，其阳极结构、支撑结构、真空获得与维持等工艺都几乎相同，不同类型的 FED，其主要区别在于场发射阴极的不同。

　　场发射冷阴极按形状主要分为微尖型（Spindt tip）和薄膜平面型。1968 年，Spindt 发明了微尖型冷阴极。微尖型冷阴极每个发射尖端的曲率半径仅几十纳米，甚至几纳米。利用局域场增强效应，每个尖端的发射电流可达 50~100μA，尖端阵列密度可达 10^7 tip/cm²。因此，需要采用亚微米级精细加工技术进行制备。20 世纪 90 年代，平面型薄膜场发射冷阴极研究获得了突飞猛进的发展，主要包括金刚石薄膜（Diamond）和类金刚石薄膜（Diamond – Like Carbon，DLC）、碳纳米管（Carbon NanoTube，CNT）、表面传导发射体（Surface Conduction Electron Emitter，SCE）、弹道电子发射显示（Ballistic Electron Surface – Emitting Display，BSD）、薄膜内场致发射器件等。下面将对微尖型（Spindt）、碳纳米管

（CNT）、表面传导发射体（SCE）这三种最常见的场致发射阴极的特性、制备技术及相应的显示器件进行介绍。

（1）微尖型（Spindt）冷阴极

从 F－N 公式可知，要得到较大的场发射，可以通过降低发射体的功函数或增加其表面电场的方式。理想情况下，Spindt 冷阴极使用的材料应满足如下条件：熔点高，能够承受大电流；功函数低，能够提供大的发射电流；蒸气压低，以便器件封装后能保持良好的真空；另外，发射体还需要足够尖锐。对于一般的金属发射体，要得到有效的场发射，发射体表面电场要达到 10^9V/m。这么高的电场，一般是通过尖端效应来获得的。

由于功函数低的材料其化学性质都比较活泼，又不耐微尖在发射电流时焦耳热产生的高温。所以，实际上使用的发射体材料都是熔点较高的材料，如钨、钼、钽等。另外，硅与上述金属材料相比，虽然熔点较低，蒸气压较高，但硅可以用标准的半导体制备工艺来形成非常尖的尖端，因此也被用于制作微尖型冷阴极电子源。常用发射体材料的相关特性见表12-1。

表 12-1　常用发射体材料的相关特性

类　别	钨	钼	钽	硅	六硼化镧
熔点/℃	3410	2617	2996	1410	>1500
功函数/eV	4.50	4.37	4.25	4.85	2.66
蒸汽压力/Torr	10^{-11}，1800℃	7×10^{-7}，1800℃	5×10^{-10}，1800℃	10^{-6}，1200℃	—
发射体半径/nm	<10	<20	<20	<1	—

微尖型阵列作为最早被研究的场发射冷阴极，受到了业界的广泛关注，多家公司推出了相应的 FED 显示器件。Candescent 公司从 20 世纪 90 年代末开始就陆续推出了 4.4～13.2in 基于 Spindt 型冷阴极的显示器。法国 Pixtech、Motorola，日本双叶电子、索尼、三星、Futuba，韩国 ETRI 等一大批企业在 20 世纪 90 年代末到 2005 年之间纷纷发布了各类基于 Spindt 冷阴极的 FED，尺寸最大可达 19.2in。

对于 Spindt 冷阴极来说，虽然能够得到稳定的发射电流、较高的发射效率和比较低的驱动电压，并能获得色度、亮度及寿命等特性都接近 CRT 的显示器件。但同时存在一些难以克服的缺点，如加工要求精细，工艺复杂，难于制造，无法在大尺寸显示上得到应用，且成本也相对较高，这些都限制了 Spindt 冷阴极 FED 的发展。

（2）碳纳米管（CNT）冷阴极

从场发射理论可知，降低材料的功函数是获得有效场致电子发射的重要手段之一。因此，人们的注意力自然集中到电子亲和势有可能为负值的金刚石薄膜和类金刚石碳材料上。在对化学稳定性好、受环境气氛影响小、有可能在低真空度下工作的碳系发射体研究过程中，碳纳米管（Carbon Nanotube，CNT）由于具有优异的场发射特性，受到广泛的关注。从 1995 年开始，就掀起了 CNT－FED 的研究热潮。

CNT－FED 按结构可分为二极结构型和三极结构型（见图 12-26）。二极结构主要包括阴极的发射材料与阳极两个部分，通过在阳极上加电压，使阴极表面形成强的电场而产生场致电子发射。这种结构制作工艺简单，但一般需要很高的驱动电压，且均匀性差。三极结构的场致电子发射器件和二极结构相比在阴极附近多出了一个栅极（见图 12-26b），其作用是在阴极表面产生电场，将电子从阴极激发出来。与二极结构型相比，三极结构型由于栅极与阴极之间距离很小，因此所需调制电压很低，在进行矩阵寻址时，可以用常规的驱动电路，而不必定制专用的驱动电路，从而大大降低了总体制作成本。因此，在 FED 中普遍采用三极结构。

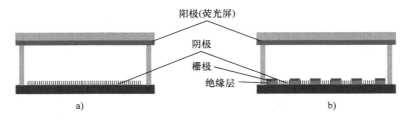

图 12-26　CNT – FED 基本结构

a）二极结构　b）三极结构

　　CNT 冷阴极的出现让 FED 显示的活动显著增加。1998 年，就有利用 CNT 冷阴极制备二极结构型 FED 的报道。进入 2000 年，三极结构型 FED 受到各大显示企业的关注。韩国 Samsung 一直热心推进 CNT – FED 开发，在 SID'02 上发布了采用栅极结构的 5in 显示屏。继此之后，在 IMID'02、IDW'02 上发布了 12in 全色显示屏。到 2004 年，Samsung 已经推出了 40in 的 CNT – FED 样机。

　　（3）表面传导发射体（SCE）

　　由佳能和东芝共同开发的采用表面传导发射体（Surface Conduction Electron Emitter，SCE）的表面电场型显示器（Surface Electric Field Emission Display，SED），是一种平面型结构的场致发射器件。

　　SED 由阳极基板和阴极基板组成，如图 12-27 所示。阳极基板由玻璃屏、黑矩阵、CRT 用条形 P22 荧光粉和金属铝层组成，与常规的彩色显像管屏的构成相似。阴极基板由玻璃屏与 PdO 膜构成，经过特殊工艺处理后能形成纳米量级间隙。在这个间隙间施加一定电压（10 ~ 20V）后，会产生沿表面的场致电子发射。在间隙间飞行的传导电流中的一小部分（1% ~ 3%）在真空环境下会在 5 ~

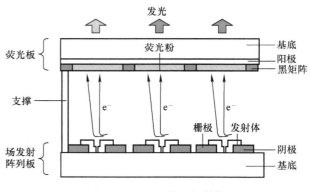

图 12-27　SED 的基板结构

10kV 阳极电压作用下被拉向阳极飞行，最终轰击阳极上的荧光粉，使其发光，并形成阳极电流。

　　早在 1996 年，佳能就试制了采用 SCE 电子源的场发射显示器。从 1999 年开始，佳能和东芝合作对 SED 进行开发，到 2004 年，已经展示了 36in WXGA 规格（1280 × 768）的 SED 显示屏，从单色到全色规格齐全。在"FPD International 2006"及"CEATEC JAPAN 2006"上，55in 全高清的 SED 显示屏被发布，其分辨率为 1920 × 1080，峰值亮度为 450cd/m²，对比度高 100000∶1，功耗 270W（仅为当时同尺寸的 PDP、LCD 等其他显示屏的 2/3），响应速度小于 1ms。从其显示性能来看，已经完全达到当时主流显示技术的水平。但直至 2008 年，市场上仍未见到大型 SED 显示器的出售。究其原因，可能是由于 LCD 性能的提高和价格的下降，使得 SED 丧失了竞争力；另外，SED 显示器的产业化技术和条件可能也还不太成熟。

12.5 电子纸显示技术

电子纸显示技术是一种具备类似纸张特性的反射式显示技术，通过电压驱动更新显示画面。电子纸具有广视角、低功耗、阳光下清晰可视、可实现柔性显示等特点。电子纸目前已经在电子书、价格标签、广告等方面得到应用。电子纸现在正在向大面积、柔性、彩色化和视频显示等方向发展。

电子纸一般利用显示介质的双稳态特性，已经商品化的电子纸主要采用电泳显示技术，而其又可分为微胶囊和微杯两大类技术。除了电泳显示技术以外，人们也探索了其他电子纸显示技术，包括电浸润、MEMS、电致变色、胆甾液晶等。表 12-2 为电子纸显示技术及其原理。

表 12-2　电子纸显示技术及其原理

技术名称	基本原理
电泳显示（Electrophoretic）	电泳，带电粒子电场下的运动
电致变色（Electrochromic）	电致变色
电浸润（Electrowetting）	电浸润
电流体（Electrofludic）	电流体
微机电系统（MEMS）	光干涉现象
胆甾液晶（Cholesteric LCD）	胆甾液晶
光子晶体（Photonic crystal）	周期性纳米结构的光学性质

12.5.1　电子纸显示的特性

1. 双稳态特性

双稳态（Bi–stable）是电子纸显示与一般显示技术不同的特性。双稳态是指显示屏在驱动信号结束后，不需要继续供给电压，仍可以持续显示影像的一种特性。市场上常见的液晶显示器（LCD）、有机发光显示器（OLED）等都不具备双稳态的特性，在撤销驱动电压后，由于状态能量并不是最低的，显示介质会恢复到最初始的状态。具有双稳态特性的显示，在驱动电压撤销之后，所处的能量状态，可以局部稳定的存在。因此，不需要外加电压，就可以维持影像。

值得一提的是，双稳态这个词并不够精确，准确的说，应该称为多稳态（Multi–stable）。原因是这样的显示技术，通常可以经过一些结构设计或驱动波形设计，使影像呈现灰阶形式，也就是说，并不是只有亮态（ON–state）与暗态（OFF–state）两个稳定态，而是有多个可以稳定存在的灰阶状态。图 12-28 所示为双稳态原理。

2. 光学特性

电子纸显示一般采用反射式的原理工作，使得它的光学结构与一般的透射式（如液晶显示器）或主动发光的 PDP 等显示器件的要求有所不同。在电子纸显示中，外部光必须有效耦合进入反射型的像素，同时又要使像素的反射光能够透过表面出射出来。因此，在电子纸显示表面需要做减反膜层以提高器件显示效果。

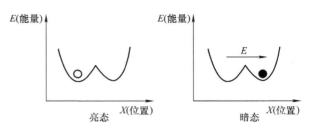

图 12-28　双稳态原理

12.5.2　电泳显示技术

电泳显示技术的基本原理是利用外加直流电场，使带电微粒子在分散介质中向两电极移动，从而呈现图像的显示技术，如图 12-29 所示。通常，电泳式电子纸需要一个微腔体空间，在外加直流电场的驱动下，带有不同电性且颜色相异的两种以上的粒子将分别向不同电极板泳动，在电场移除后，会呈现多稳态从而实现显示。电泳显示的多稳态特点，使得显示器件的功耗极低。

电泳显示技术根据电泳粒子所在微腔体的不同，可以进一步分成微杯型与胶囊型电泳显示技术。

（1）微胶囊型电泳显示技术

微胶囊型电泳显示技术采用高分子材料制成的微胶囊腔包覆电泳粒子。微胶囊型电泳显示技术的原理如图 12-30 所示，胶囊内部同时包含两种以上不同电性且不同颜色的电泳微粒子。此两种颗粒悬浮在透明或有色的液体中，当施加电场时，相对应的颗粒会移动到观察者侧，使得电泳显示屏的该画素点表面呈现出黑色、白色或其他颜色。美国 E - ink 公司与中国奥翼公司就是采用微胶囊型电泳显示技术，目前它们的产品已经商品化。

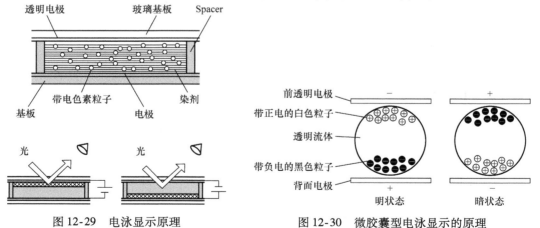

图 12-29　电泳显示原理　　　　　图 12-30　微胶囊型电泳显示的原理

（2）微杯型电泳显示技术

微杯型电泳显示器是由美国硅谷 SiPix Imaging 公司开发的，其原理如图 12-31 所示，带

电微粒的胶体电泳液被封装在特制的微
杯中。当施加特定的电场时，粒子在库
仑力作用下发生电泳效应。通过控制电
场方向，某特定颜色的带电颗粒将向特
定电极泳动，从而显示影像。微杯型电
泳显示器同样具有双稳态，显示功耗
极低。

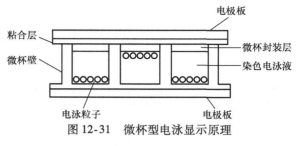

图 12-31　微杯型电泳显示原理

微杯的制造可用卷对卷工艺（Roll–to–Roll），其工艺流程如图12-32所示。主要分为5
个步骤：

（1）涂布。先将微杯的塑料复合涂布在 ITO/PET 膜上。

（2）微杯成型（Micro embossing）。使用滚轮压铸并采用紫外线固化成微杯阵列。

（3）填充。填充电泳悬浮液于微杯之中。

（4）填封。利用高分子胶材封装电泳液及微杯。

（5）压合与切割。将电泳显示薄膜压合，与 TFT 底板或是制作了线路的电路板结合。

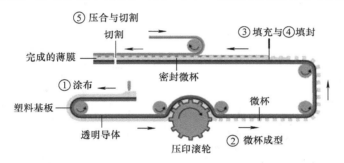

图 12-32　卷对卷制作微杯型电泳显示器的工艺流程

12.5.3　电泳显示的色彩化

电泳式电子纸被视为最有可能取代真实纸张的电子纸技
术，但其最主要的门槛在于彩色化技术。目前最直接的方法是
在电子纸上面直接加上彩色滤光膜，由于彩色滤光膜会大量耗
损入射光源，故此法的色彩表现较差。图 12-33 所示为采用彩
色滤光膜的电泳显示器微观照片。

另一种方法是多色粒子方法，即利用多种颜色的粒子移动
速率与驱动起始电压的不同，可以分批控制不同颜色的粒子，
因而达到多色彩显示。为了简化多色彩粒子的驱动复杂性与材
料不稳定性，也有研究团队利用简单的双色粒子胶囊，结合分
区转印技术，制备出彩色电子纸，工艺过程可以大幅简化。图 12-34 所示为采用多种颜色粒
子的电泳显示器。

图 12-33　采用彩色滤光膜的
电泳显示器微观照片

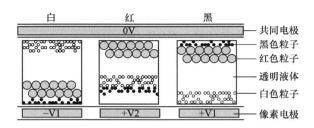

白　　　　红　　　　黑

共同电极
黑色粒子
红色粒子
透明液体
白色粒子
像素电极

0V
−V1　　　+V2　　　+V1

图 12-34　采用多种颜色粒子的电泳显示器

12.5.4　电子纸的测量

　　电子纸的光学评价与一般液晶显示不同，主要是因为其光源为反射式光源，需要考虑眩光（Glare）与影像光的相应关系，从而推断出真正的影像品质与可视性评价。眩光效应原理如图 12-35 所示。Dirk Hentel 与 John Penczek 等针对电子纸的评价做了一系列的测量实验。图 12-36 所示为他们建立的测量系统，该系统可以使影像品质不受到外界眩光影响而准确地评价电子纸显示质量。

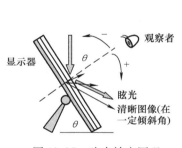

图 12-35　眩光效应原理

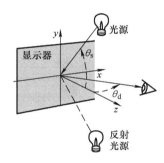

图 12-36　电子纸测量系统

本 章 小 结

　　本章介绍了其他新型的显示技术，包括虚拟现实、增强现实和混合现实三种技术的概念及特性，概括了它们之间的联系与区别。介绍了目前 VR 和 AR 系统中常用的显示器，着重讲解了 AR 的显示方式。详细列举了头戴式显示设备中光路的实现方法和原理，分析了评价设备性能的主要参数。最后介绍了目前 VR 和 AR 的应用领域。VR/AR 为人类的智能扩展提供了强有力的手段，对生产方式和社会生活将产生巨大的深远的影响。

　　量子点材料因其具有独特的发光特性，能大大提高传统 LED 背光的色域值，而在显示行业备受关注。随着近年来的不断努力，以量子点膜、量子点玻璃管为代表的量子点背光器件均已实现了商用化，各大手机、电视厂商陆续有产品推出。随着量子点技术的不断发展，以量子点材料作为背光源的显示产品会很快走进千家万户，给人们带来更高品质的视觉体验。

　　FED 具有自发光、广视角、能量变换效率高、低功耗、分辨率高、适应温度范围广等优点，是一种高质量的显示技术。在其发展过程中，发现并解决了一些限制难点，并制造出一些高质量的 FED 样机。但到目前为止，还没有一家制造商实现场致发射显示器的大规模生产。从商品化角度考虑，FED 还需要继续寻找成本更低、工艺更简单的制造技术。

本 章 习 题

12-1　简述虚拟现实、增强现实和混合现实的区别与联系。

12-2　增强现实系统中，显示设备有哪些？各有什么特点？

12-3　简述头戴式显示设备的组成结构，常用的光融合技术有哪些？

12-4　虚拟现实和增强现实系统中，运用了哪些显示技术？

12-5　增强现实的应用有哪些？

12-6　现阶段虚拟现实最大的难题是什么？该如何解决？

12-7　量子点材料特点及其发光原理是什么？

12-8　量子点显示器件的实现方式有几种？在 LCD 显示器件中如何应用？

12-9　简述场致电子发射的基本原理。与热电子发射相比，其区别是什么？

12-10　F－N 方程是什么？从 F－N 方程中可知，通过哪些途径可以获得有效的场致电子发射？

12-11　简述场致电子发射显示器件的基本结构及工作原理。

12-12　什么是电子纸显示？其特点有哪些？

12-13　简述电子纸显示的实现原理。

12-14　简述电泳显示的原理。

参 考 文 献

[1] 汪成为. 人类认识世界的帮手虚拟现实 [M]. 北京：清华大学出版社，2000.

[2] AZUMA A R. Survey of augmented reality [J]. Presence：Teleoperators and Virtual Environments, 1997. 6 (4)：355 － 385.

[3] CARMIGNIANI J, FURHT B, ANISETTI M, et al. Augmented reality technologies, systems and applications [J]. Multimedia Tools & Applications, 2010. 51 (1)：341 － 377.

[4] TOMILIN M G. Head － mounted displays [J]. Journal of Optical Technology, 1999. 66 (6)：528 － 533.

[5] SILVA R, OLIVEIRA J C, GIRALDI G A. Introduction to augmented reality [J]. Spie Proceedings, 2011. 20 (1)：266.

[6] KRESS B, SAEEDIE, BRACDELAPERRIERE V. The segmentation of the HMD market：optics for smart glasses, smart eyewear, AR and VR headsets [J]. Proceedings of SPIE － The International Society for Optical Engineering, 2014, 9202：92020D － 14.

[7] ZHANG R. Design of Head mounted displays [R]. [S. l.]：Tutorial report, 2007.

[8] 卓宁泽，姜青松，张娜，等. CdTe /CdS 核壳量子点的合成及表征 [J]. 照明工程学报，2016, 27 (2)：14 － 17.

[9] BRUCHEZ J M, MORONNE M, ALIVISATOS A P, et al. Semiconductornanocrystals as fluorescent biological labels [J]. Science, 1998, 281 (5385)：2013 － 2016.

[10] WARREN C W, NIE S M. Quantum dot bioconju gates for ultrasensitive nonisotopic detection [J]. Science, 1998, 281 (5385)：2016 － 2018.

[11] PENG X, MANNA L, ALIVISATOS A P, et al. Shape control of CdSenanocrystals [J]. Nature, 2000, 404

(6773）：59 – 61.

［12］曹进，周洁，谢婧薇，等．基于 CdSe/ZnS 量子点光转化层的高稳定性白光 LED 器件［J］．光谱学与
光谱分析，2016，36（2）：349 – 354.

［13］SONG J，LI J，LI X，et al．Quantum Dot Light – Emitting Diodes Based on Inorganic Perovskite Cesium Lead
Halides（CsPbX3）［J］．Advanced materials，2015，27（44）：7162 – 7167.

［14］田民波，叶锋．平板显示器技术发展［M］．北京：科学出版社，2010.

［15］李君浩，刘南洲，刘纯亮，等．平板显示概论［M］．北京：电子工业出版社，2013.

［16］高鸿锦，董友梅，等．新型显示技术（下册）［M］．北京：北京邮电大学出版社，2014.

［17］于军胜，蒋泉，张磊．显示器件技术［M］．2 版．北京：国防工业出版社，2014.

［18］谢莉，陈刚．平板显示技术［M］．北京：电子工业出版社，2015.

［19］李文峰，顾洁，赵亚辉，等．光电显示技术［M］．北京：清华大学出版社，2010.

［20］HEIKENFELD J，YED J S，KOCH T，et al，A critical reviuew of the present and future prospects for electrn-
ic paper［J］．Journal of the SID，2012 19（2），129 – 156.

［21］LIANG R C，et al．Microcup Electrophoretic Displays by Roll – to – Roll Manufcaturing Processes［R］．Hiro-
shima：Proceedings of IDW' 02 EP2 – 2，2002.

［22］LIANG R C，et al．Passive Matrix Microcup Electrophoretic Displays［R］．Taipei：Proceedings of IDMC'
03，2003.

［23］LIANG R C，et al．Electrophoretic Display and Novel Process for Its Manufacture：US Patent，6831770［P］.
2004 – 12 – 14.

第 13 章

历史上使用过的显示技术

13.1 概述

历史上还有一些其他的显示技术，包括曾经发挥了重大作用的显示技术，随着历史的发展而逐步退出实际应用，这里列出若干曾经的主流技术供同学们参考，目的是启发读者从这些显示技术的发展和退出中感悟技术的本质，以及对于显示技术的层出不穷以及新型显示技术的涌现更好地进行理解。

13.2 阴极射线管（CRT）显示技术

阴极射线管（Cathode Ray Tube，CRT）显示技术是至今为止唯一使用了长达 100 年的显示技术，主要分为示波器单色 CRT、电视机黑白 CRT 和彩色 CRT 等。彩色电视的核心部件是 CRT 显像管（即阴极射线管），早期生产的三枪三束 CRT 的校正系统十分复杂，此后，日本 SONY 公司在 20 世纪 60 年代发明了单枪三束 CRT，使得三电子枪的校正得以简化，但是仍然比较复杂，1972 年，美国 RCA 公司发明了三枪三束自汇聚 CRT，使得 CRT 三电子束的校正大为简化，此后三枪三束自汇聚 CRT 成为了彩色电视机的主要显示器件，直至前面的玻壳平板化以及此后 CRT 退出市场，其原理均没有大的变化。

13.2.1 CRT 显示器的结构与工作原理

如图 13-1 所示，CRT 显示器主要由电子枪、荧光屏、偏转系统、荫罩、玻璃管壳（玻壳）五个部分组成，此外，自会聚 CRT 还有自会聚组件部分。

（1）电子枪

电子枪是用来产生电子束的，以轰击荧光屏上的荧光粉发光。为了在屏幕上得到亮而清晰的图像，要求电子枪产生大的电子束电流，并且能够在屏幕上聚成细小的扫描点。此外，由于电子束电流受电信号的调制，因而电子枪应有良好的调制特性，在调制信号控制过程中，扫描点不应有明显的散焦现象。

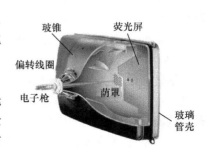

图 13-1　CRT 显示器的结构

电子枪包含灯丝、阴极、栅极、加速极、聚焦极和高压阳极 6 个部分。

1）灯丝。通电后对阴极加热，使阴极表面产生 1500 ~ 2600K 的高温，使其发射出电子。

2）阴极。呈小圆筒状，圆筒表面涂有氧化物（氧化钡、氧化锶、氧化钍），能在受热时发射电子。少数采用直流加热的灯丝可以直接作阴极而不再有单独的阴极。

3）栅极。栅极套在阴极外面，是一个金属圆筒，顶端开有小孔，让电子束通过。改变栅极与阴极的相对电位，可以控制电子束的强弱。如果把视频信号加到阴极或栅极，电子束的强弱会随着视频信号的强弱而变化，荧光屏上就会出现与视频信号相对应的图像。

4）加速极。位置紧靠栅极，通常在加速极上加几百伏的正电压，用来控制阴极发电子束到达荧光屏的速度。

5）聚焦极。通常施加 5 ~ 8kV 电压。聚焦极、加速极和高压阳极一起构成一个电子透镜，使电子束聚焦成一束轰击荧光屏荧光粉层。

6）高压阳极。建立一个强电场，通常加 17 ~ 34kV 的电压，使电子束以极快的速度轰击荧光屏上的荧光粉。

（2）荧光屏

荧光屏是由涂覆在玻壳内的荧光粉和叠于荧光粉层上面的铝膜共同组成的。工作的时候荧光屏后面的电子枪发射电子束打在荧光粉上，于是一部分荧光粉亮起来，显示出字符或者图像。

荧光屏是实现 CRT 显像管电光转换的关键部位之一，要求发光亮度和发光效率足够高，发光光谱适合人眼观察，图像分辨力高、传递效果好，余辉时间适当，机械、化学、热稳定性好，寿命高。

CRT 的发光性能首先取决于所用的荧光粉材料，因为主要由荧光粉层完成显像管内的光电转换功能。荧光粉的发光效率是指每瓦电功率能获得多大的发光强度。余辉时间是荧光粉的重要特性参数。当电子束轰击荧光粉时，荧光粉的分子受激而发光，而当电子束的轰击停止后，荧光粉的发光并非立即消失，而是按指数规律衰减，这种特性称为荧光粉的余辉特性。余辉时间是指荧光粉在电子束轰击停止后，其亮度减小到电子轰击时稳定亮度的 1/10 所经历的时间。一般把余辉分成 3 类：余辉时间长于 0.1s 的称为长余辉发光；余辉时间为 0.1 ~ 0.001s 的称为中余辉发光；余辉时间短于 0.001s 的称为短余辉发光。余辉太长，则同一像素第一帧余辉未尽而第二帧扫描又到了，前一帧的余辉会重叠在后一帧图像上，整个图像便会模糊；若余辉时间太短，屏幕的平均亮度将会减低。

屏幕的亮度取决于荧光粉的发光效率、余辉时间及电子束轰击的功率。

（3）偏转系统

偏转系统是为使电子束可以正确轰击整个荧光面的必要系统，为了显示一幅图像，必须让电子束在水平方向和垂直方向上同时偏转，使整个荧光屏上的任何一点都能发光而形成光栅，这就是偏转系统的作用。

由于电磁偏转像差小，在高压阳极电压下适用于大角度偏转，所以显像管通常采用电磁偏转。偏转线圈是 CRT 显像管的重要部件。分为行偏转线圈和场偏转线圈（即水平偏转线圈和垂直偏转线圈）。行偏转线圈通有由行扫描电路提供的锯齿波电流，产生在垂直方向上线性变化的磁场，使电子束做水平方向扫描。场偏转线圈通有由场扫描电路提供的锯齿波电流，产生一个水平方向线性变化的磁场，使电子束做垂直方向扫描。在行扫描和场扫描共同作用下，有规律地从上到下、从左到右控制电子束的运动，在屏幕上呈现一幅矩形的光栅。

（4）荫罩

荫罩、玻壳和电子枪是组成彩色显像管的 3 大主要部件，在彩色显像管内，荫罩装于玻壳和电子枪之间，起分色作用。

（5）玻璃管壳（玻壳）

玻壳通常由屏幕玻璃、锥体、管颈 3 部分组成。

自会聚 CRT 使用的偏转线圈具有动会聚校正作用，此外，在两极色纯磁环外，还增加了两片四级磁环和两片六级磁环，这些自会聚专用器件的增加，是的工厂在制造 CRT 时仅进行很简单的调整即可完成 CRT 的会聚。

彩色 CRT 利用三原色图像叠加原理实现彩色图像的显示。荫罩式彩色 CRT 的基本结构如图 13-2 所示。

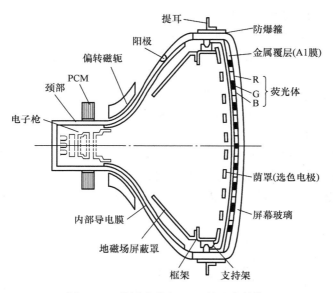

图 13-2　荫罩式彩色 CRT 的基本结构

彩色 CRT 是通过红（R）、绿（G）、蓝（B）三原色组合产生彩色视觉效果。荧光屏上的每一个像素由产生红（R）、绿（G）、蓝（B）的 3 种荧光体组成，同时电子枪中设有 3 个阴极，分别发射电子束，轰击对应的荧光体。为了防止每个电子束轰击另外 2 个颜色的荧光体，在荧光面内侧设有荫罩。

在荫罩式彩色 CRT 中，玻壳荧光屏的内面形成点状红、绿、蓝三色荧光体，形成像素，荧光面与单色 CRT 相同，在其内侧均有铝膜金属覆层。在离荧光面一定距离处设置荫罩。荫罩与支撑框架焊接固定在一起，并通过显示屏侧壁内面设置的紧固钉将荫罩固定在显示屏内侧。

彩色电视机接收到彩色电视信号并处理后还原成 ER、EB、EG 三原色电信号，并把它们分别送到红、绿、蓝 3 个阴极，产生 3 条电子束轰击相对应的荧光粉，从而显示彩色。

13.2.2　彩色显像管的分类与特点

CRT 显示技术中最核心的部件是彩色显像管。最早使用的彩色显像管是三枪三束式，图像清晰度较高，但是结构很复杂，制造精度要求也高，会聚电路的调制过于繁琐，一般的彩电已不用这种显像管。20 世纪 60 年代，出现了单枪三束光，其会聚电路有了极大的简化，但仍比较复杂，生产维修也不太方便。1972 年，美国 RCA 公司研制成功了自会聚彩色显像管，对其内部的电子枪进行了调整，和特制的偏转线圈配合，免除了动会聚的调整，安装调试较为简单，逐渐成为彩色电视机装配使用的主要显像管。

下面，我们分别对这 3 种显像管做介绍。

（1）品字排列三枪三束 CRT

品字排列三枪三束式 CRT 的荫罩管有 3 个独立的电子枪，围绕 CRT 的中心轴线排成品字形，彼此相隔 120°并对管轴略有倾斜，其结构如图 13-3 所示。3 电子枪各发射一个独立的受基色信号控制的电子束，3 条电子束用同一行、场偏转系统来使它们一起偏转。

荫罩管的荧光屏上荧光粉点按红、绿、蓝 3 个一组呈品字形排列，每一组构成一个像素。整个屏幕大约有 44 万个三色组，因此约有 132 万个荧光粉点。显像管工作时，3 个电子束只击中各自对应的荧光粉点。

（2）单枪三束 CRT

单枪三束 CRT 由一支电子枪产生 3 条电子束，其结构如图 13-4 所示。各电子束的阴极是独立的，且分别在各自的控制栅极中单独调制电子束的强度，加速极以后的各极则公用。

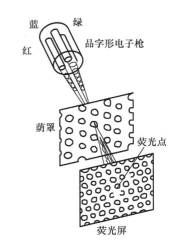

图 13-3　品字排列三枪三束 CRT 结构

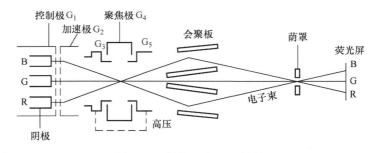

图 13-4　单枪三束 CRT 结构

（3）自会聚彩色 CRT

相比品字排列三枪三束 CRT 和单枪三束 CRT，自会聚彩色 CRT 的特点如下：

1）精密一字形排列电子枪。一字形排列的电子枪，其几何中心的电子束没有会聚误差，两个边束的会聚误差也比较容易校正，地磁影响小。在自会聚管中还使 3 个阴极之间的间距很小，各个栅极做成一体，分别开出一排（3 个）小孔让电子束通过，如图 13-5 所示。电子枪一体化的精密结构避免了电子枪装架中模夹具工艺误差对会聚的影响。同时，3 个电子束的间距小，会聚误差也就小。

2）槽孔状荫罩板。自会聚 CRT 的电子枪也是一字排列的，为了克服单枪三束 CRT 缝隙板结构不牢固的缺点，采用了开槽式荫罩板，荫罩孔是相互交错的小长槽孔，如图 13-6 所示。这种结构增加了荫罩板的机械强度和抗热变形性能。荧光屏上的三色荧光粉对应槽形荫罩孔也相互交错成小条状排列。

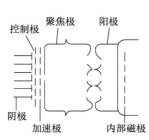

图 13-5　自会聚 CRT 的电子枪

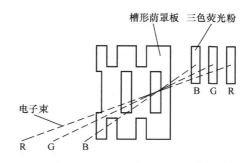

图 13-6　自会聚 CRT RGB 电子束对于荧光屏的轰击

3）大透镜聚焦。电子枪按照大透镜结构设计，3 条电子束通过公共的调制极、加速极和聚焦极等组成一个直径较大的电子透镜。透镜越大，聚焦性能就越好，图像清晰度也就越高。

4）快速启动，开机即有图像。由于整个电子枪采用精密结构，缩小了灯丝和阴极间的尺寸，因此加热很快。同时，由于改进了阴极材料，所以预热快。自会聚管启动很快，一般5s内即可显示出亮度。

5）黑底。自会聚 CRT 广泛采用了近年来出现的黑底技术。在荧光屏上荧光粉条的空隙处涂上吸收电子束的黑底材料。这些地方本来就被分色机构遮住，对图像亮度毫无贡献，涂黑后吸收了杂散光，提高了对比度。另外，荫罩孔也可以开得大一些，提高了电子透射率。它与非黑底显像管相比，亮度可增加约30%。

13.2.3　CRT 显示器的特点

1. CRT 的优点

1）价格低。CRT 最大的优势是可以在相对低的价格下获得所必需的各种功能和性能。而且，可以进行大画面高密度显示。

2）驱动电极数少。彩色 CRT 与单色 CRT 在装置的布局上无本质变化，可进行无级辉度调节的全色显示。特别是 CRT 采用电子束扫描方式，与其他电子显示采用矩阵阵列的扫描方式不同，所需要的驱动电极数极少。

3）亮度高、对比度高。在辉度、对比度指标上，与其他显示器相比，CRT 也处于有利地位。显示亮度可以任意调节。而且，从电视机用 CRT、超高密度显示用 CRT 到分析观测CRT，均可根据不同使用目的自由设计，从而应用范围极为广泛。

4）色域广。CRT 三原色的饱和度高，其灰度变化是连续的，因而色域广，是真正的全彩色。

5）响应速度快。CRT 的响应速度取决于荧光粉的余辉。通常使用的是中、短余辉荧光粉，其余辉时间为 $10\mu s \sim 1ms$，非常快。

6）视野角宽。CRT 显示器的视角接近170°，不需要采用特殊的宽视角技术就能有很好的视角观看效果。

7）寿命长。CRT 显示器的寿命一般都在 10000h 以上。

2. CRT 技术的缺点

1）体积大，重量大，不能折叠，便携性能差，给使用带来不便。

2）驱动电压高，功耗较大。

3）无法制造较大面积的显示屏。原因主要如下：①技术上的困难，较大真空玻璃外壳容易破裂；②显示面积较大时，扫描频率降低，无法显示运动影像。

4）受电磁场影响，容易发生线性失真。

5）存在辐射，影响使用者身体健康。

CRT 的优点是造价低、驱动电路简单，这是之所以 CRT 可以占据市场 100 年的主要原因。但是随着平板显示器的发展，CRT 的性价比逐渐被平板所赶超，特别是 CRT 的体积大、重量也很大，而且 CRT 不属于逐点显示，而这都是不可克服的缺点，这是 CRT 遭到淘汰的主要原因。

自 1897 年布劳恩发明 CRT 以来，CRT 就作为最主流的显示手段出现在各种场合。

早期的 CRT 显示器，其显像管断面基本都是球面的，因此被称为球面显像管。这种显示器的屏幕在水平方向和垂直方向上都是弯曲的，造成了图像失真和反光现象，也使实际的显示面积较小。日本索尼公司开发出了柱面显像管，采用了条栅荫罩技术，使得屏幕在垂直方向上实现完全的笔直，只是在水平方向略有弧度，柱面显像管只有索尼公司自己采用。20世纪 70 年代出现的自会聚彩色显像管是彩色电视机的一大进步，得到了广泛应用，自会聚彩色显像管成为了电视机的主要显示器件。随着整体水平的进步，人们对显示器的要求越来越高。20 世纪 90 年代，为了减小球屏四角的失真和反光，研制出了新一代的"平面直角"显像管。

13.3 PDP 显示技术

等离子体显示（Plasma Display Panel，PDP），是利用气体放电原理实现的一种平板显示技术，也称气体放电显示（Gas Discharge Display）。1964 年，美国伊利诺伊大学（University of Illinois，UI）的教授唐纳德·比泽尔（Donald L. Bitzer）和吉恩·斯赖尔（H. Gene Slottow）等人发明了世界上第一套等离子显示装置，因此被公认为是现代等离子显示技术的创始人。

虽然等离子显示技术的产生可以追溯到 20 世纪 60 年代，但其真正技术突破，成功实现商业化却是在 20 世纪 90 年代。1990 年，日本富士通公司的 T. Shinoda 等人提出了寻址与显示分离的驱动技术（ADS），实现了多级灰度彩色显示。由此，三电极结构的表面放电型 AC – PDP 成为等离子显示的主流架构，T. Shinoda 也被认为是 AC – PDP 的发明人。

1992 年，富士通公司生产出世界上第一台 21in 彩色 PDP，分辨率为 640 × 480，是采用条状障壁结构的表面放电型 AC – PDP。1995 年，富士通公司推出了世界首台 42in 彩色 PDP。随后，日本 NEC、松下等公司相继实现了 42in 彩色 PDP 的量产。截至目前，已知世界上最大的 PDP 是日本松下公司开发出的 152in 彩色 PDP。

13.3.1 等离子显示的基本原理

1. 等离子与等离子体

1927 年，美国物理化学家、诺贝尔奖获得者 Langmuir 在实验中意外发现了离子化的气体，他用"PLASMA"来命名这一物理现象，中文译为"等离子体"。

众所周知，一般的物质有三种存在形态，即固态、液态和气态。而这三种形态在一定的条件下可以相互转化，例如固态的物质随着温度的升高可以变为液态，液态的物质随着温度的升高可以变为气态。而等离子体就是物质的第四种形态，宏观上呈现电中性，具有极高的电导率。

2. 等离子体的发光

干燥气体通常是良好的绝缘体，但当气体被电离成为等离子体时，它就成为了电的良导体。这时如果在气体中施加上电场，就会产生电流，这个现象称为气体放电。

在等离子体中如果有电流穿行其中，那么带负电的电子会在电场作用下向着正极运动，而带正电的离子也会在电场作用下向着相反的方向运动，在运动的过程中，这些粒子不断发生着撞击结合。在这个过程中，等离子体就会被激发放射出可见光和紫外线。这个工作原理与荧光灯的发光非常相似。

3. 等离子显示

如果直接利用等离子体放电激发出的可见光进行显示，可以实现单色 PDP，显示的颜色就是放电气体的特征色。

如果利用等离子体放电激发的紫外线打到涂有红、绿、蓝三原色荧光粉的平板上，就可以激发荧光粉发出可见光，这样就可以实现彩色 PDP。等离子显示采用等离子管作为基本发光单元，由大量的等离子管排列在一起构成屏幕，每个等离子管内部填充有氖、氙等惰性气体。当在等离子管电极间加上适当高压后，氖、氙气体被电离产生紫外光，从而激发三色荧光粉发出可见光。每个等离子管作为一个像素，由施加在电极上的电压变化来控制激发可见光的明暗和颜色变化组合，产生各种灰度和色彩的图像。

按照驱动方式的不同，等离子显示可分为直流驱动型（DC - PDP）和交流驱动型（AC - PDP）两种。

直流驱动型的电极直接置于放电气体中，外部串联限流电阻，发光点位于电极阴极，为连续发光。这么做的优点是放电效率高，缺点是驱动电压高，结构比较复杂，对加工精度的要求也较高。因此在工业化生产中已经较少采用。

交流驱动型的电极周围由 MgO 保护膜和介质层包围，并不直接置于氖、氙气体之中。介质层相当于串联的限流电容，因此电极上施加的电压是交流脉冲电压，发光点位于两电极表面，为交替脉冲发光。这种结构的优点是驱动电压低，器件寿命长。交流驱动型又可根据电极位置的不同细分为对向放电和表面放电两种。表面放电型比对向放电型的亮度和发光效率更高，并且由于显示电极间隙采用高精细的丝网印刷或光刻技术制作，各个单元工作特性的一致性也更容易保证。因此商业化的主流 PDP 多采用三电极表面放电型 AC - PDP，后面的介绍也以这种类型为主。

另外还有一种 SM - PDP，采用导电金属材料制作成的荫罩替代传统的绝缘介质障壁。这种结构在 EMI 散热等方面优于传统障壁结构，并且可以在较低的外加电压情况下快速地完成放电过程，亮度高、响应频率高。这种结构的另一大优势是制造工艺简单，降低了整机成本，便于实现大批量生产。

13.3.2 等离子显示器

1. 等离子显示器的基本结构

等离子显示器与液晶显示器、OLED 显示器等都属于新一代平板显示的一种。从结构和功能上看，主要由显示面板、显示驱动电路、音视频处理系统、风扇及散热系统、电源系统等部分构成。显示面板是等离子显示器的核心部件之一，对生产工艺和加工精度的要求很高，是制造商研发能力和技术水平的体现。显示驱动电路包括寻址电极驱动、扫描电极驱动、维持电极驱动脉冲发生和扫描电极驱动脉冲发生等电路，主要用来控制构成显示面板的等离子管显色发光。音视频处理系统包括各个音视频接口电路以及信号处理部分。由于等离子显示器工作时需要施加高压来激发惰性气体放电发光，这个过程会产生大量的热量，因此完备的风扇及散热系统是必不可少的，这一点跟液晶显示器有很大的区别。电源系统负责提供各个部件正常工作所需的直流或交流电力。

显示面板一般由玻璃板构成，整体厚度约为 3mm，可分为前后三层。第一层是内表面涂有导电材料的前基板玻璃（Front Plate Glass），中间是由玻璃制成的气室阵列（Rib），第三层是内表面涂有导电材料的后基板玻璃（Rear Plate Glass），如图 13-7 所示。

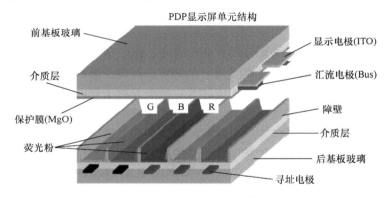

图 13-7　PDP 显示面板结构

前基板玻璃就是面对观众的那一面，从前到后又可分为玻璃基板（Glass Substrate）、显示电极（Display Electrode）、汇流电极（Bus Electrode）、介质层（Dielectric Layer）和氧化镁保护膜（Magnesium Oxide Layer）。其中显示电极和汇流电极位于介质层中。

中间层的气室阵列由玻璃印刷工艺完成，按照 R、G、B 的顺序在气室内壁涂以三色荧光粉（Phosphors），然后将气室中空气抽出后充入氖、氙气体。水平方向上每一组 R、G、B气室构成一个像素（Pixel）。一般来讲，气室多制成长方形，也有厂家为了提高发光效率等目标将气室制成特殊形状，比如十字形。

后基板玻璃由寻址电极（Address Electrode）、地址保护层（Address Protection Layer）和玻璃基板（Glass Substrate）组成。地址保护层有时候也被称为介质层（Dielectric Layer），寻址电极同样位于介质层中。

2. 等离子显示器的工作原理

如前所述，我们已经知道等离子显示的发光原理，是通过在氖、氙气体中的电极上施加高压，气体被电离从而放射出紫外线（UV），而后紫外线轰击荧光粉产生可见光。

由前一节等离子显示器的面板结构可知，等离子显示器的图像由成行成列排列的像素（Pixel）组成，每个像素又由三个充满氖、氙气体的，内壁分别涂有红、绿、蓝色荧光粉的玻璃气室组成，而像素（或气室）的地址由介质层中的寻址电极和汇流电极所决定。寻址电极与汇流电极相互垂直，就相当于平面坐标系中的 X 坐标与 Y 坐标，它们的每一个交叉点都对应着唯一的像素（或气室）。因此，要确定像素（或气室）的地址只需要知道对应的寻址电极和汇流电极的地址即可，如图 13-8 和图 13-9 所示。

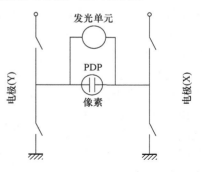

图 13-8　发光单元的结构

如图 13-10 所示，等离子显示器的显示像素呈矩阵排列，其寻址方式与存储器的寻址方式很相似。寻址电极（A_i）和汇流电极（Y_i）相当于存储器的行选和列选，相应的开关选通代表相应节点上的像素点亮发光。稍有不同的是等离子显示器还有一个显示电极（X），当显示电极导通时，电路能够以较低电压保持相应像素点发光，这个周期叫作维持周期。

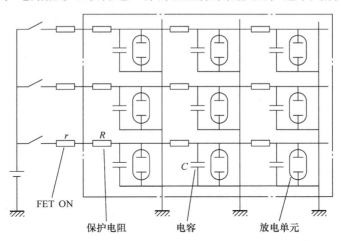

图 13-9　结构原理简图

这里简单介绍一下 AC – PDP 的存储特性。我们知道，等离子体放电形成的电子和离子在电场的作用下将分别向正、负电极运动。而在 AC – PDP 中，电极是由介质包裹的，所以电子和离子就在介质表面聚积起来形成壁电荷。壁电荷的电场与外加电场的极性相反，称为壁电压。在这个电压作用下，放电单元将在一段时间内逐渐停止放电。由于介质的阻值很高，壁电荷能够保持较长的时间，直到下一次反向的维持电压脉冲到来。这时，上一次形成的壁电压与此时的维持电压极性是相同的，叠加的电场将超过放电单元的着火电压。放电单元就再次放电发光，并逐渐形成与上次相反的壁电荷，循环往复。可见，一旦放电单元被较高的书写电压引燃，以后只需要施加一个较低的维持电压就可以保证单元连续放电发光，这就是 AC – PDP 的存储特性。已点亮单元的复位/擦除动作是在下一个维持电压脉冲到来之前在单元上施加一个擦除脉冲，使单元产生一次微弱放电中和掉已存在的壁电荷，同时也不形成新的反向壁电荷。

需要点亮某个地址的像素时，首先在相应的地址上施加较高电压，等该气室被激发点亮后，再施加较低电压来维持气室的发光。而需要关闭某个像素时，只要将相应的电压降低即可。每个气室的工作周期都是由寻址周期（Address Period）、维持周期（Sustain Period）和复位/

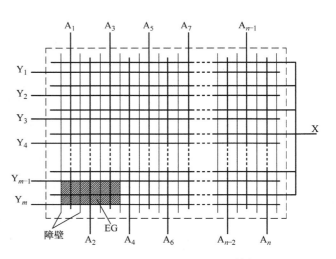

图 13-10　三电极 AC – PDP 电极结构图

擦除周期（Reset/Erase Period）构成的，循环往复，如图 13-11 和图 13-12 所示。通过调整施加在电极上的电压，等离子显示器就可以显示不同灰度的图像。

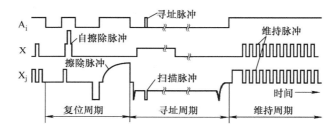

图 13-11　三电极 AC – PDP 驱动时序图

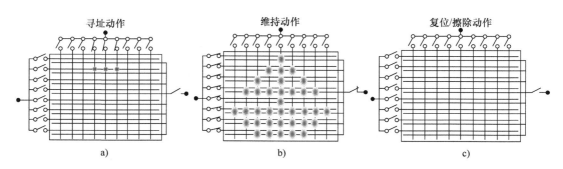

图 13-12　三电极 AC – PDP 动作示意图

a）寻址动作　b）维持动作　c）复位/擦除动作

3. 等离子显示器的电路系统

等离子显示器的电路系统由信号板电路、逻辑板电路、驱动电路以及电源转换电路等模块构成，如图 13-13 所示。信号板电路提供各种视频的接口并将信号进行整理、解码。逻辑板电路负责接收数据、行场同步、时钟和消隐等信号，产生驱动时序、扫描时序，并伴随显示数据输出到驱动电路。驱动电路负责产生寻址电极、汇流电极和显示电极的脉冲信号。电源转换电路则将交流电源转换成各个模块工作所需的电压。

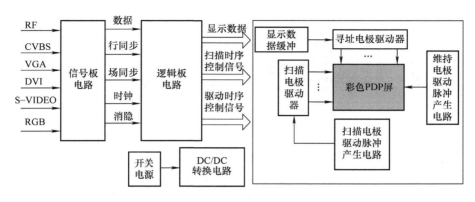

图13-13　等离子显示器的电路系统

图13-14所示为逻辑板电路的原理，来自计算机、摄像机等视频信号源的信号经过信号板的处理，将数字RGB分量信号、行场同步信号、时钟信号和消隐信号等送入逻辑板。逻辑板电路将数据按照子场存入存储器，然后按顺序输出。

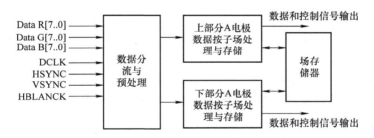

图13-14　逻辑板电路的原理

4. 等离子显示器灰度控制

如图13-15所示，PDP中每一个像素的状态只有两种，即"点亮"和"熄灭"，类似于数字电路里面的"1"和"0"。其图像灰度的实现不同于CRT中依靠调制电子束流的大小而实现明暗不同亮度。

PDP在实现灰度时要把一个电视场分为若干个子场，每一子场产生相同强度辐射的时间不同。亮度的高低是因这些相同发光强度辐射在人眼视网膜上的辐射强度与作用时间的积分效应不同造成的，即不同的亮度由"点亮"的时间长短决定而不是由"点亮"的强度决定。而单个像素的亮度取决于其在各个子场中维持显示时间的加权总和。

为了实现256级灰度显示，由于二进制下256级需要8位数字来表示，显然将每个电视场的发光时间分成8部分就可以了。其中每一部分称为一个子场（Sub-field），当然各子场的权重是不同的，最低位所占的时间最短，最高位所占的时间最长。各子场的发光时间比为$1:2:4:8:16:32:64:128$，其排列次序从小到大为SF_1，SF_2，…，SF_8。

各子场的寻址期时间相同（一个寻址期包括1次初始化和480行扫描），但是各子场的维持期时间不同，是按比例增加的。显示过程中，可通过选择子场发光来调节灰度。例如，如果想画面最暗，可使其只在 SF_1 时间发光；如果希望画面最亮，可使其在 $SF_1 \sim SF_8$ 的所有时间内都发光；若如果需要画面全黑，就在 $SF_1 \sim SF_8$ 的所有时间内都不发光，如图13-15所示。

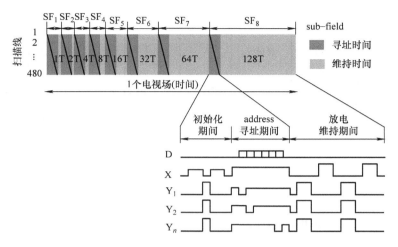

图 13-15　等离子显示器的灰度控制

5. 等离子显示器的特点

通过以上对等离子发光原理和等离子显示器结构的分析，我们可以归纳出等离子显示器的一些特点：

1）等离子显示是一种主动发光技术，不需要背光源，因此不存在视角问题。整个显示区域能达到很高的一致性和均匀性，不会出现类似于 CRT 或者投影、LCD 那样的亮区、暗区以及边角失真。

2）等离子面板由大量独立像素构成，每个像素都可以精确寻址和控制，每个像素的状态只有"点亮"和"熄灭"两种，非常适合全数字化显示。

3）等离子显示是紫外线激发荧光粉发光，在色彩表现上更接近 CRT，色彩还原性好，对运动画面响应速度快，领先于其他平板显示技术。

4）电磁辐射低，受外界电磁干扰的影响小，环境适应能力强，符合人们对视觉健康的追求。

5）由于是主动发光，屏幕亮度根据平均图像电平的变化而变化，因此可以做到高亮度、高对比度，图像层次感强，清晰度高，显示图像鲜艳、柔和自然。

6）体积小、重量轻、厚度薄。

同时，我们也很容易发现等离子显示器的一些劣势。由于面板结构复杂，对生产工艺水平要求高，导致良品率受影响，间接导致了价格居高不下。另外，由于是高压自发光技术，发光效率不高，耗电量比较大，同时带来发热量高，因此需要配备专门的风扇散热系统。当然，随着技术的不断进步，各厂商针对等离子显示器的不足都进行了大量的改进，使之优点更加突出，而缺点大幅改善。

时间回溯到 2000 年前后，这时统治显示世界几十年的 CRT 显示器正处于风雨飘摇中。人们对显示效果的追求越来越高，希望屏幕越大越好，体积重量越小越好。然而 CRT 显示器却很难再做大了，34in、42in 的 CRT 显示器已经体积巨大、非常笨重。这时，平板显示领域出现了两个可能的替代者，一个是 LCD，另一个就是 PDP。并且此时的 PDP 技术是全面超越 LCD 技术的。不论从亮度、对比度，还是色彩还原性、一致性等技术指标，PDP 都全面领先。特别是人们普遍认为 LCD 无法做到 40in 以上，而大尺寸正是 PDP 的优势所在。PDP 唯一的弱点是价格，高昂的价格阻碍了 PDP 的大规模普及。因此，人们普遍认为 LCD 和 PDP 各有千秋，将长期并存发展。

然而，现实的状况却大相径庭。LCD 技术发展迅猛，许多技术指标都大幅提高，并且在大尺寸上也实现了突破；最重要的是 LCD 可以采用大规模光刻工艺，产能扩大得非常快，使得成本和价格大幅下降，迅速成为平板显示的主流。反观 PDP，技术上虽然也有提高，但由于生产流程中不可以采用大规模光刻工艺，成本和价格始终居高不下，152in 的大型 PDP 的显示面积大约 $7m^2$，有一个大型双人床那么大，问世之后，很多人都拍手叫好，称其肯定会在大型显示器中有其地位，但是其生产线是巨大投资来建成的，即使是大量销售每套卖 100 万美金，也要几十年方可收回投资，造价高而使得市场的接受能力大大降低，那么是不是可以降低造价来增大产量呢？如果降低销售价格则永远不会收回投资，而很可能变成一个巨大的赔钱黑洞，这是一个被套住了的死结。而实际上，松下在 2011 年拿出样机，但在 2013 年仅仅卖掉了 36 台，这个实际情况直接造成了松下公司不得不终止 152in PDP 项目的事实。在参数指标上已无明显优势的情况下，价格又毫无竞争力，被市场所淘汰就在情理之中了。

13.4　其他大屏幕显示技术

这里所叙述的大屏幕是指由多个发光元器件进行矩阵式显示的屏幕，由于其尺寸要比家用电视或者计算机显示器大得多，顾名大屏幕。与此同时，自 1980 年开始，日本三菱公司在洛杉矶 Dodger 体育场安装了世界上第一块全彩色泛束 CRT 的大屏幕（见图 13-16），由于 CRT 的色彩还原可以达到广播电视的要求，使得显示效果十分理想，全彩色大屏幕更上了一层楼。

图 13-16　世界上第一块全彩色泛束 CRT 大屏幕（洛杉矶 Dodger 体育场）

1984 年洛杉矶奥运会主会场——纪念体育场的开幕式上首次同时使用了一块由日本松下制造的黑白灯泡记分牌、一块彩色灯泡视频屏（见图 13-17）。此前，体育场的大屏幕应用都是既作记分牌使用，又作视频屏使用，这是第一次将记分牌和视频屏分开使用。

图 13-17　1984 年奥运会主会场日本松下白炽灯泡屏（洛杉矶纪念体育场）

1985 年，日本 SONY 公司的第一套 CRT 大屏幕在日本筑波国际博览会上亮相（见图 13-18）。

1988 年，第二十四届夏季奥林匹克运动会（又称汉城奥运会）开幕式使用的是由瑞士欧米伽钟表公司制造的 FDT 大屏幕，在同一个时期，日本松下致力于发展 FDT 发光器件，将 FDT 大屏幕发展为松下大屏幕主打产品。松下的 FDT 大屏幕一直延续到 2000 年悉尼奥运会之后。

彩色大屏幕发光器件主要包括彩色灯泡、泛束 CRT 和 FDT。

图 13-18　SONY 公司第一块采用两像素 CRT 的大屏幕（日本筑波国际博览会）

1. 彩色灯泡

图 13-19 所示为一个曾经被大量使用于大屏幕显示的彩色灯泡，这是早期最简单的大屏幕发光器件。起初，仅仅是在普通白炽灯泡上分别涂上 R、G、B 颜料，为了实现白平衡，可能会使用不同功率的灯泡来实现。其优点是由于结构简单而驱动电路简单；但是其缺点也是显而易见的。彩色白炽灯泡作为发光器件实现大屏幕显示的问题有①功耗太大，后来专门制作的用于大屏幕显示的彩色灯泡尽管其效率有所提高，但是出于其白炽发光的本质，效率仍然很低，因而发热量很大；②由于光源的色温太低而造成整体色温偏低，甚至深度饱和的蓝色无法重现，造成整体还色范围的减小，主要表现在蓝色区域，其显示的蓝色实际上只能是一种偏蓝色的青色；③由于其白炽发光的原理，热惰性很大，动态响应特性很差。

图 13-19　作为发光器件的彩色灯泡

图 13-20　泛束 CRT

2. 泛束 CRT（Flood Beam CRT）

图 13-20 所示为早期 CRT 大屏幕所采用的泛束 CRT。此种专门应用于大屏幕显示的 CRT 没有偏转系统，光束不像电视或计算机显示器 CRT 那样需要聚焦，而是有意做成泛束对于整个荧光屏进行轰击的。其主要优点是，因为电视系统是以 CRT 荧光粉发光作为三原色标准的，因而 CRT 大屏幕具有较高的还色准确性，即在所有可能的大屏幕显示器件中，CRT 可以显示较逼真的色彩。其缺点是灯丝需要预热；而正是由于灯丝的存在，

图 13-21　矩形排列和三角形排列泛束 CRT 单元箱

首次开机大屏幕显示需要数秒钟的预热；此外，需要 8～10kV 阳极高压驱动也是一个主要缺点，带电操作是必须要注意的。图 13-21 和图 13-22 所示为大屏幕显示发展过程中使用过的各种 CRT，其中，小型多像素 CRT 矩阵英国 GEC 也生产过。

图 13-22　日本三菱和索尼的多像素 CRT

3. FDT（Florescent Discharge Tube，荧光放电管）

图 13-23 所示为日本松下大屏幕使用的 FDT。FDT 实际上就是小型可关断荧光管，除了日本松下，瑞士欧米伽公司也生产过使用 FDT 作发光像素的大屏幕。FDT 也有灯丝，使用起动脉冲使其产生放电，放电后电子流对于惰性气体作用产生发光，发出的光再二次激发涂在发光管内表面的三原色荧光粉，使得最终由荧光粉发出的光作为大屏幕显示使用，所以，如果制造完美，其显示色彩也可以达到 CRT 的效果，前提是惰性气体发出的光不得有任何外泄。FDT 的主要缺点是在需要关断

图 13-23　松下两像素 FDT

时，需要施之于反向的关断脉冲，这使得驱动电路变得复杂化，而且正是由于此原因，响应特性变差，灰度级不可能做得很高。比起 CRT 来讲，FDT 的主要优点是不需要 8～10kV 的高压，FDT 所谓的"驱动高压"仅为数百伏，这个名称仅仅是为了区别于加热灯丝电压，比起 CRT 所需要的 8～10kV 高压来质的区别。

表 13-1 是使用各类不同发光器件的大屏幕显示器的主要特点，其中 LED 以最强的生命力将其他的大屏幕显示技术逐一淘汰，具体参见第 10 章。

表 13-1　使用各类不同发光器件的大屏幕显示器的主要特点

序号	名称	主要优点	主要缺点	使用情况
1	白炽灯泡	驱动电路简单，元器件制造简单	功耗极大，响应差，色彩还原度差，寿命短	淘汰
2	CRT	色彩还原度最高，可以实现图像高逼真还原，响应好，因而可以产生最佳图像质量	需要预热，必须有高压驱动，系统驱动复杂，寿命短	淘汰
3	FDT	色彩还原度高	驱动电路复杂，动态响应差	淘汰
4	LED	驱动电路最简单，容易实现高分辨率，系统制造工艺简单，动态响应好，寿命长	高级场合需要矫正	生命力十分强大，已是主流显示技术

本 章 小 结

　　本章主要介绍了历史上曾经得到大规模应用的显示技术，但随着科学的发展和技术的进步，这些技术已经逐步退出了历史舞台。这其中有统治小型显示领域长达上百年的 CRT 技术，还有曾经技术领先但后来却渐渐被市场所淘汰的 PDP 技术，以及在超大屏幕显示领域曾经作为主流的其他一些矩阵式显示技术。本章介绍了这些技术的概念和基本原理、基础结构和组成，以及它们各自的特性和优缺点。希望通过本章内容的学习，同学们能对技术的进一步研发及新旧更迭历程有所了解。

本 章 习 题

13-1　说明彩色 CRT 显示系统的工作原理。

13-2　彩色显像管中荫罩板起什么作用？

13-3　简述 CRT 显示的特点。

13-4　简述等离子显示的原理。

13-5　简述等离子显示器的基本结构。

13-6　简述等离子显示器的优缺点。

参 考 文 献

[1] 李超，李安民. 广播电视技术手册 [W]. 郑州：河南科学技术出版社，1984.

[2] 雷玉堂. 光电信息实用技术 [M]. 北京：电子工业出版社，2011.